#수학기본서
#리더공부비법
#한권으로수학마스터
#학원가입소문난문제집

수학리더
기본

수학리더 기본

홈스쿨링 시스템

학년 선택

1학년　2학년　3학년

4학년　5학년　6학년

학기 선택

1학기

2학기

1주차　2주차　3주차　4주차　5주차

6주차　7주차　8주차　9주차　10주차

※ 집에서 공부하는 경우의 표준 스케줄입니다.　　　 동영상 학습　　교재 학습

월요일	BOOK ① 1. 덧셈과 뺄셈	· 교과서 바로 알기 1. 받아올림이 없는 (세 자리 수)+(세 자리 수) 2. 받아올림이 한 번 있는 (세 자리 수)+(세 자리 수) · 익힘책 바로 풀기 교재 학습
화요일	BOOK ① 1. 덧셈과 뺄셈	· 교과서 바로 알기 3. 받아올림이 두 번, 세 번 있는 (세 자리 수)+(세 자리 수) ★ 덧셈 개념 한번에 모아보기 · 익힘책 바로 풀기

ACA 홈페이지

aca.chunjae.co.kr

⇨ 수학리더 기본 홈스쿨링

천재교육 교재 홈페이지

book.chunjae.co.kr

⇨ 수학리더 기본 홈스쿨링

Chunjae Makes Chunjae

▶

기획총괄	박금옥
편집개발	윤경옥, 박초아, 조은영, 김연정, 임희정, 김수정, 이혜지, 최민주
디자인총괄	김희정
표지디자인	윤순미, 박민정
내지디자인	박희춘, 한유정, 이혜진
제작	황성진, 조규영

발행일	2023년 4월 1일 3판 2023년 4월 1일 1쇄
발행인	(주)천재교육
주소	서울시 금천구 가산로9길 54
신고번호	제2001-000018호
고객센터	1577-0902
교재 구입 문의	1522-5566

수학 리더 기본 5-2

BOOK **1**

지피지기 **차례**

BOOK 1
구성과 특장

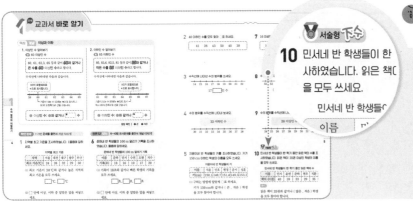

쉬운 문장제 문제를 식을 쓰거나,
단계별로 풀면서 서술형의 기본을 익혀~

교과서 바로 알기

왼쪽 확인 문제를 먼저 풀어 본 후, 개념을
상기하면서 오른쪽 한번 더! 확인 문제를
반복해서 풀어 봐!

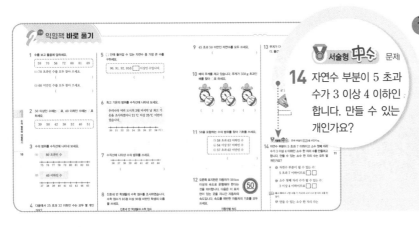

중상 수준의 문제를 단계별로 풀면서
문제 해결력을 키워!

익힘책 바로 풀기

앞에서 배운 교과서 개념과 연계된 익힘책
문제를 풀어 봐!

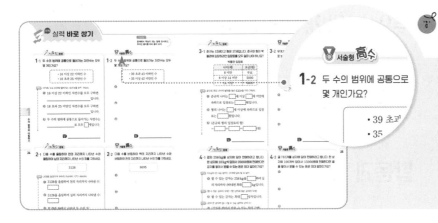

문제에 표시한 핵심 키워드를 보고 문제를 해결한 후,
직접 키워드에 표시하면서 풀어 봐~

실력 바로 쌓기

실력 문제에서 키워드를 찾아내어
단계별로 풀면서 문제 해결력을 키워 봐!

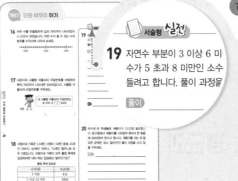

단원을 마무리하면서 실전 서술형 문제를
풀어 봐~

단원 마무리 하기

자주 출제되는 문제를 풀면서 한 단원을
마무리해 봐!

1 수의 범위와 어림하기

스마트폰을 이용하여 QR 코드를 찍으면 개념 학습 영상을 볼 수 있어요.

1단원 학습 계획표

✓ 이 단원의 표준 학습 일수는 **5일**입니다. 계획대로 공부한 후 확인란에 사인을 받으세요.

이 단원에서 배울 내용	쪽수	계획한 날	확인
1단계 교과서 바로 알기 ● 이상과 이하 ● 초과와 미만 ● 수의 범위를 활용하여 문제 해결하기	4~9쪽	월 일	확인했어요! ☺
2단계 익힘책 바로 풀기	10~11쪽	월 일	확인했어요! ☺
1단계 교과서 바로 알기 ● 올림 ● 버림	12~15쪽	월 일	확인했어요! ☺
2단계 익힘책 바로 풀기	16~17쪽		
1단계 교과서 바로 알기 ● 반올림 ● 올림, 버림, 반올림을 활용하여 문제 해결하기	18~21쪽	월 일	확인했어요! ☺
2단계 익힘책 바로 풀기	22~23쪽		
3단계 실력 바로 쌓기	24~25쪽	월 일	확인했어요! ☺
TEST 단원 마무리 하기	26~28쪽		

핵심 **개념** 이상과 이하

1. 이상인 수 알아보기

예 60 이상인 수

> 60, 61, 62.3, 65 등과 같이 **60과 같거나 큰 수를 60** 이상인 수라고 합니다.

수직선에 나타내면 다음과 같습니다.

> 60이 포함되므로
> ●으로 표시합니다.

```
59    60    61    62    63    64    65
```

└ 기준이 되는 수 60에는 ●으로 표시하고
60의 오른쪽으로 선을 긋습니다.

> ● 이상인 수: ●와 같거나 [❶   ] 수

2. 이하인 수 알아보기

예 85 이하인 수

> 85, 83.6, 82.5, 81 등과 같이 **85와 같거나 작은 수를 85** 이하인 수라고 합니다.

수직선에 나타내면 다음과 같습니다.

> 85가 포함되므로
> ●으로 표시합니다.

```
81    82    83    84    85    86    87
```

기준이 되는 수 85에는 ●으로 표시 ┘
하고 85의 왼쪽으로 선을 긋습니다.

> ● 이하인 수: ●와 같거나 [❷   ] 수

정답 확인 | ❶ 큰 ❷ 작은

확인 문제 1~5번 문제를 풀면서 개념 익히기!

1 지역별 최고 기온을 조사하였습니다. 물음에 답하세요.

지역별 최고 기온

지역	서울	대전	대구	광주	부산
최고 기온(℃)	24	26	32	29	30

(1) 최고 기온이 30 ℃와 같거나 높은 지역의 최고 기온을 모두 쓰세요.

[   ] ℃, [   ] ℃

(2) □ 안에 이상, 이하 중 알맞은 말을 써넣으세요.

> 30과 같거나 큰 수를 30 [   ] 인 수라고 합니다.

한번 더! 확인 6~10번 유사문제를 풀면서 개념 다지기!

6 준하네 반 학생들의 100 m 달리기 기록을 조사하였습니다. 물음에 답하세요.

준하네 반 학생들의 100 m 달리기 기록

이름	준하	민서	수연	도현	지수
기록(초)	18	16	19	17	20

(1) 기록이 18초와 같거나 빠른 학생의 기록을 모두 쓰세요.

[   ] 초, [   ] 초, [   ] 초

(2) □ 안에 이상, 이하 중 알맞은 말을 써넣으세요.

> 18과 같거나 작은 수를 18 [   ] 인 수라고 합니다.

2 40 이하인 수를 모두 찾아 ○표 하세요.

| 41 | 28 | 43 | 50 | 40 | 39 |

7 16 이상인 수를 모두 찾아 쓰세요.

| 17 | 15.8 | 14 | 15.5 | 19.3 |

( )

3 수직선에 나타낸 수의 범위를 쓰세요.

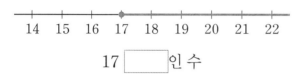

17 ☐ 인 수

8 수직선에 나타낸 수의 범위를 쓰세요.

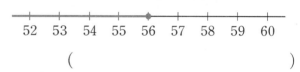

( )

4 수의 범위를 수직선에 나타내 보세요.

33 이하인 수

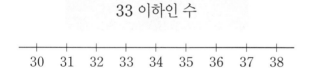

9 수의 범위를 수직선에 나타내 보세요.

28 이상인 수

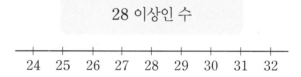

5 지윤이네 반 학생들의 키를 조사하였습니다. 키가 150 cm 이하인 학생의 이름을 모두 쓰세요.

지윤이네 반 학생들의 키

이름	지윤	민호	현정	준서	성훈
키(cm)	150.1	148.7	151.4	149.3	153.2

(1) 구하는 방법에 알맞게 ○표 하세요.

키가 150 cm와 같거나 (큰 , 작은) 학생을 모두 찾아야 합니다.

(2) 키가 150 cm 이하인 학생의 이름을 모두 쓰세요.

( )

🥇 서술형 下순

10 민서네 반 학생들이 한 학기 동안 읽은 책의 수를 조사하였습니다. 읽은 책이 35권 이상인 학생의 이름을 모두 쓰세요.

민서네 반 학생들이 한 학기 동안 읽은 책의 수

이름	민서	윤빈	준하	현우	지환
책의 수(권)	40	18	33	29	35

풀이

읽은 책이 35권과 같거나 (많은 , 적은) 학생을 모두 찾아야 합니다.

따라서 읽은 책이 35권 이상인 학생의 이름은 ☐ , ☐ 입니다.

답 _____

초과와 미만

1. 초과인 수 알아보기

예) 46 초과인 수

> 46.1, 47, 48.4, 50.8 등과 같이 **46**보다 **큰 수**를 **46** 초과인 수라고 합니다.

수직선에 나타내면 다음과 같습니다.

> 46이 포함되지 않으므로
> ○으로 표시합니다.

45 46 47 48 49 50 51

기준이 되는 수 46에는 ○으로 표시하고
46의 오른쪽으로 선을 긋습니다.

> ● 초과인 수: ●보다 [❶   ] 수

2. 미만인 수 알아보기

예) 93 미만인 수

> 92.7, 92, 90.2, 88.5 등과 같이 **93**보다 **작은 수**를 **93** 미만인 수라고 합니다.

수직선에 나타내면 다음과 같습니다.

> 93이 포함되지 않으므로
> ○으로 표시합니다.

88 89 90 91 92 93 94

기준이 되는 수 93에는 ○으로 표시하고
93의 왼쪽으로 선을 긋습니다.

> ● 미만인 수: ●보다 [❷   ] 수

정답 확인 | ❶ 큰 ❷ 작은

확인 문제 1~5번 문제를 풀면서 개념 익히기!

1 정민이네 반 학생들의 윗몸 말아 올리기 횟수를 조사하였습니다. 물음에 답하세요.

정민이네 반 학생들의 윗몸 말아 올리기 횟수

이름	정민	우진	준석	승기	지수
횟수(회)	18	25	21	30	27

(1) 윗몸 말아 올리기 횟수가 25회보다 많은 학생의 횟수를 모두 쓰세요.

[   ]회, [   ]회

(2) □ 안에 초과, 미만 중 알맞은 말을 써넣으세요.

> 25보다 큰 수를 25 [   ]인 수라고 합니다.

한번 더! 확인 6~10번 유사문제를 풀면서 개념 다지기!

6 성현이네 반 학생들의 몸무게를 조사하였습니다. 물음에 답하세요.

성현이네 반 학생들의 몸무게

이름	성현	윤수	예준	영서	지민
몸무게(kg)	42	51	43	39	49

(1) 몸무게가 43 kg보다 가벼운 학생의 몸무게를 모두 쓰세요.

[   ]kg, [   ]kg

(2) □ 안에 초과, 미만 중 알맞은 말을 써넣으세요.

> 43보다 작은 수를 43 [   ]인 수라고 합니다.

1

수의 범위와 어림하기

2 32 미만인 수를 모두 찾아 ○표 하세요.

> 32　29　16　37　51　31

7 38 초과인 수를 모두 고르세요.……(　　　　)

① 35　　② 47.6　　③ 33
④ 39.4　　⑤ 38

3 옳게 말했으면 ○표, 그렇지 않으면 ×표 하세요.

> 81은 81 초과인 수입니다.

(　　　　　　　)

8 알맞은 말에 ○표 하세요.

> 46은 50 (초과 , 미만)인 수입니다.

4 수의 범위를 수직선에 나타내 보세요.

> 65 초과인 수

61　62　63　64　65　66　67　68　69

9 수의 범위를 수직선에 나타내 보세요.

> 23 미만인 수

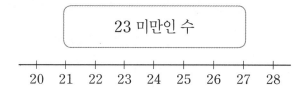

20　21　22　23　24　25　26　27　28

5 서아네 반 학생들의 수학 점수를 조사하였습니다. 수학 점수가 90점 미만인 학생의 이름을 모두 쓰세요.

서아네 반 학생들의 수학 점수

이름	서아	재준	민서	연아	현빈
점수(점)	84	90	94	88	96

(1) 구하는 방법에 알맞게 ○표 하세요.

수학 점수가 90점보다 (높은 , 낮은) 학생을 모두 찾아야 합니다.

(2) 수학 점수가 90점 미만인 학생의 이름을 모두 쓰세요.

(　　　　　　　)

 서술형 下수

10 태준이네 모둠 학생들의 제기차기 횟수를 조사하였습니다. 제기차기 횟수가 15회 초과인 학생의 이름을 모두 쓰세요.

태준이네 모둠 학생들의 제기차기 횟수

이름	태준	주현	승아	준호	아정
횟수(회)	20	14	5	36	8

풀이

제기차기 횟수가 15회보다 (많은 , 적은) 학생을 모두 찾아야 합니다.

따라서 제기차기 횟수가 15회 초과인 학생의 이름은 [　　], [　　]입니다.

답 _____

핵심 개념 수의 범위를 활용하여 문제 해결하기

1. 수의 범위를 수직선에 나타내기

(1) 6 이상 9 이하인 수 → 6과 같거나 크고 9와 같거나 작은 수

6과 9가 포함됩니다.

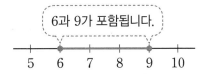

(2) 6 이상 9 미만인 수 → 6과 같거나 크고 9보다 작은 수

6이 포함되고 9가 포함되지 않습니다.

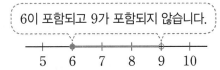

(3) 6 초과 9 이하인 수 → 6보다 크고 9와 같거나 작은 수

6이 포함되지 않고 9가 포함됩니다.

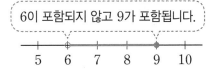

(4) 6 초과 9 미만인 수 → 6보다 크고 9보다 작은 수

6과 9가 포함되지 않습니다.

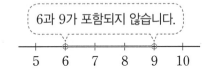

2. 표를 보고 수의 범위 알아보기

연령별 동물원 입장료

연령(세)	입장료(원)
8 이상 14 미만	1500
14 이상 19 미만	3000
19 이상	5000

(1) 현서 — 내 나이는 12세야.

현서는 8세 이상 14세 ❶ [   ]에 속합니다.

➜ 현서가 동물원에 입장하려면 입장료를 1500원 내야 합니다.

(2) 은우 — 내 나이는 14세야.

은우는 14세 이상 19세 미만에 속합니다.

➜ 은우가 동물원에 입장하려면 입장료를 ❷ [   ]원 내야 합니다.

정답 확인 | ❶ 미만 ❷ 3000

세로: **1 수의 범위와 어림하기**

확인 문제 1~5번 문제를 풀면서 개념 익히기!

1 13 이상 18 이하인 수를 모두 찾아 ○표 하세요.

| 11 | 12 | 14 | 17 | 18 | 20 |

한번 더! 확인 6~10번 유사문제를 풀면서 개념 다지기!

6 30 초과 35 미만인 수를 모두 찾아 ○표 하세요.

| 26 | 30 | 32 | 34 | 35 | 43 |

2 수직선에 나타낸 수의 범위를 보고 □ 안에 이상, 이하, 초과, 미만 중 알맞은 말을 써넣으세요.

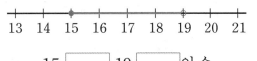

15 [   ] 19 [   ]인 수

7 수직선에 나타낸 수의 범위를 보고 □ 안에 이상, 이하, 초과, 미만 중 알맞은 말을 써넣으세요.

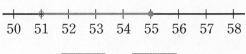

51 [   ] 55 [   ]인 수

3 수의 범위를 수직선에 나타내 보세요.

> 11 초과 15 이하인 수

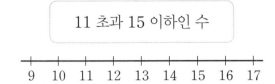

8 수의 범위를 수직선에 나타내 보세요.

> 24 이상 28 미만인 수

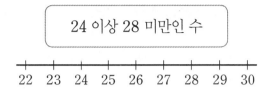

4 은수네 반 학생들의 타자 기록을 조사하였습니다. 170타 초과 180타 미만인 학생은 모두 **몇 명**인가요?

은수네 반 학생들의 타자 기록

이름	기록(타)	이름	기록(타)
은수	175	승철	182
정혁	180	준하	169
서윤	170	민주	179

꼭 단위까지 따라 쓰세요.

(　　　　 명 　)

9 현준이네 반 학생들의 키를 조사하였습니다. 키가 140 cm 이상 150 cm 미만인 학생은 모두 **몇 명**인가요?

현준이네 반 학생들의 키

이름	키(cm)	이름	키(cm)
현준	143.2	유라	145
슬기	150.1	준서	139.3
민호	149.8	하은	152.4

(　　　　 명 　)

5 남자 아동복 치수를 조사하였습니다. 서준이의 옷 치수를 구하세요.

남자 아동복 치수

옷 치수	키(cm)
125	120 이상 130 미만
135	130 이상 140 미만
145	140 이상 150 미만
155	150 이상 160 미만

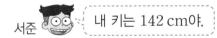 서준 · 내 키는 142 cm야.

(1) 142 cm가 속한 키의 범위를 쓰세요.

☐ cm 이상 ☐ cm 미만

(2) 서준이의 옷 치수를 쓰세요.

(　　　　　　)

서술형 下수

10 태권도 선수들의 체급별 몸무게를 조사하였습니다. 건우의 체급을 구하세요.

체급별 몸무게(초등학생용)

체급	몸무게(kg)
웰터급	44 초과 47 이하
라이트 미들급	47 초과 50 이하
미들급	50 초과 53 이하
라이트 헤비급	53 초과 56 이하

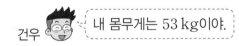 건우 · 내 몸무게는 53 kg이야.

풀이

53 kg이 속한 몸무게의 범위는 ☐ kg 초과 ☐ kg 이하이므로 건우의 체급은 ☐ 입니다.

답 _____

1 수를 보고 물음에 답하세요.

| 59 | 70 | 56 | 72 | 60 | 81 | 69 |

(1) 70 초과인 수를 모두 찾아 쓰세요.

( )

(2) 60 미만인 수를 모두 찾아 쓰세요.

( )

2 50 이상인 수에는 ○표, 40 이하인 수에는 △표 하세요.

| 39 | 50 | 42 | 38 | 52 | 40 | 51 |

3 수의 범위를 수직선에 나타내 보세요.

(1) 80 초과인 수

+---+---+---+---+---+---+---+---+
75 76 77 78 79 80 81 82 83

(2) 40 이하인 수

+---+---+---+---+---+---+---+---+
37 38 39 40 41 42 43 44 45

4 다음에서 25 초과 32 이하인 수는 모두 몇 개인 가요?

| 30 | 25 | 18 | 29 | 34 | 33 | 32 |

( )

5 □ 안에 들어갈 수 있는 자연수 중 가장 큰 수를 구하세요.

90, 91, 92, 93은 □ 이상인 수입니다.

( )

6 최고 기온의 범위를 수직선에 나타내 보세요.

우리나라 여러 도시의 3월 마지막 날 최고 기온을 조사하였더니 21 °C 이상 25 °C 미만이었습니다.

+---+---+---+---+---+---+---+---+
20 21 22 23 24 25 26 27 28 (°C)

7 수직선에 나타낸 수의 범위를 쓰세요.

+---+---+---+---+---+---+---+---+
36 37 38 39 40 41 42 43 44

( )

8 진호네 반 학생들의 수학 점수를 조사하였습니다. 수학 점수가 85점 이상 90점 미만인 학생의 이름을 쓰세요.

진호네 반 학생들의 수학 점수

이름	진호	경수	민채	지원	재우
점수(점)	84	92	88	76	90

( )

9 45 초과 50 미만인 자연수를 모두 쓰세요.

( )

10 배의 무게를 재고 있습니다. 무게가 350 g 초과인 배를 찾아 ○표 하세요.

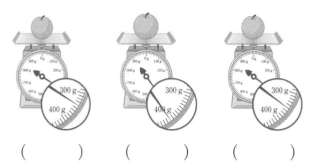

( ) ( ) ( )

11 58을 포함하는 수의 범위를 찾아 기호를 쓰세요.

> ㉠ 58 초과 63 이하인 수
> ㉡ 54 이상 57 이하인 수
> ㉢ 57 초과 62 미만인 수

( )

12 오른쪽 표지판은 자동차가 50 km 이상의 속도로 운행해야 한다는 것을 의미합니다. 다음은 이 표지판이 있는 곳을 지나간 자동차의 속도입니다. 속도를 위반한 자동차의 기호를 모두 쓰세요.

자동차별 속도

자동차	가	나	다	라	마
속도(km)	40	50	45	55	60

( )

13 무게가 다음과 같은 물건을 택배로 보내려고 합니다. 물건별 택배 요금은 각각 얼마인지 쓰세요.

무게별 택배 요금

무게(kg)	요금(원)
5 이하	5000
5 초과 10 이하	8000
10 초과 20 이하	10000
20 초과 30 이하	13000

쌀 20 kg   사과 7 kg

[ ]원   [ ]원

🏅 서술형 中수 문제 해결의 전략을 보면서 풀어 보자.

14 자연수 부분이 5 초과 7 이하이고 소수 첫째 자리 수가 3 이상 4 이하인 소수 한 자리 수를 만들려고 합니다. 만들 수 있는 소수 한 자리 수는 모두 몇 개인가요?

❶ 자연수 부분이 될 수 있는 수:

5 초과 7 이하이므로 [ ], [ ]

❷ 소수 첫째 자리 수가 될 수 있는 수:

3 이상 4 이하이므로 [ ], [ ]

전략 ❶과 ❷에서 구한 수를 각 자리에 써서 소수 한 자리 수를 만들자.

❸ 만들 수 있는 소수 한 자리 수는

_____

이므로 모두 [ ]개입니다.

답 _____

단계 1 교과서 바로 알기

핵심 개념 올림

1. 올림 알아보기

> 올림: 구하려는 자리의 아래 수를 올려서 나타내는 방법

(1) 올림하여 십의 자리까지 나타내기

예 273 ➜ 280

10 ◁ 십의 자리 아래 수인 3을 10으로 생각합니다.

(2) 올림하여 백의 자리까지 나타내기

예 273 ➜ 300

100 ◁ 백의 자리 아래 수인 73을 100으로 생각합니다.

> 올림을 할 때 구하려는 자리 아래 수가 모두 0이 아니면 구하려는 자리에 1을 올리고 그 아래 수는 모두 ❶ (으)로 바꿉니다.

2. 소수를 올림하여 나타내기

(1) 올림하여 소수 첫째 자리까지 나타내기

예 1.546 ➜ 1.6

0.1 ◁ 소수 첫째 자리 아래 수를 0.1로 생각합니다.

(2) 올림하여 소수 둘째 자리까지 나타내기

예 1.546 ➜ 1.5❷

0.01 ◁ 소수 둘째 자리 아래 수를 0.01로 생각합니다.

주의 올림하여 백의 자리까지 나타내기

예 405 ➜ 4̶0̶0̶   400 ➜ 5̶0̶0̶
   405 ➜ 500   400 ➜ 400
   100   구하려는 자리 아래 수가 모두 0이면 원래 수를 그대로 씁니다.

 올림을 할 때에는 구하려는 자리 아래 수를 전부 확인해.

정답 확인 | ❶ 0 ❷ 5

1 수의 범위와 어림하기

12

확인 문제 1~6번 문제를 풀면서 개념 익히기!

1 406을 올림하여 십의 자리까지 나타낸 수를 찾아 ○표 하세요.

| 400 | 410 | 500 |

2 올림하여 백의 자리까지 나타내 보세요.

(1) 815 ➜ ☐

(2) 2400 ➜ ☐

한번 더! 확인 7~12번 유사문제를 풀면서 개념 다지기!

7 3.456을 올림하여 소수 첫째 자리까지 나타낸 수를 찾아 ○표 하세요.

| 3.4 | 3.5 | 3.46 |

8 올림하여 천의 자리까지 나타내 보세요.

(1) 7420 ➜ ☐

(2) 10958 ➜ ☐

3 수를 올림하여 주어진 자리까지 나타내 보세요.

수	백의 자리	천의 자리
6728		

9 수를 올림하여 주어진 자리까지 나타내 보세요.

수	십의 자리	백의 자리
263		

4 소수를 올림하여 소수 첫째 자리까지 나타내 보세요.

(1) 1.39 ➡ ☐

(2) 6.851 ➡ ☐

10 소수를 올림하여 소수 둘째 자리까지 나타내 보세요.

(1) 0.926 ➡ ☐

(2) 5.742 ➡ ☐

5 올림하여 백의 자리까지 나타내면 3700이 되는 수를 찾아 ○표 하세요.

3599	3701	3699

11 올림하여 천의 자리까지 나타내면 6000이 되는 수를 찾아 ○표 하세요.

5287	4954	6003

6 연필 413자루가 필요합니다. 문구점에서 연필을 10자루씩 묶어서 판다면 연필을 최소 **몇 자루** 사야 하나요?

(1) 구하는 방법을 쓰세요.

연필을 ☐자루씩 묶어 팔고 있으므로

413자루를 올림하여 ☐의 자리까지 나타내야 합니다.

(2) 연필을 최소 몇 자루 사야 하나요? 꼭 단위까지 따라 쓰세요.

(　　　자루)

12 진하가 물건값 24600원을 10000원짜리 지폐로만 계산하려고 합니다. 최소 얼마를 내야 하나요?

풀이

10000원짜리 지폐로만 계산하므로 24600원을

☐하여 ☐의 자리까지 나타내야 합니다.

따라서 최소 ☐원을 내야 합니다.

답 　　　　　　원

1. 버림 알아보기

> 버림: 구하려는 자리의 아래 수를 버려서
> 나타내는 방법

(1) 버림하여 십의 자리까지 나타내기

예 27**3** → 27**0**

> 십의 자리 아래 수인 3을
> 0으로 생각합니다.

(2) 버림하여 백의 자리까지 나타내기

예 2**73** → 2**00**

> 백의 자리 아래 수인 73을
> 0으로 생각합니다.

> 버림을 할 때 구하려는 자리 수는 그대로 두고
> 그 아래 수를 모두 ❶ (으)로 바꿉니다.

2. 소수를 버림하여 나타내기

(1) 버림하여 소수 첫째 자리까지 나타내기

예 1.5**46** → **1.5**

> 소수 첫째 자리 아래 수를
> 0으로 생각합니다.

(2) 버림하여 소수 둘째 자리까지 나타내기

예 1.54**6** → **1.5**❷

> 소수 둘째 자리 아래 수를
> 0으로 생각합니다.

주의 ▶ 버림하여 백의 자리까지 나타내기

예 405 → 400 | 400 → ~~300~~
→ 0 | 400 → 400

> 버림을 할 때 구하려는 자리 아래 수가
> 모두 0이면 원래 수를 그대로 써.

정답 확인 | ❶ 0 ❷ 4

확인 문제 1~6번 문제를 풀면서 개념 익히기!

1 버림하여 백의 자리까지 나타낸 수를 찾아 ○표 하세요.

874 → (700 , 800 , 870)

2 버림하여 십의 자리까지 나타내 보세요.

(1) 925 → ☐

(2) 1509 → ☐

한번 더! 확인 7~12번 유사문제를 풀면서 개념 다지기!

7 버림하여 천의 자리까지 나타낸 수를 찾아 ○표 하세요.

4306 → (3000 , 4300 , 4000)

8 소수를 버림하여 소수 첫째 자리까지 바르게 나타냈으면 ○표, 그렇지 <u>않으면</u> ×표 하세요.

(1) 4.16 → 4.2   (   )

(2) 2.857 → 2.8   (   )

3 수를 버림하여 주어진 자리까지 나타내 보세요.

수	백의 자리	천의 자리
3978		

9 수를 버림하여 주어진 자리까지 나타내 보세요.

수	십의 자리	백의 자리
2410		

4 소수를 버림하여 소수 첫째 자리까지 나타내 보세요.

(1) 5.37 ➡

(2) 2.699 ➡

10 소수를 버림하여 소수 둘째 자리까지 나타내 보세요.

(1) 1.725 ➡

(2) 4.596 ➡

5 버림하여 십의 자리까지 나타내면 5840이 되는 수를 모두 찾아 ○표 하세요.

5837   5843   5849

11 왼쪽 수를 버림하여 백의 자리까지 나타낸 수를 오른쪽에서 찾아 이어 보세요.

398 •

403 •

• 300

• 400

• 500

6 동전 13570원이 있습니다. 이것을 1000원짜리 지폐로만 바꾸면 최대 얼마까지 바꿀 수 있나요?

(1) 구하는 방법을 쓰세요.

동전을 1000원짜리 지폐로만 바꾸므로 13570원을 [   ]하여 [   ]의 자리까지 나타내야 합니다.

(2) 1000원짜리 지폐로만 바꾸면 최대 얼마까지 바꿀 수 있나요? 꼭 단위까지 따라 쓰세요.

(원   )

 서술형 下슈

12 장미가 514송이 있습니다. 이 장미를 100송이씩 묶어 꽃다발을 만들면 최대 **몇** 송이까지 꽃다발을 만들 수 있나요?

풀이

장미를 100송이씩 묶어 꽃다발을 만들고 있으므로 [   ]송이를 버림하여 [   ]의 자리까지 나타내야 합니다.

따라서 최대 [   ]송이까지 꽃다발을 만들 수 있습니다.

답 _____ 송이

1

수의 범위와 어림하기

15

1 알맞은 수를 찾아 ○표 하세요.

(1) 2613을 올림하여 십의 자리까지 나타낸 수

(2610 , 2620 , 2700)

(2) 6594를 버림하여 백의 자리까지 나타낸 수

(6400 , 6500 , 6600)

2 수를 버림하여 주어진 자리까지 나타내 보세요.

수	십의 자리	백의 자리	천의 자리
4725			

3 3.258을 올림, 버림하여 소수 둘째 자리까지 나타내 보세요.

올림	버림

4 8427을 어림하여 주어진 자리까지 바르게 나타낸 것에 ○표 하세요.

올림하여 십의 자리까지 나타내기	( )
8420	

버림하여 백의 자리까지 나타내기	( )
8400	

5 잘못된 곳을 찾아 바르게 고쳐 보세요.

9055를 올림하여 천의 자리까지 나타내면 9000입니다.

→ 9055를 올림하여 ＿＿＿＿＿＿＿＿＿

＿＿＿＿＿＿＿＿＿

6 올림하여 백의 자리까지 나타내면 600이 되는 수를 모두 찾아 쓰세요.

610	495	572	600

( )

7 버림하여 소수 첫째 자리까지 나타내면 7.2가 되는 수를 모두 찾아 ○표 하세요.

7.298	7.301	7.211	7.199

8 어느 과수원에서 오늘 딴 사과는 4371개입니다. 딴 사과의 수를 올림, 버림하여 백의 자리까지 나타내면 몇 개인지 쓰세요.

사과의 수	올림	버림
4371개		

9 버림하여 백의 자리까지 나타낸 수가 서로 같은 두 수를 찾아 기호를 쓰세요.

> ㉠ 2899 ㉡ 2902 ㉢ 2786 ㉣ 2847

(   )

10 머리끈을 학생 274명에게 모두 한 개씩 주려고 합니다. 가게에서 머리끈을 10개씩 묶음으로만 팔 때 머리끈을 최소 몇 개 사야 하나요?

(   )

11 장식용 리본 한 개를 만드는 데 끈 1 m가 필요합니다. 끈 635 cm로 장식용 리본을 최대로 만들 때 사용하게 되는 끈의 길이는 몇 cm인가요?

(   )

12 더 작은 수를 말한 사람의 이름을 쓰세요.

> 6592를 올림하여
> 백의 자리까지
> 나타낸 수

> 6748을 버림하여
> 천의 자리까지
> 나타낸 수

현서

소윤

(   )

13 다음 세 자리 수를 올림하여 십의 자리까지 나타내면 140이 됩니다. □ 안에 들어갈 수 있는 숫자를 구하세요.

> 14□

(   )

14 수 카드 3장을 한 번씩만 사용하여 만들 수 있는 가장 큰 세 자리 수를 버림하여 백의 자리까지 나타내면 얼마인가요?

> 3 6 7

(   )

서술형 **中수** 문제 해결의 전략을 보면서 풀어 보자.

15 건우가 생각한 자연수를 구하세요.

건우

> 내가 생각한 자연수에 9를 곱해서
> 나온 수를 버림하여 십의 자리까지
> 나타냈더니 60이 되었어.

전략 거꾸로 생각해 보자.

❶ 버림하여 십의 자리까지 나타내면 60이 되는 자연수는 [   ]부터 [   ]까지의 자연수입니다.

전략 ❶에서 구한 수 중 9의 배수를 찾자.

❷ 건우가 생각한 자연수에 9를 곱해서 나온 수를 ❶에서 구한 수 중 찾으면 [   ]입니다.

전략 (❷에서 구한 수)÷9

❸ (건우가 생각한 자연수)
= [   ]÷9= [   ]

답 _____

BOOK **2** 6~7쪽

핵심 개념 반올림

1. 3417을 수직선에 나타내고 어림하기

(1)

3410 ─────── 3420

3417은 3410과 3420 중에서 **❶** ☐ 에
더 가깝습니다.

(2)

3400 ─────── 3500

3417은 3400과 3500 중에서 **❷** ☐ 에
더 가깝습니다.

2. 반올림 알아보기

> 반올림: 구하려는 자리 바로 아래 자리의 숫
> 자가 **0, 1, 2, 3, 4**이면 버리고,
> **5, 6, 7, 8, 9**이면 올려서 나타
> 내는 방법

(1) 반올림하여 십의 자리까지 나타내기

예 **3417 → 3420**

> 일의 자리 숫자가 7이므로
> 올립니다.

10

(2) 반올림하여 백의 자리까지 나타내기

예 **3417 → 3400**

> 십의 자리 숫자가 1이므로
> 버립니다.

0

3. 소수를 반올림하여 나타내기

(1) 반올림하여 소수 첫째 자리까지 나타내기

예 **1.546 → 1.5**

(2) 반올림하여 소수 둘째 자리까지 나타내기

예 **1.546 → 1.55**

정답 확인 | **❶** 3420 **❷** 3400

1

수의 범위와 어림하기

확인 문제 1~6번 문제를 풀면서 개념 익히기!

1 수직선을 보고 수를 반올림하여 십의 자리까지 나
타내 보세요.

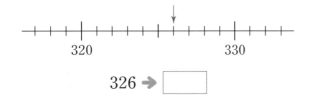

320 ─────── 330

326 → ☐

한번 더! 확인 7~12번 유사문제를 풀면서 개념 다지기!

7 수직선을 보고 수를 반올림하여 백의 자리까지 나
타내 보세요.

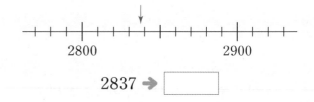

2800 ─────── 2900

2837 → ☐

2 수를 반올림하여 백의 자리까지 나타내 보세요.

4391

( )

8 수를 반올림하여 천의 자리까지 나타내 보세요.

6254

( )

3 소수를 반올림하여 소수 첫째 자리까지 나타내 보세요.

(1) 3.58 ➡ ☐

(2) 7.219 ➡ ☐

9 소수를 반올림하여 소수 둘째 자리까지 나타내 보세요.

(1) 5.734 ➡ ☐

(2) 9.175 ➡ ☐

4 농구 경기 관중 수가 3052명입니다. 옳게 말했으면 ○표, 그렇지 <u>않으면</u> ×표 하세요.

지안 : 관중 수를 반올림하여 천의 자리까지 나타내면 3000명이야.

(   )

10 <u>잘못된</u> 곳을 찾아 바르게 고쳐 보세요.

> 449를 반올림하여 백의 자리까지 나타내면 500입니다.

➡ 449를 반올림하여 _____

_____

5 반올림하여 십의 자리까지 나타내면 3920이 되는 수를 찾아 ○표 하세요.

| 3930 | 3925 | 3924 |

11 반올림하여 백의 자리까지 나타낸 수가 <u>다른</u> 하나를 찾아 ○표 하세요.

| 1726 | 1751 | 1804 |

6 아버지께서 무게가 4.82 kg인 수박을 사 오셨습니다. 수박의 무게를 반올림하여 소수 첫째 자리까지 나타내면 **몇 kg**인가요?

꼭 단위까지 따라 쓰세요.

(kg   )

12 재아의 발 길이는 237 mm입니다. 발 길이를 반올림하여 십의 자리까지 나타내면 **몇 mm**인가요?

(mm)

핵심 개념 올림, 버림, 반올림을 활용하여 문제 해결하기

• 올림, 버림, 반올림을 활용하여 문제 해결하는 방법
① **올림, 버림, 반올림 중에서 어떤 방법**을 이용하여
② **어느 자리까지** 나타낼 것인지 정한 후
③ 어림한 수를 구해서 문제를 해결합니다.

1. 올림을 활용하는 경우

> 학생 725명이 한 번에 최대 **10명**씩 탈 수 있는 놀이 기구를 모두 탈 때 놀이 기구는 최소 몇 번 운행해야 하나요?

> 놀이 기구를 한 번에 최대 10명씩 탈 수 있고 타지 못하는 학생이 없어야 하니까
> 725명을 올림하여 십의 자리까지 나타낸 730명으로 생각하자.

➡ 놀이 기구는 최소 $730 \div 10 =$ ❶ ☐ (번) 운행해야 합니다.

2. 버림을 활용하는 경우

> 귤 725개를 한 봉지에 **10**개씩 담아 판매할 때 최대 몇 봉지까지 판매할 수 있나요?

> 귤을 한 봉지에 10개씩 담아 판매하고
> 10개가 안 되는 귤은 판매할 수 없으니까
> 725개를 버림하여 십의 자리까지 나타낸 720개로 생각하자.

➡ 귤을 최대 $720 \div 10 = 72$(봉지)까지 판매할 수 있습니다.

3. 반올림을 활용하는 경우

> 길이가 12.7 cm인 철사를 **1 cm** 단위로 가까운 쪽의 눈금을 읽으면 몇 cm인가요?

➡ 12.7 cm를 반올림하여 일의 자리까지 나타 내면 ❷ ☐ cm입니다.

정답 확인 | ❶ 73 ❷ 13

확인 문제 1~4번 문제를 풀면서 개념 익히기!

1 문제를 해결하려면 어떤 방법으로 어림해야 하는지 알맞은 방법을 찾아 ○표 하세요.

(1)
> 상자 한 개를 묶는 데 끈 100 cm가 필요 합니다. 끈 528 cm로 상자를 최대 몇 개 까지 묶을 수 있나요?

(올림 , 버림 , 반올림)

(2)
> 구슬 643개를 상자에 모두 담으려고 합니 다. 상자 한 개에 100개씩 담을 수 있을 때 필요한 상자는 최소 몇 개인가요?

(올림 , 버림 , 반올림)

한번 더! 확인 5~8번 유사문제를 풀면서 개념 다지기!

5 문제를 해결하려면 어떤 방법으로 어림해야 하는지 ☐ 안에 올림, 버림, 반올림 중 하나를 써넣으세요.

(1) 무게가 3.42 kg인 책을 0.1 kg 단위로 가 까운 쪽의 눈금을 읽었을 때 몇 kg인지 구 하려면 ☐ 을 이용해야 합니다.

(2) 문구점에서 색종이 327장을 한 봉지에 10장 씩 넣어 팔 때 최대 몇 봉지까지 팔 수 있는지 구하려면 ☐ 을 이용해야 합니다.

2 트럭에 감 318상자를 모두 실으려고 합니다. 트럭 한 대에 100상자씩 실을 수 있을 때 알맞은 말에 ○표 하고 □ 안에 알맞은 수를 써넣으세요.

> 트럭이 최소 몇 대 필요한지 알아보려면 (올림 , 버림 , 반올림)을 이용해야 하며, 이때 트럭은 최소 □ 대 필요합니다.

6 떡집에서 만든 떡 7296개를 한 봉지에 100개씩 포장하려고 합니다. 알맞은 말에 ○표 하고 □ 안에 알맞은 수를 써넣으세요.

> 떡을 최대 몇 봉지까지 포장할 수 있는지 알아보려면 (올림 , 버림 , 반올림)을 이용해야 하며, 이때 포장할 수 있는 떡은 최대 □ 봉지입니다.

3 윤진이와 민우의 키를 반올림하여 일의 자리까지 나타내 보세요.

이름	키(cm)	반올림한 키(cm)
윤진	144.8	
민우	139.4	

7 서아와 건우의 100 m 달리기 기록을 반올림하여 소수 첫째 자리까지 나타내 보세요.

 서아
18.25초
➡ □ 초

 건우
21.82초
➡ □ 초

4 준하는 칭찬 붙임딱지 56장을 모았습니다. 붙임딱지 10장으로 음료수 1개를 바꿀 수 있다면 준하가 모은 칭찬 붙임딱지로 바꿀 수 있는 음료수는 최대 **몇 개**인가요?

(1) 알맞은 말이나 수에 ○표 하세요.

음료수로 바꿀 수 있는 칭찬 붙임딱지는 56장을 (올림 , 버림 , 반올림)하여 십의 자리까지 나타내면 최대 (50 , 60)장입니다.

(2) 준하가 바꿀 수 있는 음료수는 최대 몇 개인가요?

 꼭 단위까지 따라 쓰세요.

(개)

 서술형 下수

8 현정이는 신발 가게에서 42500원짜리 운동화를 한 켤레 샀습니다. 1000원짜리 지폐로만 운동화값을 낸다면 1000원짜리 지폐를 최소 **몇 장** 내야 하나요?

풀이

운동화값으로 내야 하는 돈은 42500원을 □ 하여 천의 자리까지 나타내면 최소 □ 000원입니다.

따라서 1000원짜리 지폐를 최소 43000÷1000= □ (장) 내야 합니다.

답 _____ 장

1 주어진 수를 반올림하여 백의 자리까지 나타낸 수를 찾아 ○표 하세요.

> 6847

(6800 , 6850 , 6900 , 7000)

2 수를 반올림하여 주어진 자리까지 나타내 보세요.

수	십의 자리	백의 자리	천의 자리
16482			

3 소수를 올림, 버림, 반올림하여 소수 둘째 자리까지 나타내 보세요.

소수	올림	버림	반올림
5.129			

4 버림하여 십의 자리까지 나타낸 수가 잘못된 사람의 이름을 쓰세요.

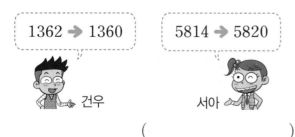

1362 ➡ 1360   건우

5814 ➡ 5820   서아

( )

5 지영이네 마을의 인구는 58681명입니다. 인구를 올림, 버림, 반올림하여 백의 자리까지 나타내 보세요.

올림	버림	반올림
58700명		

6 체육대회 때 나누어 줄 상품을 한 개 포장하는 데 끈 1 m가 필요합니다. 끈 729 cm로 상품을 최대 몇 개까지 포장할 수 있는지 구하려고 합니다. 물음에 답하세요.

(1) 알맞은 말이나 수에 ○표 하세요.

상품은 포장할 수 있는 끈은 729 cm를 (올림 , 버림 , 반올림)하여 백의 자리까지 나타내면 최대 (700 , 800) cm입니다.

(2) 상품을 최대 몇 개까지 포장할 수 있나요?

( )

7 반올림하여 백의 자리까지 나타내면 1300이 되지 <u>않는</u> 수를 찾아 쓰세요.

> 1339   1249   1300   1281

( )

8 크레파스의 길이를 반올림하여 일의 자리까지 나타내면 몇 cm인가요?

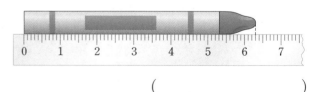

( )

9 핸드볼 경기 관중 수가 3056명입니다. 관중 수를 반올림하여 <u>잘못</u> 나타낸 것을 찾아 기호를 쓰세요.

> ㉠ 반올림하여 천의 자리까지 나타내면
> 3000명입니다.
> ㉡ 반올림하여 백의 자리까지 나타내면
> 3100명입니다.
> ㉢ 반올림하여 십의 자리까지 나타내면
> 3050명입니다.

(   )

10 쌀 827포대를 트럭에 모두 실으려고 합니다. 트럭 한 대에 100포대씩 실을 수 있을 때 트럭은 최소 몇 대 필요한가요?

(   )

11 반올림의 방법을 이용하여 어림한 사람의 이름을 쓰세요.

> 고구마 86개를
> 한 봉지에 10개씩 담아
> 판다면 최대 80개까지
> 팔 수 있어.

> 무게가 10.2 kg인
> 고구마를 1 kg 단위로
> 가까운 쪽 눈금을 읽어
> 보니 10 kg이었어.

 지안   민재

(   )

12 다음 네 자리 수를 반올림하여 십의 자리까지 나타내면 8470이 됩니다. □ 안에 들어갈 수 있는 숫자를 모두 구하세요.

> 846□

(   )

13 반올림하여 백의 자리까지 나타내면 200이 되는 자연수 중에서 가장 작은 수와 가장 큰 수를 각각 구하세요.

가장 작은 수 (   )
가장 큰 수 (   )

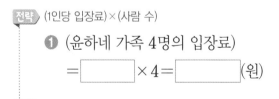

14 윤하네 가족 4명이 놀이공원에 갔습니다. 1인당 입장료가 8000원일 때 윤하네 가족 4명의 입장료를 10000원짜리 지폐로만 낸다면 최소 몇 장을 내야 하나요?

전략 (1인당 입장료)×(사람 수)

❶ (윤하네 가족 4명의 입장료)
= □□□□ ×4= □□□□ (원)

전략 ❶에서 구한 입장료를 올림하여 만의 자리까지 나타내자.

❷ 입장료를 10000원짜리 지폐로만 낸다면 최소 □□□□ 원을 내야 합니다.

❸ 10000원짜리 지폐로 최소 □ 장을 내야 합니다.

답

BOOK❷ 8~9쪽

가이드

문제에서 핵심이 되는 말에 표시하고, 주어진 풀이를 따라 풀어 보자.

키워드 문제

1-1 두 수의 범위에 공통으로 들어가는 자연수는 모두 몇 개인가요?

- 16 이상 22 이하인 수
- 18 초과 25 미만인 수

전략 ▶ 각각의 수의 범위에 들어가는 자연수를 모두 구하자.

❶ 16 이상 22 이하인 자연수를 모두 구하면

_____ 입니다.

❷ 18 초과 25 미만인 자연수를 모두 구하면

_____ 입니다.

❸ 두 수의 범위에 공통으로 들어가는 자연수는

_____ 로 모두 ☐ 개입니다.

답 _____

서술형 高수

1-2 두 수의 범위에 공통으로 들어가는 자연수는 모두 몇 개인가요?

- 39 초과 43 이하인 수
- 35 이상 42 미만인 수

❶

❷

❸

답 _____

키워드 문제

2-1 다음 수를 올림하여 천의 자리까지 나타낸 수와 올림하여 십의 자리까지 나타낸 수의 차를 구하세요.

3128

전략 ▶ 3128을 올림하여 주어진 자리까지 각각 나타내자.

❶ 3128을 올림하여 천의 자리까지 나타낸 수:

☐

❷ 3128을 올림하여 십의 자리까지 나타낸 수:

☐

❸ 위 ❶과 ❷에서 나타낸 두 수의 차:

☐ − ☐ = ☐

답 _____

서술형 高수

2-2 다음 수를 버림하여 백의 자리까지 나타낸 수와 버림하여 천의 자리까지 나타낸 수의 차를 구하세요.

8695

❶

❷

❸

답 _____

키워드 문제

3-1 준규는 12세이고 형은 17세입니다. 준규와 형이 박물관에 입장하려면 입장료를 모두 얼마 내야 하나요?

박물관 입장료

나이(세)	요금(원)
8 미만	무료
8 이상 14 미만	5000
14 이상	8000

전략 준규와 형의 나이의 범위를 찾아 입장료를 각각 구하자.

❶ 준규의 나이는 ☐세 이상 ☐세 미만에 속하므로 입장료는 ☐원입니다.

❷ 형의 나이는 ☐세 이상에 속하므로 입장료는 ☐원입니다.

❸ (준규와 형의 입장료의 합)
= ☐ + ☐ = ☐ (원)

답 _____

서술형 高수

3-2 무게가 10 kg인 쌀과 16 kg인 김치를 각각 택배로 보내려고 합니다. 택배 요금은 모두 얼마인가요?

무게별 택배 요금

무게(kg)	요금(원)
5 이하	5000
5 초과 10 이하	8000
10 초과 20 이하	10000
20 초과 30 이하	13000

❶

❷

❸

답 _____

키워드 문제

4-1 감자 258 kg을 상자에 담아 판매하려고 합니다. 한 상자에 10 kg씩 담아서 20000원에 판매한다면 감자를 팔아서 받을 수 있는 돈은 최대 얼마인가요?

전략 10 kg이 안 되는 감자는 상자에 담아 팔 수 없다.

❶ 팔 수 있는 감자는 258 kg을 ☐하여 십의 자리까지 나타내면 최대 ☐ kg입니다.

전략 (팔 수 있는 감자의 무게) ÷ (한 상자에 담는 감자의 무게)

❷ 팔 수 있는 감자는 최대 ☐상자입니다.

전략 (감자 한 상자의 값) × (팔 수 있는 감자의 상자 수)

❸ (감자를 팔아서 받을 수 있는 최대 금액)
= 20000 × ☐ = ☐ (원)

답 _____

서술형 高수

4-2 귤 783개를 상자에 담아 판매하려고 합니다. 한 상자에 100개씩 담아서 15000원에 판매한다면 귤을 팔아서 받을 수 있는 돈은 최대 얼마인가요?

❶

❷

❸

답 _____

1 수의 범위를 나타내는 말을 □ 안에 알맞게 써넣으세요.

17과 같거나 큰 수를 17 □ 인 수라 하고,
17과 같거나 작은 수를 17 □ 인 수라고 합니다.
26보다 큰 수를 26 □ 인 수라 하고, 26
보다 작은 수를 26 □ 인 수라고 합니다.

2 4237을 올림하여 백의 자리까지 나타낸 수를 찾아 ○표 하세요.

4100   4200   4300

3 다음 수의 범위를 이상, 이하, 초과, 미만 중 알맞은 말을 이용하여 나타내 보세요.

45와 같거나 크고 53보다 작은 수

(   )

4 수를 버림하여 주어진 자리까지 나타내 보세요.

(1)   2769(백의 자리)   ➡   □

(2)   8956(천의 자리)   ➡   □

5 20 미만인 수를 모두 찾아 쓰세요.

| 18.5 | 22 | 26.1 |
| 13 | 20.2 | 19 |

(   )

6 소수를 반올림하여 주어진 자리까지 나타내 보세요.

(1)   2.83(소수 첫째 자리)   ➡   □

(2)   7.056(소수 둘째 자리)   ➡   □

7 현서네 반 학생들의 제자리멀리뛰기 기록을 조사하였습니다. 물음에 답하세요.

현서네 반 학생들의 제자리멀리뛰기 기록

이름	현서	승준	경석	재훈	유리
기록(cm)	137.2	145.6	139.8	145	147.4

(1) 제자리멀리뛰기 기록이 145 cm 초과인 학생의 이름을 모두 쓰세요.

(   )

(2) 제자리멀리뛰기 기록이 145 cm 이하인 학생은 모두 몇 명인가요?

(   )

8 수의 범위를 수직선에 나타내 보세요.

53 초과 56 이하인 수

```
    51  52  53  54  55  56  57  58  59
```

9 올림하여 천의 자리까지 나타내면 5000이 되는 수를 모두 고르세요. ·················· ( )

① 4000　　② 4080　　③ 5000
④ 5008　　⑤ 6000

10 76을 포함하는 수의 범위를 모두 찾아 기호를 쓰세요.

ㄱ 75 이상인 수
ㄴ 80 미만인 수
ㄷ 76 초과인 수

( )

11 어느 축구경기장에 오늘 하루 입장한 관람객 수는 62419명입니다. 관람객 수를 반올림하여 백의 자리까지 나타내면 몇 명인가요?

( )

12 30 초과 40 미만인 자연수는 모두 몇 개인가요?

( )

13 지하철을 탈 때 6세 이상의 어린이는 요금을 내야 합니다. 다음에서 지하철을 탈 때 요금을 내지 않아도 되는 어린이를 찾아 이름을 쓰세요.

어린이별 나이

이름	슬기	성민	예은	윤석	수지
나이(세)	6	8	7	5	9

( )

14 어느 놀이 기구는 몸무게가 30 kg보다 가벼운 사람과 60 kg과 같거나 무거운 사람은 이용할 수 없다고 합니다. 이 놀이 기구를 이용할 수 있는 몸무게의 범위를 수직선에 나타내 보세요.

```
    10  20  30  40  50  60  70  80 (kg)
```

15 어림하는 방법이 <u>다른</u> 사람을 찾아 이름을 쓰세요.

준영: 10원짜리 동전 3850원을 100원짜리 동전으로 바꾼다면 얼마까지 바꿀 수 있을까?
수빈: 42.6 kg인 몸무게를 1 kg 단위로 가까운 쪽의 눈금을 읽으면 몇 kg일까?
민혁: 자두 88개를 한 봉지에 10개씩 담아서 팔 때 팔 수 있는 자두는 모두 몇 개일까?

( )

16 어떤 수를 반올림하여 십의 자리까지 나타내었더니 630이 되었습니다. 어떤 수가 될 수 있는 수의 범위를 수직선에 나타내 보세요.

17 서준이의 사물함 자물쇠의 비밀번호를 버림하여 백의 자리까지 나타내면 8600입니다. 사물함 자물쇠의 비밀번호를 구하세요.

내 사물함 자물쇠의 비밀번호는 네 자리 수 □□94야.

서준

(   )

18 서정이네 가족은 12세인 서정이, 5세인 동생, 45세인 아버지, 40세인 어머니, 74세인 할머니로 모두 5명입니다. 서정이네 가족이 모두 튤립 축제에 입장하려면 내야 하는 입장료는 얼마인가요?

튤립 축제 입장료

나이(세)	요금(원)
7 미만	무료
7 이상 13 미만	2000
13 이상 19 미만	3000
19 이상 64 미만	6000
64 이상	무료

(   )

서술형 **실전**

19 자연수 부분이 3 이상 6 미만이고 소수 첫째 자리 수가 5 초과 8 미만인 소수 한 자리 수를 모두 만들려고 합니다. 풀이 과정을 쓰고 답을 구하세요.

풀이 _____

_____

_____

_____

_____

_____

답 _____

20 유미네 반 학생들은 색종이가 3152장 필요합니다. 문구점에서 색종이를 100장씩 묶어서 한 묶음에 9000원씩 판다고 합니다. 색종이를 사는 데 필요한 금액은 최소 얼마인지 풀이 과정을 쓰고 답을 구하세요.

풀이 _____

_____

_____

_____

_____

_____

답 _____

2 분수의 곱셈

스마트폰을 이용하여 QR 코드를 찍으면
개념 학습 영상을 볼 수 있어요.

2단원 학습 계획표

✓ 이 단원의 표준 학습 일수는 **5일**입니다. 계획대로 공부한 후 확인란에 사인을 받으세요.

이 단원에서 배울 내용	쪽수	계획한 날	확인
1단계 교과서 바로 알기 ● (진분수) × (자연수) ● (대분수) × (자연수)	30~33쪽	월 일	확인했어요! ☺
2단계 익힘책 바로 풀기	34~35쪽		
1단계 교과서 바로 알기 ● (자연수) × (진분수) ● (자연수) × (대분수)	36~39쪽	월 일	확인했어요! ☺
2단계 익힘책 바로 풀기	40~41쪽		
1단계 교과서 바로 알기 ● 진분수의 곱셈 (1) ● 진분수의 곱셈 (2) ● 대분수가 있는 곱셈	42~47쪽	월 일	확인했어요! ☺
2단계 익힘책 바로 풀기	48~49쪽	월 일	확인했어요! ☺
3단계 실력 바로 쌓기	50~51쪽	월 일	확인했어요! ☺
TEST 단원 마무리 하기	52~54쪽		

핵심 **개념** (진분수) × (자연수)

1. 그림을 이용하여 $\frac{3}{5} \times 2$를 계산하기

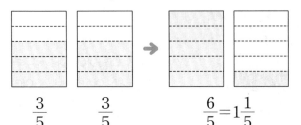

$\frac{3}{5}$ $\frac{3}{5}$ $\frac{6}{5} = 1\frac{1}{5}$

$$\frac{3}{5} \times 2 = \frac{3}{5} + \frac{3}{5}$$
$$= \frac{3 \times 2}{5} = \frac{6}{5} = 1\frac{\boxed{①}}{5}$$

> (진분수) × (자연수)는 분수의 분모는 그대로 쓰고 분자와 자연수를 곱하여 계산합니다.

2. $\frac{2}{9} \times 6$을 계산하는 방법

방법 1 분자와 자연수를 곱한 후 약분하여 계산하기

$$\frac{2}{9} \times 6 = \frac{2 \times 6}{9} = \frac{\overset{4}{\cancel{12}}}{\underset{3}{\cancel{9}}} = \frac{4}{3} = 1\frac{1}{3}$$

방법 2 약분한 후 분자와 자연수를 곱하여 계산하기

$$\frac{2}{\underset{3}{\cancel{9}}} \times \overset{2}{\cancel{6}} = \frac{2 \times 2}{3} = \frac{\boxed{②}}{3} = 1\frac{1}{3}$$

참고 계산 결과를 기약분수와 대분수로 나타내지 않아도 정답으로 인정합니다.

정답 확인 | ❶ 1   ❷ 4

확인 문제 1~6번 문제를 풀면서 개념 익히기!

1 그림을 보고 □ 안에 알맞은 수를 써넣으세요.

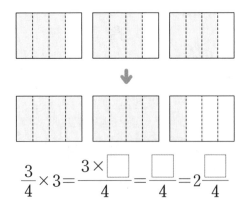

$$\frac{3}{4} \times 3 = \frac{3 \times \square}{4} = \frac{\square}{4} = 2\frac{\square}{4}$$

2 □ 안에 알맞은 수를 써넣으세요.

$$\frac{5}{6} \times 2 = \frac{5 \times 2}{6} = \frac{\overset{}{\underset{3}{\cancel{10}}}}{\underset{}{\cancel{6}}} = \frac{\square}{3} = 1\frac{\square}{3}$$

한번 더! 확인 7~12번 유사문제를 풀면서 개념 다지기!

7 그림을 보고 □ 안에 알맞은 수를 써넣으세요.

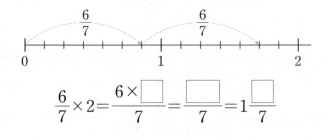

$$\frac{6}{7} \times 2 = \frac{6 \times \square}{7} = \frac{\square}{7} = 1\frac{\square}{7}$$

8 □ 안에 알맞은 수를 써넣으세요.

$$\frac{7}{\underset{4}{\cancel{8}}} \times \overset{}{\cancel{6}} = \frac{7 \times \square}{4} = \frac{\square}{4} = 5\frac{\square}{4}$$

2 분수의 곱셈

3 계산해 보세요.

(1) $\dfrac{8}{9} \times 6$

(2) $\dfrac{7}{16} \times 8$

4 보기 와 같은 방법으로 계산해 보세요.

보기

$$\dfrac{5}{12} \times 8 = \dfrac{5 \times 8}{12} = \dfrac{\overset{10}{\cancel{40}}}{\underset{3}{\cancel{12}}} = \dfrac{10}{3} = 3\dfrac{1}{3}$$

$\dfrac{3}{8} \times 20$

_____

5 빈칸에 알맞은 수를 써넣으세요.

6 보리차가 한 병에 $\dfrac{5}{16}$ L씩 들어 있습니다. 8병에 들어 있는 보리차는 모두 **몇 L**인가요?

(1) 알맞은 식을 완성해 보세요.

식 $\dfrac{5}{16} \times \boxed{} = \boxed{}$

_____

(2) 8병에 들어 있는 보리차는 모두 몇 L인가요?

꼭 단위까지 따라 쓰세요.

(L)

9 바르게 계산했으면 ○표, 그렇지 않으면 ×표 하세요.

$$\dfrac{\overset{1}{\cancel{5}}}{9} \times \overset{2}{\cancel{10}} = \dfrac{1 \times 2}{9} = \dfrac{2}{9}$$

( )

10 $\dfrac{3}{10} \times 4$를 두 가지 방법으로 계산해 보세요.

방법 1 $\dfrac{3}{10} \times 4$

방법 2 $\dfrac{3}{10} \times 4$

11 빈 곳에 두 수의 곱을 써넣으세요.

서술형 下수

12 페인트 한 통으로 벽 $\dfrac{9}{10}$ m²를 칠할 수 있습니다. 페인트 5통으로 칠할 수 있는 벽의 넓이는 모두 **몇 m²**인가요?

식

답 _____ m²

핵심 개념 (대분수)×(자연수)

예 $1\frac{2}{3}\times 2$를 계산하는 방법

방법 1 대분수를 가분수로 나타내 계산하기

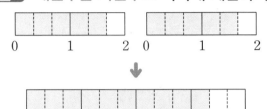

$1\frac{2}{3}$를 가분수 $\frac{5}{3}$로 나타내 계산해~

$$1\frac{2}{3}\times 2=\frac{5}{3}\times 2$$

$$=\frac{5\times 2}{3}=\frac{\boxed{①}}{3}=3\frac{1}{3}$$

방법 2 대분수를 자연수와 진분수의 합으로 나타내 계산하기

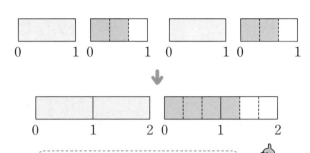

$1\frac{2}{3}$를 $1+\frac{2}{3}$로 생각해서 계산해~

$$1\frac{2}{3}\times 2=(1\times 2)+\left(\frac{2}{3}\times 2\right)$$

$$=2+\frac{\boxed{②}}{3}=2+1\frac{1}{3}=3\frac{1}{3}$$

주의 (대분수)×(자연수)의 계산에서 약분을 할 때에는 대분수를 가분수로 나타낸 후 약분해야 합니다.

예 $2\frac{1}{8}\times \overset{3}{\cancel{6}}=2\frac{1}{4}\times 3=\frac{9}{4}\times 3=\frac{27}{4}=6\frac{3}{4}$ (×) $2\frac{1}{8}\times 6=\frac{17}{8}\times \overset{3}{\cancel{6}}=\frac{51}{4}=12\frac{3}{4}$ (○)

정답 확인 | ❶ 10   ❷ 4

2 분수의 곱셈

확인 문제 1~5번 문제를 풀면서 개념 익히기!

1 그림을 보고 ☐ 안에 알맞은 수를 써넣으세요.

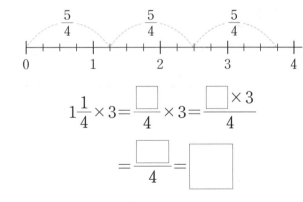

$$1\frac{1}{4}\times 3=\frac{\boxed{}}{4}\times 3=\frac{\boxed{}\times 3}{4}$$

$$=\frac{\boxed{}}{4}=\boxed{}$$

$1\frac{1}{4}$을 가분수로 나타내 계산해.

한번 더! 확인 6~10번 유사문제를 풀면서 개념 다지기!

6 그림을 보고 ☐ 안에 알맞은 수를 써넣으세요.

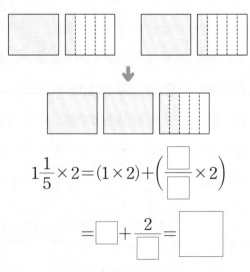

$$1\frac{1}{5}\times 2=(1\times 2)+\left(\frac{\boxed{}}{\boxed{}}\times 2\right)$$

$$=\boxed{}+\frac{2}{\boxed{}}=\boxed{}$$

2 □ 안에 알맞은 수를 써넣으세요.

$$2\frac{3}{8} \times 4 = (2 \times \boxed{}) + \left(\frac{3}{8} \times \overset{\boxed{}}{\underset{2}{\cancel{4}}}\right)$$

$$= 8 + \frac{\boxed{}}{2} = 8 + 1\frac{\boxed{}}{2} = \boxed{}$$

3 계산해 보세요.

(1) $2\frac{3}{10} \times 4$

(2) $4\frac{1}{6} \times 2$

4 잘못 계산한 부분을 찾아 바르게 계산해 보세요.

$$1\frac{2}{5} \times \overset{2}{\underset{1}{\cancel{10}}} = 2 \times 2 = 4$$

$1\frac{2}{5} \times 10$ _____

5 딸기 한 상자의 무게는 $2\frac{1}{10}$ kg입니다. 딸기 5상자의 무게는 모두 **몇 kg**인가요?

(1) 알맞은 식을 완성해 보세요.

식 $2\frac{1}{10} \times \boxed{} = \boxed{}$

(2) 딸기 5상자의 무게는 모두 몇 kg인가요?

꼭 단위까지
따라 쓰세요.

(kg   )

7 □ 안에 알맞은 수를 써넣으세요.

$$2\frac{1}{4} \times 6 = \frac{\boxed{}}{\underset{\boxed{}}{\cancel{4}}} \times \overset{3}{\cancel{6}} = \frac{\boxed{}}{2} = \boxed{}$$

8 대분수를 자연수와 진분수의 합으로 나타내 계산해 보세요.

$$5\frac{5}{6} \times 3$$

_____

_____

9 잘못 계산한 사람에 ○표 하세요.

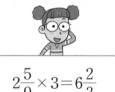

$$2\frac{5}{9} \times 3 = 6\frac{2}{3}$$
$$3\frac{2}{9} \times 3 = 9\frac{2}{3}$$

(   )   (   )

🏅 서술형 下수

10 수영이는 매일 $1\frac{3}{8}$ km씩 걷습니다. 수영이가 6일 동안 걸은 거리는 모두 **몇 km**인가요?

식 _____

답 _____ km

1 그림을 보고 □ 안에 알맞은 수를 써넣으세요.

$$\frac{3}{4} \times 4 = \boxed{}$$

2 계산해 보세요.

(1) $2\frac{1}{7} \times 3$

(2) $3\frac{1}{4} \times 10$

3 칠판에 적힌 방법과 같은 방법으로 계산해 보세요.

$$\frac{3}{\overset{\underset{5}{10}}{10}} \times \overset{\overset{4}{8}}{8} = \frac{3 \times 4}{5} = \frac{12}{5} = 2\frac{2}{5}$$

$$\frac{7}{12} \times 16$$

_____

4 다음이 나타내는 수를 구하세요.

$1\frac{5}{8}$의 2배인 수

( )

5 계산 결과를 찾아 이어 보세요.

$\frac{9}{14} \times 7$ ·

$\frac{10}{27} \times 6$ ·

· $2\frac{2}{9}$

· $4\frac{1}{2}$

· $1\frac{5}{9}$

6 계산 결과가 <u>다른</u> 하나를 찾아 기호를 쓰세요.

㉠ $4\frac{2}{7} \times 5$ ㉡ $(4 \times 5) + \left(\frac{2}{7} \times 5\right)$

㉢ $4\frac{2}{7} + 4\frac{2}{7} + 4\frac{2}{7}$ ㉣ $\frac{30}{7} \times 5$

( )

7 계산 결과를 비교하여 ○ 안에 >, =, <를 알맞게 써넣으세요.

$$\frac{8}{9} \times 6 \bigcirc \frac{5}{12} \times 10$$

8 과자 한 상자의 무게는 $2\frac{7}{8}$ kg입니다. 과자 6상자의 무게는 모두 몇 kg인가요?

식 _____

답 _____

9 잘못 계산한 사람의 이름을 쓰고, 바르게 계산해 보세요.

> 주은: $\dfrac{5}{6} \times \overset{4}{8} = \dfrac{20}{3} = 6\dfrac{2}{3}$
>
> 명현: $\dfrac{2}{15} \times 4 = \dfrac{2 \times 4}{15 \times 4} = \dfrac{8}{60} = \dfrac{2}{15}$

(   )

바른 계산 _____

10 한 변의 길이가 $5\dfrac{1}{9}$ cm인 정삼각형의 둘레는 몇 cm인가요?

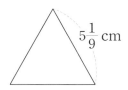
$5\dfrac{1}{9}$ cm

식 _____

답 _____

11 ㉠에 알맞은 수를 구하세요.

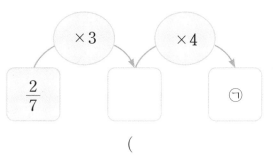

$\times 3$ $\times 4$

$\dfrac{2}{7}$ □   ㉠

(   )

12 보기 와 같이 계산 결과가 2인 (단위분수)×(자연수)의 식을 1개 쓰세요.

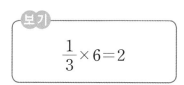
> 보기
>
> $\dfrac{1}{3} \times 6 = 2$

식 _____

13 동섭이는 물을 매일 $\dfrac{3}{4}$ L씩 마셨습니다. 동섭이가 6월 한 달 동안 마신 물은 모두 몇 L인가요?

(   )

🏅 서술형 中수   문제 해결의 전략 을 보면서 풀어 보자.

14 ●에 들어갈 수 있는 자연수는 모두 몇 개인지 구하세요.

$$1\dfrac{5}{18} \times 4 > ● \dfrac{2}{9}$$

전략 주어진 식에서 곱셈을 하여 계산 결과를 대분수로 나타내자.

❶ $1\dfrac{5}{18} \times 4 = \dfrac{\square}{\underset{9}{18}} \times \overset{\square}{4}$

$= \dfrac{\square}{9} = \square \dfrac{\square}{9}$

전략 ❶을 이용하여 주어진 식을 간단히 나타내 답을 구하자.

❷ $\square \dfrac{\square}{9} > ● \dfrac{2}{9}$ 이므로 ●에 들어갈 수 있는 자연수는 _____ 이므로 모두 $\square$개입니다.

답 _____

핵심 개념 (자연수) × (진분수)

1. 그림을 이용하여 $6 \times \dfrac{1}{3}$ 을 계산하기 → 자연수가 분모의 배수인 경우

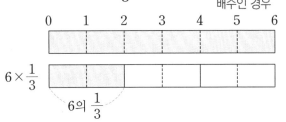

$$6 \times \frac{1}{3} = \boxed{❶}$$

└→ 6을 3등분한 것 중 1만큼

2. 그림을 이용하여 $2 \times \dfrac{2}{3}$ 를 계산하기 → 자연수가 분모의 배수가 아닌 경우

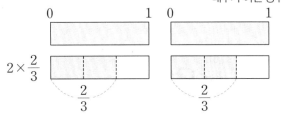

$$2 \times \frac{2}{3} = 1 \times \frac{2}{3} \times 2 = \frac{2}{3} \times 2 = \frac{2 \times 2}{3} = \frac{4}{3} = 1\frac{1}{3}$$

3. $4 \times \dfrac{5}{6}$ 를 계산하는 방법

> (자연수) × (진분수)는 분수의 분모는 그대로 쓰고 자연수와 분자를 곱하여 계산합니다.

방법 1 자연수와 분자를 곱한 후 약분하여 계산하기

$$4 \times \frac{5}{6} = \frac{4 \times 5}{6} = \frac{\overset{10}{\cancel{20}}}{\underset{3}{\cancel{6}}} = \frac{10}{3} = 3\frac{1}{3}$$

방법 2 약분한 후 자연수와 분자를 곱하여 계산하기

$$\overset{2}{\cancel{4}} \times \frac{5}{\underset{3}{\cancel{6}}} = \frac{2 \times 5}{3} = \frac{\boxed{❷}}{3} = 3\frac{1}{3}$$

참고 1보다 작은 수를 곱하면 계산 결과가 원래의 수보다 작아집니다.

정답 확인 | ❶ 2 ❷ 10

확인 문제 1~6번 문제를 풀면서 개념 익히기!

1. $9 \times \dfrac{2}{3}$ 에 알맞게 색칠하고, ☐ 안에 알맞은 수를 써넣으세요.

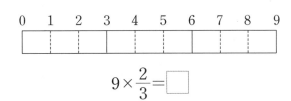

$$9 \times \frac{2}{3} = \boxed{}$$

2. ☐ 안에 알맞은 수를 써넣으세요.

$$\overset{}{\underset{1}{\cancel{20}}} \times \frac{4}{\cancel{5}} = \boxed{} \times 4 = \boxed{}$$

한번 더! 확인 7~12번 유사문제를 풀면서 개념 다지기!

7. 그림을 보고 ☐ 안에 알맞은 수를 써넣으세요.

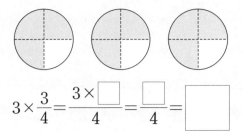

$$3 \times \frac{3}{4} = \frac{3 \times \boxed{}}{4} = \frac{\boxed{}}{4} = \boxed{}$$

8. ☐ 안에 알맞은 수를 써넣으세요.

$$\overset{}{\underset{4}{\cancel{14}}} \times \frac{5}{8} = \frac{\boxed{} \times 5}{4} = \frac{\boxed{}}{4} = \boxed{}$$

2 분수의 곱셈

3 보기 와 같은 방법으로 계산해 보세요.

보기

$$\overset{3}{\cancel{15}} \times \frac{3}{\underset{2}{\cancel{10}}} = \frac{3 \times 3}{2} = \frac{9}{2} = 4\frac{1}{2}$$

$8 \times \dfrac{7}{12}$

9 자연수와 분자를 곱한 후 약분하여 계산해 보세요.

(1) $9 \times \dfrac{7}{27}$

(2) $10 \times \dfrac{5}{6}$

4 $3 \times \dfrac{8}{15}$ 과 계산 결과가 같은 것의 기호를 쓰세요.

ㄱ $\dfrac{8}{15} \times 3$ ㄴ $15 \times \dfrac{8}{3}$

(   )

10 계산 결과가 다른 하나를 찾아 기호를 쓰세요.

ㄱ $7 \times \dfrac{11}{21}$ ㄴ $\dfrac{11}{21} \times 7$ ㄷ $21 \times \dfrac{7}{11}$

(   )

2

분수의 곱셈

5 다음을 식으로 나타내고, 계산해 보세요.

$$4의 \frac{1}{6}$$

식

11 8의 $\dfrac{11}{36}$ 은 얼마인지 식으로 나타내고, 계산해 보세요.

식

37

6 윤호는 길이가 8 m인 철사를 사서 전체의 $\dfrac{3}{4}$ 을 사용했습니다. 사용한 철사의 길이는 **몇 m**인가요?

(1) 알맞은 식을 완성해 보세요.

식 $8 \times \boxed{} = \boxed{}$

(2) 사용한 철사의 길이는 몇 m인가요?

꼭 단위까지
따라 쓰세요.

(m   )

 서술형 下수

12 수혁이는 욕조에 물을 22 L 받아서 전체의 $\dfrac{7}{10}$ 을 사용했습니다. 사용한 물은 **몇 L**인가요?

식

답   L

핵심 개념 (자연수)×(대분수)

예 $2 \times 2\frac{1}{3}$ 을 계산하는 방법

방법 1 대분수를 가분수로 나타내 계산하기

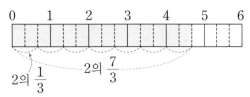

2의 $\frac{1}{3}$ 2의 $\frac{7}{3}$

$2\frac{1}{3}$을 가분수 $\frac{7}{3}$로 나타내 계산해~

$2 \times 2\frac{1}{3} = 2 \times \frac{7}{3}$

$= \frac{2 \times 7}{3} = \frac{14}{3} = 4\frac{①}{3}$

방법 2 대분수를 자연수와 진분수의 합으로 나타내 계산하기

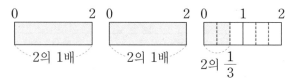

2의 1배   2의 1배   2의 $\frac{1}{3}$

$2\frac{1}{3}$을 $2+\frac{1}{3}$로 생각해서 계산해~

$2 \times 2\frac{1}{3} = (2 \times 2) + \left(2 \times \frac{1}{3}\right)$

$= \boxed{②} + \frac{2}{3} = 4\frac{2}{3}$

참고 1보다 큰 수를 곱하면 계산 결과가 원래의 수보다 커집니다.

정답 확인 | ❶ 2 ❷ 4

확인 문제 1~6번 문제를 풀면서 개념 익히기!

1 그림을 보고 □ 안에 알맞은 수를 써넣으세요.

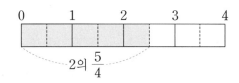

2의 $\frac{5}{4}$

$2 \times 1\frac{1}{4} = 2 \times \frac{\boxed{}}{4} = \frac{\overset{1}{2} \times \boxed{}}{\underset{2}{4}} = \frac{\boxed{}}{2} = \boxed{}$

한번 더! 확인 7~12번 유사문제를 풀면서 개념 다지기!

7 그림을 보고 □ 안에 알맞은 수를 써넣으세요.

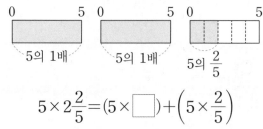

5의 1배   5의 1배   5의 $\frac{2}{5}$

$5 \times 2\frac{2}{5} = (5 \times \boxed{}) + \left(5 \times \frac{2}{5}\right)$

$= \boxed{} + 2 = \boxed{}$

2 □ 안에 알맞은 수를 써넣으세요.

$4 \times 1\frac{2}{3} = (4 \times 1) + \left(4 \times \frac{\boxed{}}{3}\right)$

$= 4 + \frac{\boxed{}}{3} = 4 + \boxed{}\frac{\boxed{}}{3} = \boxed{}$

8 □ 안에 알맞은 수를 써넣으세요.

$3 \times 2\frac{1}{2} = 3 \times \frac{\boxed{}}{2} = \frac{\boxed{}}{2} = \boxed{}$

2 분수의 곱셈

3 계산해 보세요.

(1) $3 \times 1\frac{5}{12}$

(2) $14 \times 1\frac{5}{7}$

9 빈칸에 알맞은 수를 써넣으세요.

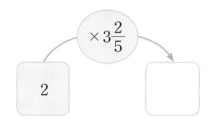

4 계산이 처음으로 잘못된 곳을 찾아 기호를 쓰세요.

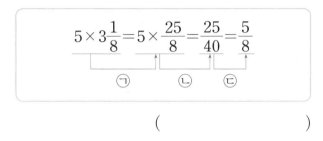

(   )

10 잘못 계산한 부분을 찾아 바르게 계산해 보세요.

$$\overset{3}{\cancel{9}} \times 1\frac{4}{15} = 3 \times 1\frac{4}{5} = 3 \times \frac{9}{5} = \frac{27}{5} = 5\frac{2}{5}$$
$$\underset{5}{}$$

$9 \times 1\frac{4}{15}$ _____

5 크기를 비교하여 ○ 안에 >, =, <를 알맞게 써넣으세요.

$$4 \times 3\frac{1}{5} \bigcirc 12$$

11 크기를 비교하여 ○ 안에 >, =, <를 알맞게 써넣으세요.

$$8 \times 2\frac{2}{3} \bigcirc 8$$

6 창고의 바닥은 가로가 6 m이고 세로가 $5\frac{1}{4}$ m인 직사각형 모양입니다. 창고 바닥의 넓이는 **몇 m²**인가요?

(1) 알맞은 식을 완성해 보세요.

식 _____

(2) 창고 바닥의 넓이는 몇 m²인가요?

(m²   )

서술형 下수

12 효주의 몸무게는 42 kg이고, 언니의 몸무게는 효주 몸무게의 $1\frac{1}{6}$배입니다. 언니의 몸무게는 **몇 kg**인가요?

식 _____

답 _____ kg

1 그림을 보고 □ 안에 알맞은 수를 써넣으세요.

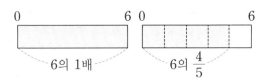

$$6 \times 1\frac{4}{5} = \left(6 \times \boxed{}\right) + \left(6 \times \frac{\boxed{}}{5}\right)$$

$$= 6 + \frac{\boxed{}}{5} = 6 + \boxed{}\frac{\boxed{}}{5} = \boxed{}$$

2 보기와 같은 방법으로 계산해 보세요.

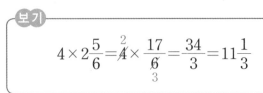

(1) $8 \times 1\frac{3}{10}$

(2) $4 \times 1\frac{3}{8}$

3 빈칸에 알맞은 수를 써넣으세요.

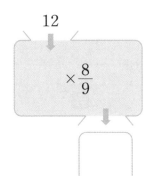

4 잘못 계산한 부분을 찾아 바르게 계산해 보세요.

$$6 \times \frac{3}{8} = \frac{3}{6 \times 8} = \frac{\overset{1}{\cancel{3}}}{\underset{16}{\cancel{48}}} = \frac{1}{16}$$

$6 \times \dfrac{3}{8}$ _____

5 빈칸에 알맞은 수를 써넣으세요.

×	$2\frac{3}{10}$	$1\frac{8}{15}$
5		

6 그림을 보고 잘못 말한 사람을 찾아 이름을 쓰세요.

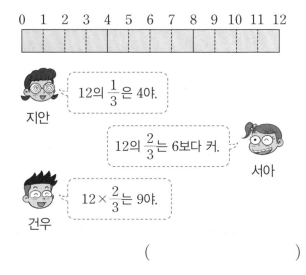

(   )

7 계산 결과가 6보다 큰 곱셈에는 ○표, 6보다 작은 곱셈에는 △표 하세요.

$$6 \times 2\frac{1}{8} \qquad 6 \times \frac{4}{5} \qquad 6 \times 1 \qquad 6 \times 1\frac{1}{3}$$

8 잘못 계산한 것의 기호를 쓰고, 바르게 계산한 값을 구하세요.

$$\bigcirc \ 12 \times \frac{10}{21} = 5\frac{5}{7} \qquad \bigcirc \ 15 \times \frac{11}{18} = 9\frac{5}{6}$$

잘못 계산한 것	바르게 계산한 값

9 가장 큰 수와 가장 작은 수의 곱을 구하세요.

$$6\frac{3}{14} \qquad\qquad 9 \qquad\qquad 5\frac{7}{9}$$

(   )

10 태규는 냉장고에 있던 귤 45개 중 $\frac{4}{9}$ 만큼을 먹었습니다. 태규가 먹은 귤은 몇 개인가요?

🔑 _____

답 _____

11 다음을 보고 준서가 가진 끈의 길이는 몇 cm인지 구하고, 누가 가진 끈의 길이가 더 긴지 쓰세요.

> 민우: 내 끈의 길이는 120 cm야.
>
> 준서: 난 네 끈의 길이의 $\frac{11}{12}$을 가지고 있어.

준서가 가진 끈의 길이는 ☐ cm이고,

☐ 가 가진 끈의 길이가 더 깁니다.

12 평행사변형의 넓이는 몇 m²인가요?

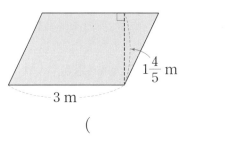

$$1\frac{4}{5} \text{ m}$$
$$3 \text{ m}$$

(   )

13 옳게 말한 사람을 찾아 이름을 쓰세요.

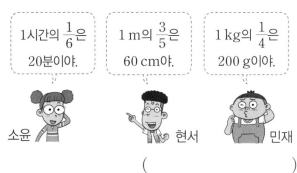

1시간의 $\frac{1}{6}$은 20분이야. — 소윤

1 m의 $\frac{3}{5}$은 60 cm야. — 현서

1 kg의 $\frac{1}{4}$은 200 g이야. — 민재

(   )

🏅 서술형 中수   문제 해결의 전략을 보면서 풀어 보자.

14 윤주는 일정한 빠르기로 한 시간에 3 km씩 걷습니다. 같은 빠르기로 윤주가 1시간 10분 동안 걸은 거리는 몇 km인지 분수로 나타내 보세요.

전략 1시간 10분은 몇 시간인지 분수로 나타내자.

❶ 1시간 10분 $= 1\dfrac{\boxed{}}{60}$ 시간 $= 1\dfrac{\boxed{}}{6}$ 시간

> 60분 = 1시간이니까 1분 $= \frac{1}{60}$ 시간이야.

전략 (한 시간에 걷는 거리)×(걸은 시간)을 구하자.

❷ (1시간 10분 동안 걸은 거리)

$$= 3 \times 1\frac{\boxed{}}{6} = \boxed{} \text{ (km)}$$

답 _____

BOOK❷ 15~16쪽

2

분수의 곱셈

핵심 개념 진분수의 곱셈 (1) → 단위분수가 있는 곱셈

1. $\dfrac{1}{3} \times \dfrac{1}{5}$ 을 계산하는 방법

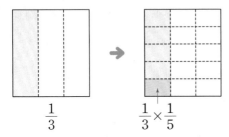

$$\dfrac{1}{3}$$ $$\dfrac{1}{3} \times \dfrac{1}{5}$$

진하게 색칠한 부분은 전체를 똑같이 $3 \times 5 = 15$(칸)으로 나눈 것 중의 1칸이므로 $\dfrac{1}{15}$ 이야~

$$\dfrac{1}{3} \times \dfrac{1}{5} = \dfrac{1}{3 \times 5} = \dfrac{1}{\boxed{①}}$$

참고 $\dfrac{1}{3} \times \dfrac{1}{5}$ 은 $\dfrac{1}{3}$ 을 똑같이 5로 나눈 것 중의 1이므로 $\dfrac{1}{3}$ 보다 작습니다.

→ 1보다 작은 수를 곱하면 계산 결과가 원래의 수보다 작아집니다.

2. $\dfrac{2}{3} \times \dfrac{1}{5}$ 을 계산하는 방법

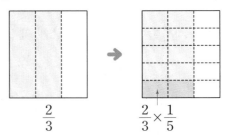

$$\dfrac{2}{3}$$ $$\dfrac{2}{3} \times \dfrac{1}{5}$$

진하게 색칠한 부분은 전체를 똑같이 $3 \times 5 = 15$(칸)으로 나눈 것 중의 2칸이므로 $\dfrac{2}{15}$ 야~

$$\dfrac{2}{3} \times \dfrac{1}{5} = \dfrac{2 \times 1}{3 \times 5} = \dfrac{\boxed{②}}{15}$$

(단위분수) × (단위분수), (진분수) × (단위분수)는 분모는 분모끼리, 분자는 분자끼리 **곱하여 계산합니다.**

정답 확인 | ❶ 15 ❷ 2

2 분수의 곱셈

확인 문제 1~6번 문제를 풀면서 개념 익히기!

1 그림을 보고 ☐ 안에 알맞은 수를 써넣으세요.

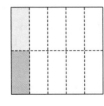

$$\dfrac{1}{5} \times \dfrac{1}{2} = \dfrac{1}{\boxed{}}$$

2 ☐ 안에 알맞은 수를 써넣으세요.

$$\dfrac{5}{8} \times \dfrac{1}{6} = \dfrac{\boxed{} \times 1}{8 \times \boxed{}} = \boxed{}$$

한번 더! 확인 7~12번 유사문제를 풀면서 개념 다지기!

7 그림을 보고 ☐ 안에 알맞은 수를 써넣으세요.

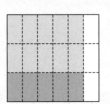

$$\dfrac{5}{6} \times \dfrac{1}{3} = \dfrac{\boxed{}}{\boxed{}}$$

8 ☐ 안에 알맞은 수를 써넣으세요.

(1) $\dfrac{1}{7} \times \dfrac{1}{4} = \dfrac{1}{\boxed{}}$ (2) $\dfrac{2}{5} \times \dfrac{1}{9} = \dfrac{\boxed{}}{\boxed{}}$

3 빈칸에 알맞은 수를 써넣으세요.

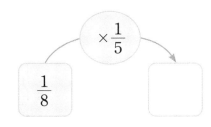

4 다음을 식으로 나타내고, 계산해 보세요.

$$\frac{1}{6}의 \frac{1}{7}$$

식 _____

5 크기를 비교하여 ○ 안에 >, =, <를 알맞게 써넣으세요.

$$\frac{1}{2} \times \frac{1}{11} \bigcirc \frac{1}{2}$$

6 재우는 준비한 찰흙의 $\frac{4}{5}$를 미술 시간에 사용했고 그중 $\frac{1}{8}$로 악어를 만들었습니다. 악어를 만든 찰흙은 준비한 찰흙 전체의 몇 분의 몇인가요?

(1) 알맞은 식을 완성해 보세요.

식 □ $\times \frac{1}{8} =$ □

(2) 악어를 만든 찰흙은 준비한 찰흙 전체의 몇 분의 몇인가요?

(_____)

9 □ 안에 알맞은 수를 찾아 이어 보세요.

$$\frac{1}{9} \times \frac{1}{2} = \frac{1}{\square}$$ •

$$\frac{1}{8} \times \frac{1}{3} = \frac{1}{\square}$$ •

• 18

• 24

• 28

10 서아가 말한 수를 식으로 나타내고, 계산해 보세요.

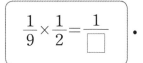 서아 $\frac{1}{2}의 \frac{1}{5}$

식 _____

11 크기를 비교하여 ○ 안에 >, =, <를 알맞게 써넣으세요.

$$\frac{5}{6} \times \frac{1}{6} \bigcirc \frac{5}{6}$$

 서술형 下슈

12 은지는 어제까지 동화책 전체의 $\frac{1}{3}$을 읽었고 그중 $\frac{1}{4}$을 어제 읽었습니다. 은지가 어제 읽은 부분은 동화책 전체의 몇 분의 몇인가요?

식 _____

답 _____

2

분수의 곱셈

43

핵심 개념 진분수의 곱셈 (2)→(진분수)×(진분수), 세 분수의 곱셈

1. $\frac{2}{3} \times \frac{2}{5}$ 를 계산하는 방법

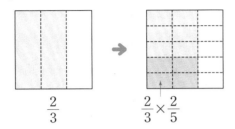

$$\frac{2}{3} \qquad \frac{2}{3} \times \frac{2}{5}$$

진하게 색칠한 부분은 전체를 똑같이 $3 \times 5 = 15$(칸)으로 나눈 것 중의 4칸이므로 $\frac{4}{15}$야~

$$\frac{2}{3} \times \frac{2}{5} = \frac{2 \times 2}{3 \times 5} = \frac{\boxed{❶}}{15}$$

(진분수)×(진분수)는 분모는 분모끼리, 분자는 분자끼리 **곱하여 계산합니다.**

2. $\frac{1}{3} \times \frac{1}{2} \times \frac{3}{5}$ 을 계산하는 방법

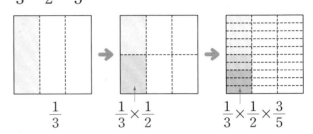

$$\frac{1}{3} \qquad \frac{1}{3} \times \frac{1}{2} \qquad \frac{1}{3} \times \frac{1}{2} \times \frac{3}{5}$$

진하게 색칠한 부분은 전체를 똑같이 $3 \times 2 \times 5 = 30$(칸)으로 나눈 것 중의 3칸이므로 $\frac{3}{30} = \frac{1}{10}$이야~

$$\frac{1}{3} \times \frac{1}{2} \times \frac{3}{5} = \frac{1 \times 1 \times \overset{1}{\cancel{3}}}{\underset{1}{\cancel{3}} \times 2 \times 5} = \frac{1}{\boxed{❷}}$$

세 분수의 곱셈은 분모는 분모끼리, 분자는 분자끼리 **곱하여 계산합니다.**

정답 확인 | ❶ 4 ❷ 10

확인 문제 1~6번 문제를 풀면서 개념 익히기!

1 그림을 보고 ☐ 안에 알맞은 수를 써넣으세요.

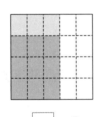

$$\frac{3}{5} \times \frac{3}{4} = \frac{\boxed{} \times 3}{5 \times \boxed{}} = \boxed{}$$

2 ☐ 안에 알맞은 수를 써넣으세요.

$$\frac{1}{4} \times \frac{2}{3} \times \frac{5}{7} = \frac{1 \times 2 \times \boxed{}}{\underset{2}{\cancel{4}} \times \boxed{} \times \boxed{}} = \boxed{}$$

한번 더! 확인 7~12번 유사문제를 풀면서 개념 다지기!

7 그림을 보고 ☐ 안에 알맞은 수를 써넣으세요.

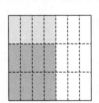

$$\frac{4}{7} \times \frac{2}{3} = \frac{4 \times \boxed{}}{7 \times \boxed{}} = \boxed{}$$

8 ☐ 안에 알맞은 수를 써넣으세요.

$$\frac{1}{\underset{1}{\cancel{2}}} \times \frac{\overset{1}{\cancel{3}}}{5} \times \frac{4}{\underset{}{\cancel{9}}} = \frac{1 \times 1 \times \boxed{}}{1 \times 5 \times \boxed{}} = \boxed{}$$

2 분수의 곱셈

44

3 보기와 같은 방법으로 계산해 보세요.

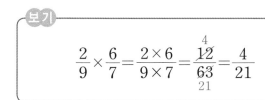

보기

$$\frac{2}{9} \times \frac{6}{7} = \frac{2 \times 6}{9 \times 7} = \frac{\overset{4}{\cancel{12}}}{\underset{21}{\cancel{63}}} = \frac{4}{21}$$

$\dfrac{4}{9} \times \dfrac{7}{10}$ _____

9 약분한 후 분모는 분모끼리, 분자는 분자끼리 곱하여 계산해 보세요.

(1) $\dfrac{3}{10} \times \dfrac{5}{8}$ _____

(2) $\dfrac{7}{15} \times \dfrac{10}{21}$ _____

4 바르게 계산했으면 ○표, 틀리게 계산했으면 ×표 하세요.

$$\frac{2}{7} \times \frac{3}{7} = \frac{2 \times 3}{7 \times 7} = \frac{6}{49}$$

(   )

10 잘못 계산한 부분을 찾아 바르게 계산해 보세요.

$$\frac{\overset{1}{\cancel{3}}}{8} \times \frac{\overset{1}{\cancel{3}}}{5} = \frac{1 \times 1}{8 \times 5} = \frac{1}{40}$$

$\dfrac{3}{8} \times \dfrac{3}{5}$ _____

5 빈 곳에 두 분수의 곱을 써넣으세요.

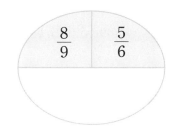

11 세 사람이 말하는 분수의 곱을 구하세요.

$\dfrac{1}{4}$ $\dfrac{16}{25}$ $\dfrac{5}{9}$

(   )

서술형 下수

6 돼지고기 $\dfrac{3}{4}$ kg을 사서 전체의 $\dfrac{5}{6}$ 를 음식을 만드는 데 사용했습니다. 사용한 돼지고기는 **몇 kg**인가요?

(1) 알맞은 식을 완성해 보세요.

식 $\boxed{} \times \dfrac{5}{6} = \boxed{}$

(2) 사용한 돼지고기는 몇 kg인가요? 꼭 단위까지 따라 쓰세요.

(kg   )

12 원우는 $\dfrac{7}{8}$ km를 걸었고, 재아는 원우가 걸은 거리의 $\dfrac{4}{5}$ 를 걸었습니다. 재아가 걸은 거리는 **몇 km**인가요?

식 _____

답 _____ km

핵심 개념 대분수가 있는 곱셈

예 $2\frac{2}{5} \times 1\frac{1}{3}$ 을 계산하는 방법

방법 1 대분수를 가분수로 나타내 계산하기

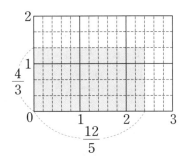

$$2\frac{2}{5} \times 1\frac{1}{3} = \frac{\overset{4}{\cancel{12}}}{5} \times \frac{4}{\underset{1}{\cancel{3}}}$$

각각 가분수로
나타내 계산합니다.

$$= \frac{\boxed{❶}}{5} = 3\frac{1}{5}$$

방법 1이 **방법 2**보다 계산하기 편해.

방법 2 대분수를 자연수와 진분수의 합으로 나타내 계산하기

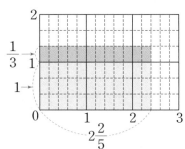

$$2\frac{2}{5} \times 1\frac{1}{3} = \left(2\frac{2}{5} \times 1\right) + \left(2\frac{2}{5} \times \frac{1}{3}\right)$$

$1 + \frac{1}{3}$로 생각해서
계산합니다.

$$= 2\frac{2}{5} + \left(\frac{\overset{4}{\cancel{12}}}{5} \times \frac{1}{\underset{1}{\cancel{3}}}\right)$$

$$= 2\frac{2}{5} + \frac{\boxed{❷}}{5} = 3\frac{1}{5}$$

정답 확인 | ❶ 16 ❷ 4

확인 문제 1~5번 문제를 풀면서 개념 익히기!

1 그림을 보고 □ 안에 알맞은 수를 써넣으세요.

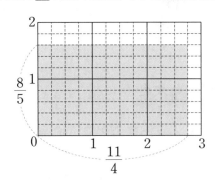

$$2\frac{3}{4} \times 1\frac{3}{5} = \frac{\boxed{}}{\underset{1}{\cancel{4}}} \times \frac{\overset{2}{\cancel{8}}}{5}$$

$$= \frac{\boxed{}}{5} = \boxed{}$$

한번 더! 확인 6~10번 유사문제를 풀면서 개념 다지기!

6 그림을 보고 □ 안에 알맞은 수를 써넣으세요.

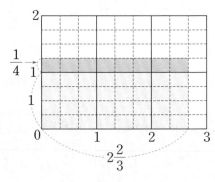

$$2\frac{2}{3} \times 1\frac{1}{4} = \left(2\frac{2}{3} \times 1\right) + \left(2\frac{2}{3} \times \frac{\boxed{}}{4}\right)$$

$$= 2\frac{2}{3} + \left(\frac{\boxed{}}{3} \times \frac{\boxed{}}{4}\right)$$

$$= 2\frac{2}{3} + \frac{\boxed{}}{3} = \boxed{}$$

2 분수의 곱셈

2 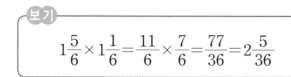 와 같은 방법으로 계산해 보세요.

보기
$$1\frac{5}{6} \times 1\frac{1}{6} = \frac{11}{6} \times \frac{7}{6} = \frac{77}{36} = 2\frac{5}{36}$$

$1\frac{2}{5} \times 2\frac{2}{3}$ _____

7 대분수를 가분수로 나타내 계산해 보세요.

(1) $3\frac{1}{2} \times 1\frac{3}{4}$ _____

(2) $2\frac{1}{5} \times 1\frac{1}{7}$ _____

3 계산이 처음으로 잘못된 곳을 찾아 기호를 쓰세요.

$$4\frac{1}{2} \times 1\frac{2}{9} = 4\frac{1}{2} \times \frac{11}{9} = 4\frac{1 \times 11}{2 \times 9} = 4\frac{11}{18}$$
ㄱ   ㄴ

(   )

8 잘못 계산한 부분을 찾아 바르게 계산해 보세요.

$$1\frac{2}{7} \times 2\frac{1}{4} = \frac{\overset{1}{\cancel{9}}}{7} \times \frac{\overset{1}{\cancel{9}}}{4} = \frac{1}{28}$$

$1\frac{2}{7} \times 2\frac{1}{4}$ _____

4 빈 곳에 두 분수의 곱을 써넣으세요.

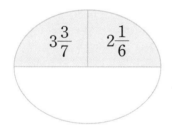

9 빈칸에 알맞은 수를 써넣으세요.

×	$1\frac{1}{4}$	$2\frac{5}{11}$
$2\frac{4}{9}$		

5 사과 한 상자의 무게는 $3\frac{5}{8}$ kg이고, 배 한 상자의 무게는 사과 한 상자의 무게의 $1\frac{3}{5}$배입니다. 배 한 상자의 무게는 **몇 kg**인가요?

(1) 알맞은 식을 완성해 보세요.

식 $3\frac{5}{8} \times \boxed{} = \boxed{}$

(2) 배 한 상자의 무게는 몇 kg인가요?

(kg   )

🏅 서술형 下수

10 연호는 철사를 $1\frac{1}{8}$ m 사용했고, 승연이는 연호가 사용한 철사의 $1\frac{1}{3}$배를 사용했습니다. 승연이가 사용한 철사의 길이는 **몇 m**인가요?

식 _____

답 _____ m

1 그림을 보고 □ 안에 알맞은 수를 써넣으세요.

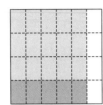

$$\frac{5}{6} \times \frac{1}{4} = \boxed{}$$

2 와 같은 방법으로 계산해 보세요.

보기

$$2\frac{7}{9} \times 2\frac{2}{5} = \frac{\overset{5}{\cancel{25}}}{\underset{3}{\cancel{9}}} \times \frac{\overset{4}{\cancel{12}}}{\underset{1}{\cancel{5}}} = \frac{20}{3} = 6\frac{2}{3}$$

$$3\frac{2}{3} \times 2\frac{5}{8}$$

_____

3 계산해 보세요.

(1) $\dfrac{1}{4} \times \dfrac{1}{9}$

(2) $\dfrac{6}{7} \times \dfrac{3}{5} \times \dfrac{1}{12}$

4 ㉠×㉡의 값을 구하세요.

$$㉠ \; 1\frac{2}{5} \qquad ㉡ \; 2\frac{1}{4}$$

(   )

5 계산 결과가 $\dfrac{3}{8}$보다 작은 식을 모두 찾아 ○표 하세요.

$$\frac{3}{8} \times \frac{7}{10} \qquad \frac{3}{8} \times 1 \qquad \frac{3}{8} \times \frac{1}{9}$$

6 빈칸에 알맞은 수를 써넣으세요.

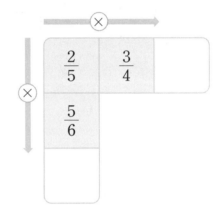

7 크기를 비교하여 ○ 안에 >, =, <를 알맞게 써넣으세요.

$$\frac{1}{3} \times \frac{4}{5} \times \frac{3}{8} \;\bigcirc\; \frac{3}{10}$$

🖊 서술형

8 계산이 잘못된 까닭을 쓰세요.

$$1\frac{2}{9} \times 6\frac{1}{2} = \frac{10}{\underset{1}{\cancel{9}}} \times \overset{2}{\cancel{6}} = \frac{20}{3} = 6\frac{2}{3}$$

까닭 _____

_____

9 정사각형의 넓이는 몇 m²인가요?

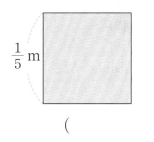

( )

10 빈칸에 알맞은 수를 써넣으세요.

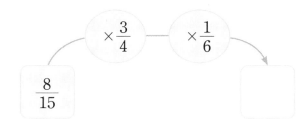

11 미라는 가지고 있는 밀가루 전체의 $\frac{7}{20}$을 요리하는 데 사용하였고 그중 $\frac{5}{6}$는 빵을 만드는 데 사용하였습니다. 미라가 빵을 만드는 데 사용한 밀가루는 전체의 몇 분의 몇인가요?

식 _____

답 _____

12 진욱이의 몸무게는 $38\frac{3}{4}$ kg이고, 형의 몸무게는 진욱이의 몸무게의 $1\frac{3}{5}$배입니다. 형의 몸무게는 몇 kg인가요?

식 _____

답 _____

13 4장의 수 카드 중 2장을 한 번씩만 사용하여 분수의 곱셈을 만들려고 합니다. 계산 결과가 가장 작은 곱셈을 완성하고 계산 결과를 구하세요.

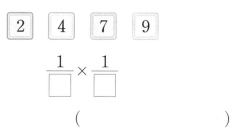

$$\frac{1}{\square} \times \frac{1}{\square}$$

( )

2

분수의 곱셈

49

🏅 서술형 **中수** 문제 해결의 전략 을 보면서 풀어 보자.

14 다연이는 어제 우유 한 병을 사서 $\frac{1}{8}$을 마시고, 오늘은 어제 남긴 우유의 $\frac{2}{5}$를 마셨습니다. 우유 한 병이 1600 mL일 때 오늘 마신 우유는 몇 mL인가요?

전략 1─(전체 중 어제 마신 부분)

❶ 어제 남긴 우유는 전체의

$$\square - \frac{1}{8} = \frac{\square}{8}$$입니다.

전략 (전체 중 어제 남긴 부분)×(어제 남긴 부분 중 오늘 마신 부분)

❷ 오늘 마신 우유는 전체의

$$\frac{\square}{8} \times \frac{2}{\square} = \frac{\square}{40} = \frac{\square}{20}$$입니다.

전략 (우유 한 병의 양)×(전체 중 오늘 마신 부분)

❸ (오늘 마신 우유의 양)

$$=1600 \times \frac{\square}{20} = \boxed{}\text{(mL)}$$

답 _____

단계 3 실력 바로 쌓기

가이드

문제에서 핵심이 되는 말에 표시하고,
주어진 풀이를 따라 풀어 보자.

키워드 문제

1-1 ㉠에 들어갈 수 있는 자연수를 모두 구하세요.

$$1\frac{7}{9} \times 2\frac{5}{8} > ㉠\frac{1}{3}$$

전략 주어진 식에서 곱셈을 하여 계산 결과를 대분수로 나타내자.

❶ $1\dfrac{7}{9} \times 2\dfrac{5}{8} = \square\dfrac{\square}{\square}$

전략 ❶을 이용하여 주어진 식을 간단히 나타내 답을 구하자.

❷ $\square\dfrac{\square}{\square} > ㉠\dfrac{1}{3}$ 이므로 ㉠에 들어갈 수 있는

자연수를 모두 구하면 _____
입니다.

답 _____

서술형 高수

1-2 □ 안에 들어갈 수 있는 자연수를 모두 구하세요.

$$2\frac{1}{6} \times 1\frac{5}{7} > \square\frac{3}{7}$$

❶

❷

답 _____

---

2 분수의 곱셈

50

키워드 문제

2-1 효진이가 주스 $\dfrac{3}{5}$ L를 사서 전체의 $\dfrac{5}{8}$ 를 마셨습니다. 남은 주스는 몇 L인가요?

전략 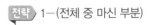1−(전체 중 마신 부분)

❶ 마시고 남은 주스는 전체의

$\square - \dfrac{5}{8} = \dfrac{\square}{8}$ 입니다.

전략 (산 주스의 양)×(전체 중 마시고 남은 부분)

❷ (남은 주스의 양)

$= \dfrac{3}{5} \times \dfrac{\square}{8} = \boxed{}$ (L)

답 _____

서술형 高수

2-2 민호는 집에서 $\dfrac{9}{10}$ km 떨어진 학원에 갔습니다. 전체 거리의 $\dfrac{1}{6}$ 은 걸어갔고 나머지는 버스를 타고 갔습니다. 버스를 타고 간 거리는 몇 km인가요?

❶

❷

답 _____

키워드 문제

3-1 3장의 수 카드 3 , 4 , 7 을 한 번씩만 사용하여 가장 큰 대분수를 만들어 다음 곱셈을 완성했을 때 계산 결과를 구하세요.

$$\boxed{}\frac{\boxed{}}{\boxed{}} \times 6$$

전략 가장 큰 대분수를 만들려면 자연수 부분에 가장 큰 수를 놓자.

❶ 만들 수 있는 가장 큰 대분수: $\boxed{}\dfrac{\boxed{}}{\boxed{}}$

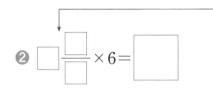

❷ $\boxed{}\dfrac{\boxed{}}{\boxed{}} \times 6 = \boxed{}$

답 _____

서술형 高수

3-2 3장의 수 카드 5 , 7 , 9 를 한 번씩만 사용하여 가장 작은 대분수를 만들어 다음 곱셈을 완성했을 때 계산 결과를 구하세요.

$$\boxed{}\frac{\boxed{}}{\boxed{}} \times 3$$

❶

❷

답 _____

2

분수의 곱셈

 키워드 문제

4-1 180 cm 높이에서 공을 땅에 떨어뜨렸습니다. 공은 땅에 닿으면 떨어진 높이의 $\dfrac{2}{3}$만큼 튀어 오릅니다. 공이 땅에 두 번 닿았다가 튀어 올랐을 때의 높이는 몇 cm인가요?

전략 (처음 떨어뜨린 높이)$\times \dfrac{2}{3}$

❶ (공이 땅에 한 번 닿았다가 튀어 오른 높이)

$= \boxed{} \times \dfrac{2}{3} = \boxed{}$ (cm)

전략 (공이 땅에 한 번 닿았다가 튀어 오른 높이)$\times \dfrac{2}{3}$

❷ (공이 땅에 두 번 닿았다가 튀어 오른 높이)

$= \boxed{} \times \dfrac{2}{3} = \boxed{}$ (cm)

답 _____

서술형 高수

4-2 25 m 높이에서 공을 땅에 떨어뜨렸습니다. 공은 땅에 닿으면 떨어진 높이의 $\dfrac{4}{5}$만큼 튀어 오릅니다. 공이 땅에 두 번 닿았다가 튀어 올랐을 때의 높이는 몇 m인가요?

❶

❷

답 _____

51

BOOK **2** 20~23쪽

1 그림을 보고 □ 안에 알맞은 수를 써넣으세요.

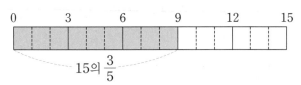

15의 $\frac{3}{5}$

$$15 \times \frac{3}{5} = \frac{\boxed{} \times \boxed{}}{5} = \frac{\boxed{}}{5} = \boxed{}$$

2 $2\frac{3}{4} \times 3$을 두 가지 방법으로 계산하려고 합니다.
□ 안에 알맞은 수를 써넣으세요.

(1) $2\frac{3}{4} \times 3 = \frac{\boxed{}}{4} \times 3 = \frac{\boxed{}}{4} = \boxed{}$

(2) $2\frac{3}{4} \times 3 = (2 \times 3) + \left(\frac{3}{4} \times \boxed{}\right)$

$= 6 + \frac{\boxed{}}{4} = 6 + 2\frac{\boxed{}}{4} = \boxed{}$

3 계산해 보세요.

(1) $\frac{9}{14} \times 3$

(2) $4 \times \frac{7}{10}$

4 빈칸에 알맞은 수를 써넣으세요.

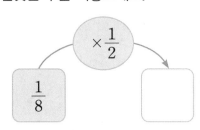

5 빈칸에 두 분수의 곱을 써넣으세요.

$\frac{4}{5}$	$\frac{3}{8}$

6 다음에서 계산 결과가 $\frac{4}{9}$보다 작은 곱셈은 모두 몇 개인지 쓰세요.

$$\frac{4}{9} \times 2 \qquad \frac{4}{9} \times \frac{2}{3} \qquad \frac{4}{9} \times \frac{2}{5}$$

( )

7 계산 결과를 찾아 이어 보세요.

$\frac{5}{6} \times \frac{3}{7}$ •

• $\frac{3}{14}$

• $\frac{5}{14}$

$\frac{3}{4} \times \frac{1}{2} \times \frac{4}{7}$ •

• $\frac{9}{14}$

8 세 분수의 곱을 구하세요.

$$\frac{7}{12} \qquad \frac{5}{21} \qquad \frac{3}{10}$$

(   )

9 계산 결과를 비교하여 ○ 안에 >, =, <를 알맞게 써넣으세요.

$$3 \times 1\frac{7}{12} \bigcirc 6 \times \frac{5}{9}$$

 서술형

10 잘못 계산한 부분을 찾아 바르게 계산하고, 잘못된 까닭을 쓰세요.

$$\overset{2}{\cancel{\frac{8}{9}}} \times \overset{1}{\cancel{\frac{4}{11}}} = \frac{2}{9} \times \frac{1}{11} = \frac{2}{99}$$

$$\frac{8}{9} \times \frac{4}{11}$$ _____

까닭 _____

_____

11 준형이는 매일 $3\frac{1}{4}$ km씩 뜁니다. 준형이가 3일 동안 뛴 거리는 모두 몇 km인가요?

식 _____

답 _____

12 빈칸에 알맞은 수를 써넣으세요.

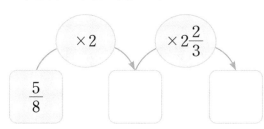

13 주스가 $\frac{7}{8}$ L 있습니다. 수영이가 전체의 $\frac{2}{5}$ 를 마셨다면 수영이가 마신 주스는 몇 L인가요?

식 _____

답 _____

14 감 9 kg을 말렸더니 처음 무게의 $\frac{11}{15}$ 이 되었습니다. 말린 감의 무게는 몇 kg인가요?

식 _____

답 _____

15 평행사변형의 넓이는 몇 cm²인가요?

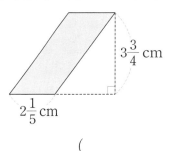

(   )

16 □ 안에 알맞은 수를 써넣으세요.

> · 1분의 $\frac{1}{10}$ 은 □ 초입니다.
>
> · 1 t의 $\frac{1}{5}$ 은 □ kg입니다.

2

분수의 곱셈

17 계산 결과가 <u>다른</u> 하나를 찾아 ○표 하세요.

> $\frac{1}{6} \times \frac{1}{4}$ $\frac{1}{5} \times \frac{1}{5}$ $\frac{1}{4} \times \frac{1}{3} \times \frac{1}{2}$

54

18 어느 공원의 화단 전체의 $\frac{3}{5}$ 에 튤립을 심고, 남은 화단의 $\frac{3}{4}$ 에 채송화를 심었습니다. 화단 전체의 넓이가 50 m²일 때 채송화를 심은 화단의 넓이는 몇 m²인가요?

(   )

서술형 **실전**

19 □ 안에 들어갈 수 있는 가장 큰 자연수를 구하려고 합니다. 풀이 과정을 쓰고 답을 구하세요.

> $5 \times 2\frac{7}{10} > □$

풀이 _____

_____

_____

_____

_____

답 _____

20 일정한 빠르기로 1시간에 $60\frac{3}{4}$ km를 가는 버스가 있습니다. 이 버스가 같은 빠르기로 2시간 40분 동안 갈 수 있는 거리는 몇 km인지 풀이 과정을 쓰고 답을 구하세요.

풀이 _____

_____

_____

_____

_____

답 _____

3 합동과 대칭

스마트폰을 이용하여 QR 코드를 찍으면
개념 학습 영상을 볼 수 있어요.

3단원 학습 계획표

✓ 이 단원의 표준 학습 일수는 **6일**입니다. 계획대로 공부한 후 확인란에 사인을 받으세요.

핵심 개념 도형의 합동

1. 도형의 합동

모양과 크기가 같아서 포개었을 때 완전히 겹치는 두 도형을 서로 합동이라고 합니다.

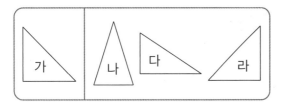

도형 가와 완전히 겹치는 도형은 도형 라입니다.

➡ 서로 합동인 도형: 가와 ❶☐

도형이 서로 합동인지 알려면 포개었을 때 남거나 모자라는 부분이 없어야 해.

2. 직사각형을 잘라서 서로 합동인 도형 만들기

(1) 합동인 도형 2개 만들기

예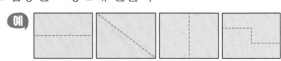

(2) 합동인 도형 4개 만들기

예

➡ 자른 도형은 모양과 ❷☐가 같아서 포개었을 때 완전히 겹칩니다.

주의

➡ 모양은 같지만 크기가 다르므로 서로 합동이 아닙니다.

정답 확인 | ❶ 라 ❷ 크기

확인 문제 1~5번 문제를 풀면서 개념 익히기!

1 종이 두 장을 포개어 놓고 도형을 오렸을 때 두 도형은 모양과 크기가 똑같습니다. 이러한 두 도형의 관계를 무엇이라고 하나요?

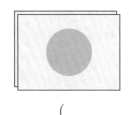

(   )

2 왼쪽 도형과 포개었을 때 완전히 겹치는 도형을 찾아 ○표 하세요.

(   ) (   )

한번 더! 확인 6~10번 유사문제를 풀면서 개념 다지기!

6 그림을 보고 ☐ 안에 알맞은 말을 써넣으세요.

그림과 같이 모양과 크기가 같아서 포개었을 때 완전히 겹치는 두 도형을 서로 ☐이라고 합니다.

7 왼쪽 도형과 포개었을 때 완전히 겹치는 도형을 찾아 ○표 하세요.

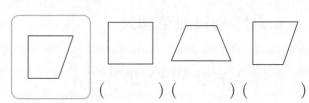

(   ) (   ) (   )

3 도형 가와 서로 합동인 도형을 찾아 기호를 쓰세요.

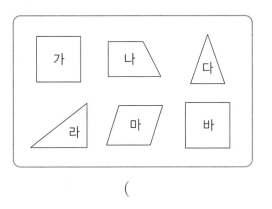

( )

4 점선을 따라 잘랐을 때 서로 합동인 도형 2개를 만들 수 있는 사람을 찾아 이름을 쓰세요.

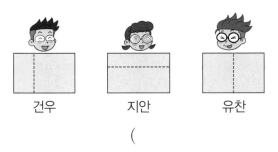

건우 　　　　지안　　　　유찬

( )

5 나머지 둘과 합동이 <u>아닌</u> 도형을 찾아 기호를 쓰세요.

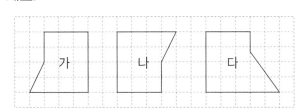

(1) 서로 합동인 두 도형을 찾아 기호를 쓰세요.

( )

(2) 나머지 둘과 합동이 <u>아닌</u> 도형을 찾아 기호를 쓰세요.

( )

8 도형 가와 서로 합동인 도형을 모두 찾아 기호를 쓰세요.

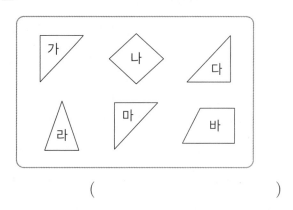

( )

9 점선을 따라 잘랐을 때 서로 합동인 도형 2개를 만들 수 있는 것을 찾아 기호를 쓰세요.

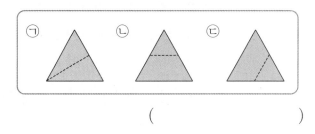

( )

서술형 下수

10 나머지 셋과 합동이 <u>아닌</u> 도형을 찾아 기호를 쓰세요.

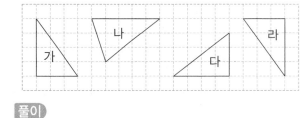

풀이

도형 가, 다, ☐는 모양과 크기가 같아서 포개었을 때 완전히 겹치므로 합동입니다.

따라서 나머지 셋과 합동이 아닌 도형은 ☐입니다.

답 _____

핵심 개념 **합동인 도형의 성질**

1. 대응점, 대응변, 대응각

서로 합동인 두 도형을 포개었을 때

- 대응점: 완전히 겹치는 점
- 대응변: 완전히 겹치는 변
- 대응각: 완전히 겹치는 각

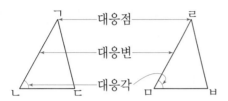

(1) 대응점: 점 ㄱ과 점 ㄹ, 점 ㄴ과 점 ㅁ,

점 ㄷ과 점 **❶**

(2) 대응변: 변 ㄱㄴ과 변 ㄹㅁ, 변 ㄴㄷ과 변 ㅁㅂ,

변 ㄱㄷ과 변 ㄹㅂ

(3) 대응각: 각 ㄱㄴㄷ과 각 ㄹㅁㅂ,

각 ㄱㄷㄴ과 각 ㄹㅂㅁ,

각 ㄴㄱㄷ과 각 ㅁㄹㅂ

>
> 서로 합동인 두 삼각형에서 대응점,
> 대응변, 대응각은 각각 3쌍씩 있어!

2. 합동인 도형의 성질

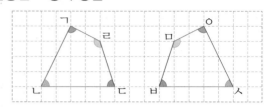

서로 합동인 두 도형에서

(1) **각각의 대응변의 길이가 서로 같습니다.**

(변 ㄱㄴ)=(변 ㅇㅅ),

(변 ㄴㄷ)=(변 ㅅㅂ),

(변 ㄷㄹ)=(변 ㅂㅁ),

(변 ㄹㄱ)=(변 ㅁㅇ)

(2) **각각의 대응각의 크기가 서로 같습니다.**

(각 ㄱㄴㄷ)=(각 ㅇㅅㅂ),

(각 ㄴㄷㄹ)=(각 ㅅㅂㅁ),

(각 ㄷㄹㄱ)=(각 **❷**),

(각 ㄹㄱㄴ)=(각 ㅁㅇㅅ)

정답 확인 | ❶ ㅂ ❷ ㅂㅁㅇ

3 합동과 대칭

확인 문제 1~4번 문제를 풀면서 개념 익히기!

1 두 삼각형은 서로 합동입니다. 표를 완성해 보세요.

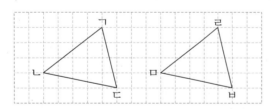

(1)

점	점 ㄱ	점 ㄴ	점 ㄷ
대응점	점 ㄹ		

(2)

변	변 ㄱㄴ	변 ㄴㄷ	변 ㄱㄷ
대응변	변 ㄹㅁ		

(3)

각	각 ㄱㄴㄷ	각 ㄱㄷㄴ	각 ㄴㄱㄷ
대응각	각 ㄹㅁㅂ		

한번 더! 확인 5~8번 유사문제를 풀면서 개념 다지기!

5 두 삼각형은 서로 합동입니다. 물음에 답하세요.

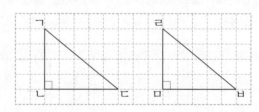

(1) 점 ㄱ의 대응점을 찾아 쓰세요.

( )

(2) 변 ㄴㄷ의 대응변을 찾아 쓰세요.

( )

(3) 각 ㄹㅁㅂ의 대응각을 찾아 쓰세요.

( )

2 두 삼각형은 서로 합동입니다. 대응변끼리 바르게 짝 지은 것에 ◯표 하세요.

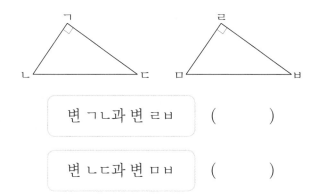

변 ㄱㄴ과 변 ㄹㅂ   (   )

변 ㄴㄷ과 변 ㅁㅂ   (   )

6 두 사각형은 서로 합동입니다. 대응각끼리 바르게 짝 지은 것에 ◯표 하세요.

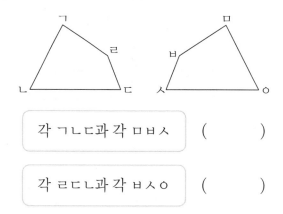

각 ㄱㄴㄷ과 각 ㅁㅂㅅ   (   )

각 ㄹㄷㄴ과 각 ㅂㅅㅇ   (   )

3 두 사각형은 서로 합동입니다. 변 ㅇㅅ은 **몇 cm**인 가요?

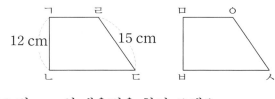

(1) 변 ㅇㅅ의 대응변을 찾아 쓰세요.

(   )

(2) 변 ㅇㅅ은 몇 cm인가요?   꼭 단위까지 따라 쓰세요.

(cm   )

7 두 삼각형은 서로 합동입니다. 변 ㄱㄴ은 **몇 cm**인 가요?

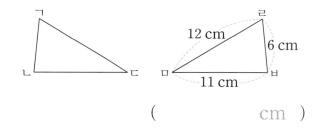

(cm   )

4 두 사각형은 서로 합동입니다. 각 ㄴㄷㄹ은 **몇 도** 인가요?

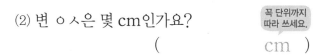

(1) 각 ㄴㄷㄹ의 대응각을 찾아 쓰세요.

(   )

(2) 각 ㄴㄷㄹ은 몇 도인가요?

(   )

서술형 下수

8 두 사각형은 서로 합동입니다. 각 ㅁㅂㅅ은 **몇 도** 인가요?

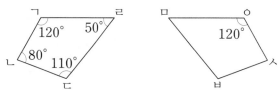

풀이

각 ㅁㅂㅅ의 대응각은 각 ☐☐☐ 이므로

각 ㅁㅂㅅ의 크기는 ☐° 입니다.

답

1 왼쪽 도형과 서로 합동인 도형을 찾아 ◯표 하세요.

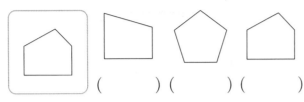

(   ) (   ) (   )

2 두 사각형은 서로 합동입니다. ☐ 안에 알맞게 써 넣으세요.

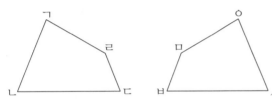

(1) 점 ㄴ의 대응점은 점 ☐ 입니다.

(2) 변 ㄱㄹ의 대응변은 변 ☐ 입니다.

(3) 각 ㄴㄷㄹ의 대응각은 각 ☐ 입니다.

3 점선을 따라 잘랐을 때 만들어지는 두 도형이 서로 합동인 것을 모두 찾아 ◯표 하세요.

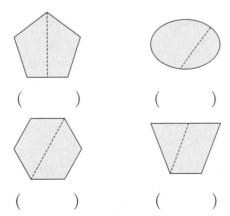

(   )   (   )

(   )   (   )

[4~5] 두 도형은 서로 합동입니다. ☐ 안에 알맞은 수를 써넣으세요.

4

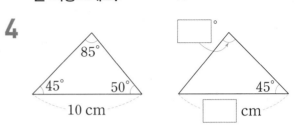

5

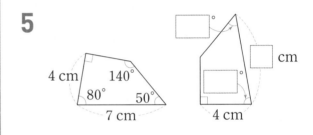

6 두 삼각형은 서로 합동입니다. 대응점과 대응각은 각각 몇 쌍인가요?

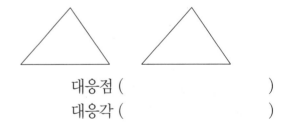

대응점 (   )

대응각 (   )

7 주어진 도형과 서로 합동인 도형을 그려 보세요.

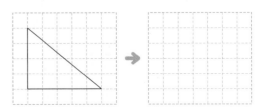

8 두 삼각형은 서로 합동입니다. 변 ㄴㄷ은 몇 cm 인가요?

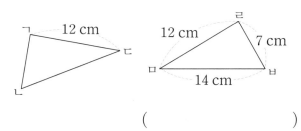

( )

9 두 사각형은 서로 합동입니다. 변 ㄷㄹ은 몇 cm 인가요?

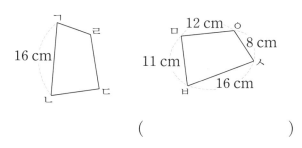

( )

10 두 사각형은 서로 합동입니다. 잘못 설명한 사람을 찾아 이름을 쓰세요.

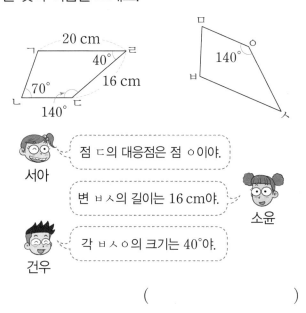

서아 점 ㄷ의 대응점은 점 ㅇ이야.

소윤 변 ㅂㅅ의 길이는 16 cm야.

건우 각 ㅂㅅㅇ의 크기는 40°야.

( )

11 두 직사각형 모양의 종이는 서로 합동입니다. 종이 한 장의 넓이는 몇 cm²인가요?

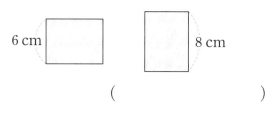

( )

12 두 사각형은 서로 합동입니다. 각 ㄱㄴㄷ의 대응각은 몇 도인가요?

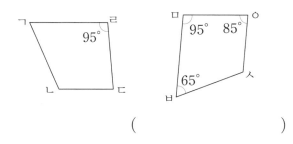

( )

🏅 서술형 中수 문제 해결의 전략 을 보면서 풀어 보자.

13 두 사각형은 서로 합동입니다. 사각형 ㄱㄴㄷㄹ 의 둘레는 몇 cm인가요?

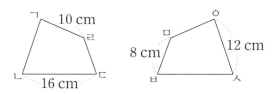

전략 합동인 두 도형에서 각각의 대응변의 길이가 서로 같다.

❶ (변 ㄱㄴ)=(변 ☐)=☐ cm

(변 ㄷㄹ)=(변 ☐)=☐ cm

전략 사각형 ㄱㄴㄷㄹ의 네 변의 길이의 합을 구하자.

❷ (사각형 ㄱㄴㄷㄹ의 둘레)

=☐+16+☐+10=☐ (cm)

📋 답 _____

핵심 개념 선대칭도형

1. 선대칭도형

- 한 직선을 따라 접었을 때 완전히 겹치는 도형을 **선대칭도형**이라고 합니다.
  이때 그 직선을 **대칭축**이라고 합니다.
  →직선 ㅅㅇ
- 대칭축을 따라 접었을 때
  ┌ **대응점**: 겹치는 점
  ├ **대응변**: 겹치는 변
  └ **대응각**: 겹치는 각

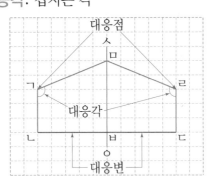

2. 대칭축

다음 도형들은 모두 ❶□ 대칭도형입니다.
대칭축을 모두 찾아 그려 보면 다음과 같습니다.

예
대칭축은 한 점에서 만납니다. ← 대칭축

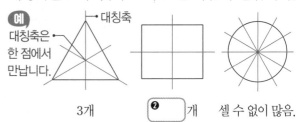

3개   ❷□개   셀 수 없이 많음.

(1) 선대칭도형의 모양에 따라 대칭축의 개수는 다를 수 있습니다.

(2) 선대칭도형의 대칭축이 여러 개일 때 대칭축은 모두 한 점에서 만납니다.

(3) 선대칭도형에서 대칭축으로 나누어진 두 부분은 서로 합동입니다.

정답 확인 | ❶ 선 ❷ 2

3 합동과 대칭

62

확인 문제 1~5번 문제를 풀면서 개념 익히기!

1 도형을 직선 ㄱㄴ을 따라 접으면 완전히 겹칩니다. 이와 같은 도형을 무엇이라고 하나요?

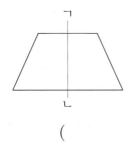

(   )

한번 더! 확인 6~10번 유사문제를 풀면서 개념 다지기!

6 선대칭도형을 보고 □ 안에 알맞게 써넣으세요.

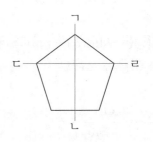

대칭축은 직선 □입니다.

2 선대칭도형을 찾아 ○표 하세요.

7 선대칭도형을 찾아 ○표 하세요.

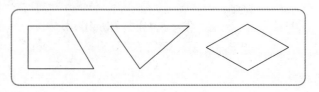

3 도형은 선대칭도형입니다. 대칭축을 모두 찾아 기호를 쓰세요.

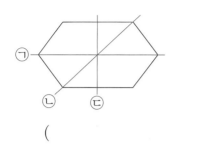

(   )

8 선대칭도형의 대칭축을 바르게 나타낸 것을 찾아 기호를 쓰세요.

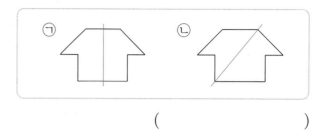

(   )

4 선대칭도형을 보고 대응점, 대응변, 대응각을 각각 찾아 쓰세요.

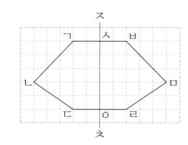

(1) 점 ㄱ의 대응점 ➡ (   )

(2) 변 ㄴㄷ의 대응변 ➡ (   )

(3) 각 ㄱㄴㄷ의 대응각 ➡ (   )

9 선대칭도형을 보고 대응점, 대응변, 대응각을 각각 찾아 쓰세요.

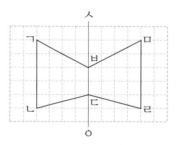

(1) 점 ㄴ의 대응점 ➡ (   )

(2) 변 ㄱㄴ의 대응변 ➡ (   )

(3) 각 ㅂㄱㄴ의 대응각 ➡ (   )

5 도형은 선대칭도형입니다. 이 도형의 대칭축은 모두 **몇 개**인가요?

(1) 대칭축을 모두 그려 보세요.

(2) 대칭축은 모두 몇 개인가요?

꼭 단위까지 따라 쓰세요.

(개   )

10 도형은 선대칭도형입니다. 이 도형의 대칭축은 모두 **몇 개**인가요?

(개   )

3

합동과 대칭

63

핵심 개념 선대칭도형의 성질, 선대칭도형 그리기

1. 선대칭도형의 성질

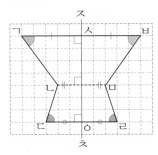

(1) **각각의 대응변의 길이가 서로 같습니다.**

예 (변 ㄱㄴ)=(변 ㅂㅁ)

(2) **각각의 대응각의 크기가 서로 같습니다.**

예 (각 ㅅㄱㄴ)=(각)

(3) 대응점끼리 이은 선분은 **대칭축과 수직으로 만납니다.**

(4) 각각의 대응점에서 **대칭축까지의 거리가 서로 같습니다.**

예 (선분 ㄱㅅ)=(선분)

2. 선대칭도형 그리기

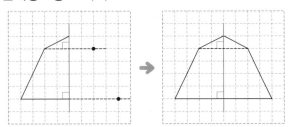

(1) 각 점에서 대칭축에 수선을 긋습니다.

(2) 이 수선에 각 점에서 대칭축까지의 거리와 같도록 대응점을 찾아 표시합니다.

(3) 각 대응점을 차례로 이어 선대칭도형이 되도록 그립니다.

완성한 도형이 선대칭도형인지 확인하려면 어떻게 해야 하지?

대칭축을 따라 접었을 때 도형이 완전히 겹치는지 확인해.

정답 확인 | ❶ ㅅㅂㅁ ❷ ㅂㅅ

확인 문제 1~4번 문제를 풀면서 개념 익히기!

1 선대칭도형을 보고 물음에 답하세요.

(1) 대응변을 찾아 쓰고, 알맞은 말에 ◯표 하세요.

변 ㄴㄷ과 변 ☐

대응변의 길이가 서로 (같습니다 , 다릅니다).

(2) 대응각을 찾아 쓰고, 알맞은 말에 ◯표 하세요.

각 ㄴㄷㅇ과 각 ☐

대응각의 크기가 서로 (같습니다 , 다릅니다).

(3) 알맞은 것에 ◯표 하세요.

선분 ㄴㅁ이 대칭축과 만나서 이루는 각은 (90° , 180°)입니다.

한번 더! 확인 5~8번 유사문제를 풀면서 개념 다지기!

5 선대칭도형을 보고 물음에 답하세요.

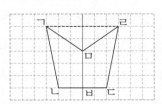

(1) 대응변을 찾아 쓰고, 길이를 비교해 보세요.

변 ㄱㅁ과 변 ☐

➡ 대응변의 길이가 서로 ☐ .

(2) 대응각을 찾아 쓰고, 크기를 비교해 보세요.

각 ㄱㄴㅂ과 각 ☐

➡ 대응각의 크기가 서로 ☐ .

(3) 알맞은 말에 ◯표 하세요.

대응점끼리 이은 선분은 대칭축과 (수직 , 평행)으로 만납니다.

2 선대칭도형을 그리려고 합니다. 물음에 답하세요.

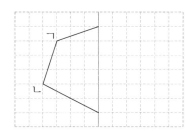

(1) 점 ㄱ과 점 ㄴ의 대응점을 각각 찾아 표시하세요.

(2) 표시한 대응점을 차례로 이어 선대칭도형을 완성해 보세요.

3 선대칭도형을 완성해 보세요.

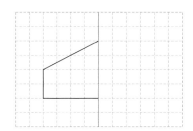

4 직선 ㅅㅇ을 대칭축으로 하는 선대칭도형입니다. ㉠과 ㉡에 알맞은 수를 각각 구하세요.

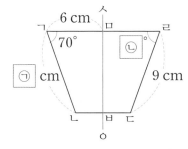

(1) 대응변과 대응각을 각각 찾아 쓰세요.

변 ㄱㄴ의 대응변 ➡ 변 [ ]

각 ㅁㄹㄷ의 대응각 ➡ 각 [ ]

(2) ㉠과 ㉡에 알맞은 수를 각각 구하세요.

㉠ (   ), ㉡ (   )

6 선대칭도형을 그리려고 합니다. 물음에 답하세요.

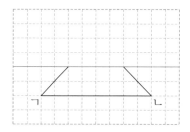

(1) 점 ㄱ과 점 ㄴ의 대응점을 각각 찾아 표시하세요.

(2) 표시한 대응점을 차례로 이어 선대칭도형을 완성해 보세요.

7 선대칭도형을 완성해 보세요.

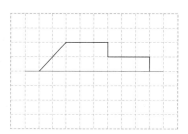

🏅 서술형 下수

8 직선 ㅁㅂ을 대칭축으로 하는 선대칭도형입니다. ㉠과 ㉡에 알맞은 수를 각각 구하세요.

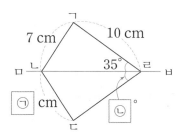

풀이

변 ㄴㄷ의 대응변은 변 [ ]이므로 ㉠= [ ]

이고, 각 ㄷㄹㄴ의 대응각은 각 [ ]이므로 ㉡= [ ]입니다.

답 ㉠: _____ , ㉡: _____

1 선대칭도형을 찾아 기호를 쓰세요.

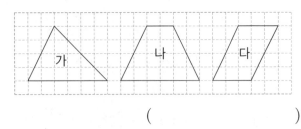

( )

[2~4] 도형은 선대칭도형입니다. 물음에 답하세요.

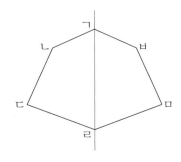

2 점 ㄴ의 대응점을 찾아 쓰세요.

( )

3 변 ㄷㄹ의 대응변을 찾아 쓰세요.

( )

4 각 ㄱㄴㄷ의 대응각을 찾아 쓰세요.

( )

5 도형을 직선 ㄱㄴ을 따라 접으면 완전히 겹칩니다. 직선 ㄱㄴ을 무엇이라고 하나요?

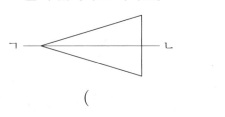

( )

6 도형은 선대칭도형입니다. 대칭축을 그려 보세요.

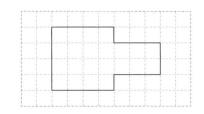

7 선대칭도형을 보고 대응변끼리 이어 보세요.

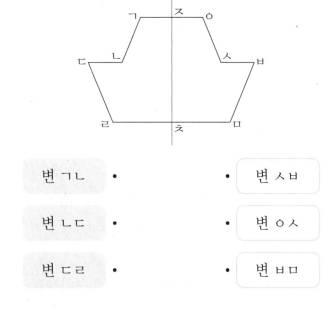

변 ㄱㄴ	•	•	변 ㅅㅂ
변 ㄴㄷ	•	•	변 ㅇㅅ
변 ㄷㄹ	•	•	변 ㅂㅁ

[8~9] 직선 ㅁㅂ을 대칭축으로 하는 선대칭도형입니다. 물음에 답하세요.

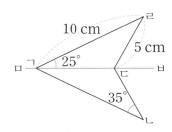

8 변 ㄱㄴ은 몇 cm인가요?

( )

9 각 ㄱㄹㄷ은 몇 도인가요?

( )

[10~11] 직선 ㄱㄴ을 대칭축으로 하는 선대칭도형입니다. ☐ 안에 알맞은 수를 써넣으세요.

10

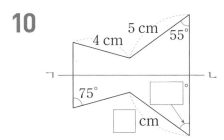

11

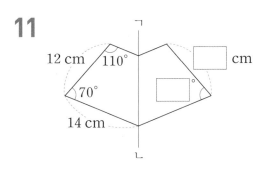

12 선대칭도형의 일부입니다. 점 ㄱ의 대응점을 찾아 쓰세요.

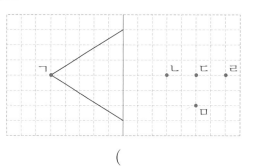

( )

13 직선 ㅈㅊ을 대칭축으로 하는 선대칭도형입니다. 대칭축에 의해 똑같이 둘로 나누어지는 선분을 모두 찾아 쓰세요.

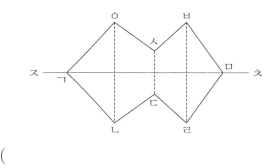

( )

● 서술형 **中수** 문제 해결의 전략 을 보면서 풀어 보자.

14 두 선대칭도형의 대칭축 수의 합은 몇 개인가요?

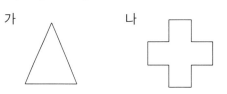

전략 접었을 때 완전히 겹치는 직선의 수를 모두 구하자.

❶ 가의 대칭축 수: ☐ 개

나의 대칭축 수: ☐ 개

전략 ❶에서 구한 대칭축 수를 더하자.

❷ 가와 나의 대칭축 수의 합:

☐＋☐＝☐(개)

답 _____

15 대칭축이 2개인 선대칭도형입니다. 직선 가와 직선 나를 각각 대칭축으로 할 때 점 ㅂ의 대응점을 찾아 쓰세요.

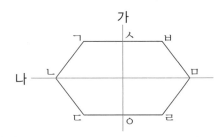

직선 가가 대칭축일 때 (   )

직선 나가 대칭축일 때 (   )

16 직선 ㅅㅇ을 대칭축으로 하는 선대칭도형입니다. 각 ㄴㄷㄹ과 크기가 같은 각을 찾아 쓰세요.

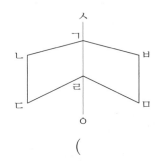

(   )

17 직선 ㅅㅇ을 대칭축으로 하는 선대칭도형입니다. 변 ㄱㄴ과 길이가 같은 변을 찾아 쓰세요.

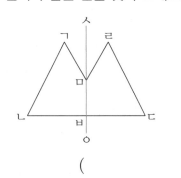

(   )

[18~19] 선대칭도형을 완성해 보세요.

18

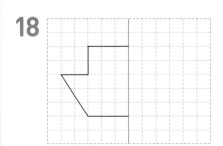

19

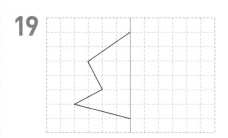

🖊 서술형

20 도형이 선대칭도형인 까닭을 쓰세요.

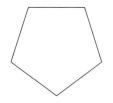

까닭 _____

_____

21 선대칭도형에 대한 설명으로 잘못된 것을 찾아 기호를 쓰세요.

> ㉠ 대칭축은 항상 1개입니다.
> ㉡ 각각의 대응변의 길이가 서로 같습니다.
> ㉢ 각각의 대응점에서 대칭축까지의 거리가 서로 같습니다.

(   )

22 사각형 ㄱㄴㄷㄹ은 선분 ㅁㅂ을 대칭축으로 하는 선대칭도형입니다. 잘못 설명한 사람을 찾아 이름을 쓰세요.

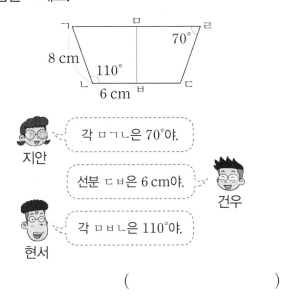

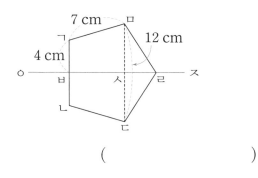

각 ㅁㄱㄴ은 70°야.
지안

선분 ㄷㅂ은 6 cm야.
건우

각 ㅁㅂㄴ은 110°야.
현서

(   )

23 직선 ㅇㅈ을 대칭축으로 하는 선대칭도형입니다. 선분 ㅅㄷ은 몇 cm인가요?

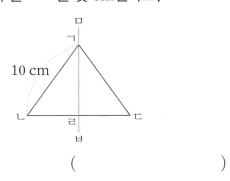

(   )

24 삼각형 ㄱㄴㄷ은 직선 ㅁㅂ을 대칭축으로 하는 선대칭도형입니다. 삼각형 ㄱㄴㄷ의 둘레가 32 cm일 때 변 ㄴㄷ은 몇 cm인가요?

(   )

25 직선 ㅅㅇ을 대칭축으로 하는 선대칭도형입니다. 선대칭도형의 둘레는 몇 cm인가요?

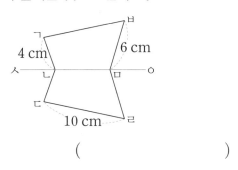

(   )

서술형 **中 수** 문제 해결의 **전략** 을 보면서 풀어 보자.

26 직선 ㅅㅇ을 대칭축으로 하는 선대칭도형입니다. 각 ㅂㄹㅁ은 몇 도인가요?

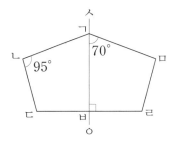

전략 선대칭도형에서 각각의 대응각의 크기가 서로 같다.

❶ (각 ㄱㅁㄹ)=(각 [   ])=[   ]°

전략 사각형의 네 각의 크기의 합은 360°임을 이용하자.

❷ 사각형 ㄱㅂㄹㅁ에서
(각 ㅂㄹㅁ)
$=360°-70°-90°-$ [   ]°
$=$ [   ]°

답 _____

핵심 개념 **점대칭도형**

3
합동과 대칭

1. 점대칭도형

- 한 도형을 어떤 점을 중심으로 180° 돌렸을 때 처음 도형과 완전히 겹치면 이 도형을 **점대칭도형**이라고 합니다.
  이때 그 점을 **대칭의 중심**이라고 합니다.

- 대칭의 중심을 중심으로 180° 돌렸을 때
  - **대응점**: 겹치는 점
  - **대응변**: 겹치는 변
  - **대응각**: 겹치는 각

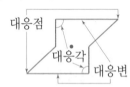

2. 대칭의 중심

다음 도형들은 모두 **❶** 대칭도형입니다.

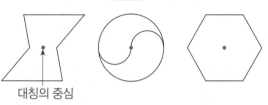

대칭의 중심

 대칭의 중심은 도형의 한가운데 위치해.

(1) 점대칭도형은 대칭의 중심을 중심으로 **❷** ° 돌렸을 때 처음 도형과 완전히 겹칩니다.

(2) 점대칭도형에서 대칭의 중심은 도형의 모양에 상관없이 항상 1개입니다.

정답 확인 | ❶ 점 ❷ 180

확인 문제 1~5번 문제를 풀면서 개념 익히기!

70

1 오른쪽 도형을 점 ㅇ을 중심으로 180° 돌리면 처음 도형과 완전히 겹칩니다. 이와 같은 도형을 무엇이라고 하나요?

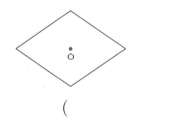

( )

2 점대칭도형을 찾아 ○표 하세요.

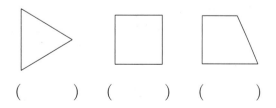

( ) ( ) ( )

한번 더! 확인 6~10번 유사문제를 풀면서 개념 다지기!

6 도형을 보고 □ 안에 알맞게 써넣으세요.

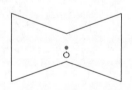

도형을 점 □ 을 중심으로 180° 돌리면 처음 도형과 완전히 겹칩니다. 이때 점 ㅇ을 □ 이라고 합니다.

7 점대칭도형이 <u>아닌</u> 것을 찾아 ×표 하세요.

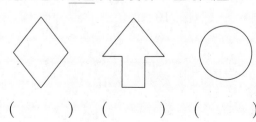

( ) ( ) ( )

3 도형은 점대칭도형입니다. 대칭의 중심을 찾아 쓰세요.

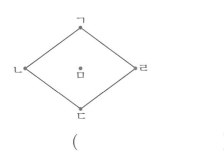

( )

8 도형은 점대칭도형입니다. 대칭의 중심은 어느 것인가요?·····( )

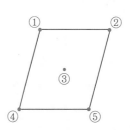

4 점대칭도형을 보고 대응점, 대응변, 대응각을 각각 찾아 쓰세요.

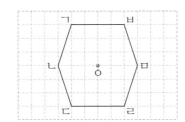

(1) 점 ㄱ의 대응점 ➡ ( )

(2) 변 ㄷㄹ의 대응변 ➡ ( )

(3) 각 ㄴㄷㄹ의 대응각 ➡ ( )

9 점대칭도형을 보고 대응점, 대응변, 대응각을 각각 찾아 쓰세요.

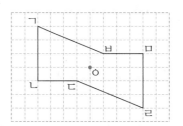

(1) 점 ㄴ의 대응점 ➡ ( )

(2) 변 ㄴㄷ의 대응변 ➡ ( )

(3) 각 ㄱㄴㄷ의 대응각 ➡ ( )

5 점대칭도형은 모두 **몇** 개인가요?

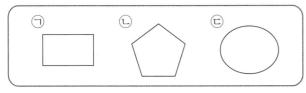

(1) 점대칭도형을 모두 찾아 기호를 쓰세요.
( )

(2) 점대칭도형은 모두 몇 개인가요?
꼭 단위까지 따라 쓰세요.
(개)

 서술형 下수

10 점대칭도형인 문자는 모두 **몇** 개인가요?

풀이

점대칭도형인 문자를 모두 찾으면 _____

으로 모두 ☐ 개입니다.

답 _____ 개

핵심 개념 점대칭도형의 성질, 점대칭도형 그리기

1. 점대칭도형의 성질

(1) 각각의 대응변의 길이가 서로 같습니다.

예 (변 ㄱㄴ)=(변 **❶**□□)

(2) 각각의 대응각의 크기가 서로 같습니다.

예 (각 ㄱㄴㄷ)=(각 ㄷㄹㄱ)

(3) 각각의 대응점에서 **대칭의 중심까지의 거리가 서로 같습니다.**

예 (선분 ㄱㅁ)=(선분 **❷**□□)

> 대칭의 중심은 대응점끼리 이은 선분을 둘로 똑같이 나누어.

2. 점대칭도형 그리기

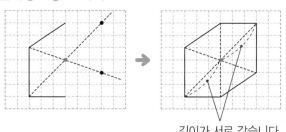

길이가 서로 같습니다.

(1) 각 점에서 대칭의 중심을 지나는 직선을 긋습니다.

(2) 이 직선에 각 점에서 대칭의 중심까지의 거리와 같도록 대응점을 찾아 표시합니다.

(3) 각 대응점을 차례로 이어 점대칭도형이 되도록 그립니다.

> 대응점은 대칭의 중심에서 반대쪽으로 같은 거리에 있다는 것을 이용해서 그려.

정답 확인 | ❶ ㄷㄹ ❷ ㄷㅁ

3 합동과 대칭

확인 문제 1~4번 문제를 풀면서 개념 익히기!

1 점대칭도형을 보고 물음에 답하세요.

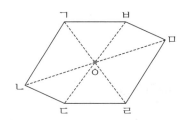

(1) 변 ㄱㄴ과 길이가 같은 변을 찾아 쓰세요.

( )

(2) 각 ㄴㄷㄹ과 크기가 같은 각을 찾아 쓰세요.

( )

(3) 선분 ㄱㅇ과 길이가 같은 선분을 찾아 쓰세요.

( )

한번 더! 확인 5~8번 유사문제를 풀면서 개념 다지기!

5 점대칭도형을 보고 물음에 답하세요.

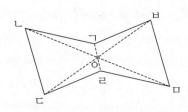

(1) 변 ㄴㄷ과 길이가 같은 변을 찾아 쓰세요.

( )

(2) 각 ㄱㄴㄷ과 크기가 같은 각을 찾아 쓰세요.

( )

(3) 선분 ㄷㅇ과 길이가 같은 선분을 찾아 쓰세요.

( )

2 점대칭도형을 보고 물음에 답하세요.

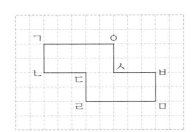

(1) 대응점끼리 각각 이어 보세요.

(2) 대칭의 중심을 찾아 점 ㅈ으로 표시해 보세요.

(3) 선분 ㅇㅈ과 길이가 같은 선분을 찾아 쓰세요.

( )

3 점대칭도형을 완성해 보세요.

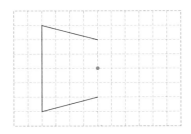

4 점 ㅇ을 대칭의 중심으로 하는 점대칭도형입니다. ㉠과 ㉡에 알맞은 수를 각각 구하세요.

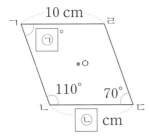

(1) 대응각과 대응변을 각각 찾아 쓰세요.

각 ㄴㄱㄹ의 대응각 ➡ 각 [   ]

변 ㄴㄷ의 대응변 ➡ 변 [   ]

(2) ㉠과 ㉡에 알맞은 수를 각각 구하세요.

㉠ ( ), ㉡ ( )

6 점대칭도형을 보고 물음에 답하세요.

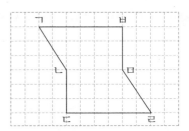

(1) 대응점끼리 각각 이어 보세요.

(2) 대칭의 중심을 찾아 점 ㅇ으로 표시해 보세요.

(3) 선분 ㄱㅇ과 길이가 같은 선분을 찾아 쓰세요.

( )

7 점대칭도형을 완성해 보세요.

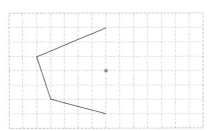

서술형 下수

8 점 ㅇ을 대칭의 중심으로 하는 점대칭도형입니다. 변 ㄴㄷ은 **몇 cm**이고 각 ㄱㄴㄷ은 **몇 도**인지 각각 구하세요.

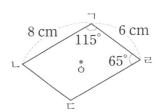

풀이

변 ㄴㄷ의 대응변은 변 [   ]이므로 변 ㄴㄷ의 길이는 [   ]cm입니다. 각 ㄱㄴㄷ의 대응각은 각 [   ]이므로 각 ㄱㄴㄷ의 크기는 [   ]°입니다.

꼭 단위까지 따라 쓰세요.

답 변 ㄴㄷ: _____ cm

각 ㄱㄴㄷ: _____

3

합동과 대칭

73

1 점대칭도형을 모두 찾아 기호를 쓰세요.

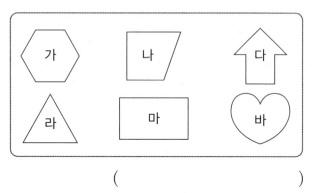

(   )

[2~4] 점 ㅇ을 대칭의 중심으로 하는 점대칭도형입니다. 물음에 답하세요.

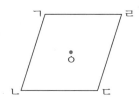

2 점 ㄹ의 대응점을 찾아 쓰세요.

(   )

3 변 ㄴㄷ의 대응변을 찾아 쓰세요.

(   )

4 각 ㄱㄴㄷ의 대응각을 찾아 쓰세요.

(   )

5 도형은 점대칭도형입니다. 대칭의 중심을 찾아 기호를 쓰세요.

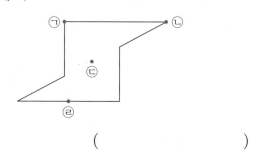

(   )

6 도형은 점대칭도형입니다. 대칭의 중심을 찾아 표시하고 몇 개인지 쓰세요.

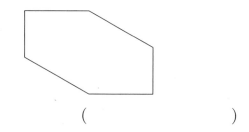

(   )

7 점 ㅇ을 대칭의 중심으로 하는 점대칭도형을 보고 대응변끼리 이어 보세요.

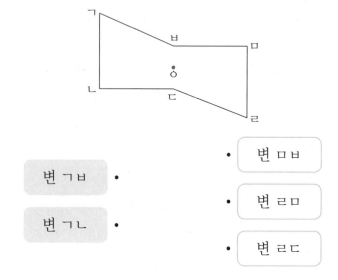

변 ㄱㅂ •

변 ㄱㄴ •

• 변 ㅁㅂ

• 변 ㄹㅁ

• 변 ㄹㄷ

[8~9] 점 ㅇ을 대칭의 중심으로 하는 점대칭도형입니다. 물음에 답하세요.

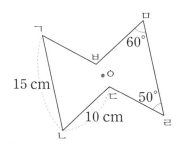

8 변 ㅁㅂ은 몇 cm인가요?

( )

9 각 ㄱㄴㄷ은 몇 도인가요?

( )

[10~11] 점 ㅇ을 대칭의 중심으로 하는 점대칭도형입니다. ☐ 안에 알맞은 수를 써넣으세요.

10

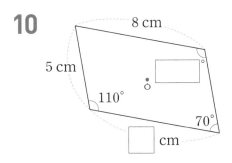

11

12 점대칭도형인 알파벳 카드를 가지고 있는 사람의 이름을 쓰세요.

서아   유찬

( )

> 알파벳 카드를 180° 돌렸을 때 같은 글자가 되는지 확인해.

서술형 **中수** 문제 해결의 **전략**을 보면서 풀어 보자.

13 점 ㅇ을 대칭의 중심으로 하는 점대칭도형입니다. 점대칭도형의 둘레는 몇 cm인가요?

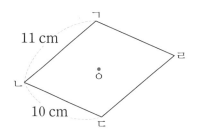

전략 점대칭도형에서 각각의 대응변의 길이가 서로 같다.

❶ (변 ㄷㄹ)=(변 ☐)=☐ cm

 (변 ㄹㄱ)=(변 ☐)=☐ cm

전략 사각형 ㄱㄴㄷㄹ의 네 변의 길이의 합을 구하자.

❷ (점대칭도형의 둘레)

=11+10+☐+☐

=☐ (cm)

답 _____

14 점대칭도형을 모두 찾아 대칭의 중심을 점 ㅇ으로 표시해 보세요.

15 점 ㅇ을 대칭의 중심으로 하는 점대칭도형입니다. 각 ㄴㄷㄹ과 크기가 같은 각을 찾아 쓰세요.

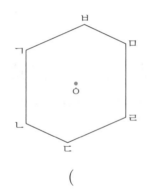

( )

16 점 ㅈ을 대칭의 중심으로 하는 점대칭도형입니다. 선분 ㄷㅈ과 길이가 같은 선분을 찾아 쓰세요.

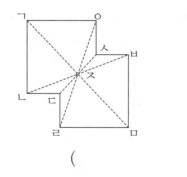

( )

[17~18] 점대칭도형을 완성해 보세요.

17

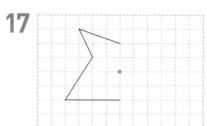

18

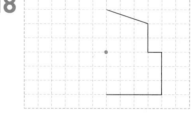

19 오른쪽 도형은 점 ㅇ을 대칭의 중심으로 하는 점대칭도형입니다. 잘못 설명한 것을 모두 고르세요.

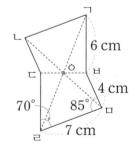

.... ( )

① 변 ㄱㄴ은 7 cm입니다.

② 변 ㄴㄷ은 6 cm입니다.

③ 각 ㅂㄱㄴ은 70°입니다.

④ 선분 ㄱㅇ과 선분 ㄴㅇ의 길이는 같습니다.

⑤ 점 ㅇ은 선분 ㄴㅁ을 둘로 똑같이 나눕니다.

20 점 ㅇ을 대칭의 중심으로 하는 점대칭도형입니다.
선분 ㄴㄹ은 몇 cm인가요?

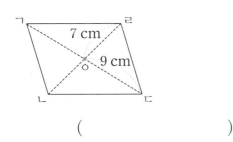

( )

21 점 ㅇ을 대칭의 중심으로 하는 점대칭도형입니다.
잘못 설명한 사람을 찾아 이름을 쓰세요.

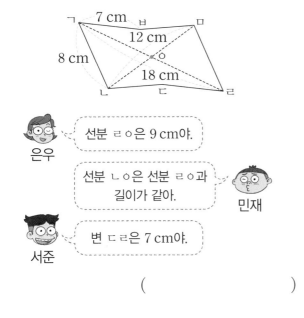

은우 — 선분 ㄹㅇ은 9 cm야.

민재 — 선분 ㄴㅇ은 선분 ㄹㅇ과 길이가 같아.

서준 — 변 ㄷㄹ은 7 cm야.

( )

22 다음에서 점대칭이 되는 숫자는 모두 몇 개인가요?

( )

23 점 ㅇ을 대칭의 중심으로 하는 점대칭도형입니다.
변 ㅁㅂ은 몇 cm인가요?

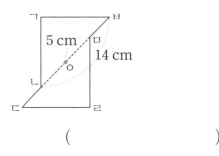

( )

24 점 ㅇ을 대칭의 중심으로 하는 점대칭도형입니다.
점대칭도형의 둘레는 몇 cm인가요?

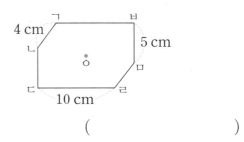

( )

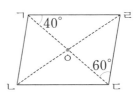 서술형 中수 문제 해결의 전략 을 보면서 풀어 보자.

25 점 ㅇ을 대칭의 중심으로 하는 점대칭도형입니다.
각 ㄱㄴㄷ은 몇 도인가요?

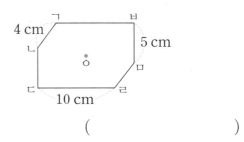

전략 삼각형의 세 각의 크기의 합은 180°임을 이용하자.

❶ 삼각형 ㄱㄷㄹ에서

(각 ㄷㄹㄱ)=180°−40°−☐°

=☐°

전략 점대칭도형에서 각각의 대응각의 크기가 서로 같다.

❷ (각 ㄱㄴㄷ)=(각 ☐)=☐°

답 _____

🖉 **키워드 문제**

1-1 선대칭도형도 되고 점대칭도형도 되는 도형을 찾아 기호를 쓰세요.

전략 한 직선을 따라 접었을 때 완전히 겹치는 도형을 모두 찾자.

❶ 선대칭도형: _____

전략 어떤 점을 중심으로 180° 돌렸을 때 처음 도형과 완전히 겹치는 도형을 모두 찾자.

❷ 점대칭도형: _____

❸ 선대칭도형도 되고 점대칭도형도 되는 도형:

_____

답 _____

🏅 서술형 **高수**

1-2 선대칭도형도 되고 점대칭도형도 되는 도형을 찾아 기호를 쓰세요.

❶

❷

❸

답 _____

78

🖉 **키워드 문제**

2-1 두 삼각형은 서로 합동입니다. 삼각형 ㄱㄴㄷ의 넓이는 몇 cm^2인가요?

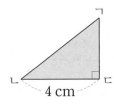 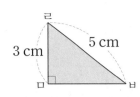

전략 합동인 두 도형에서 각각의 대응변의 길이가 서로 같다.

❶ (변 ㄱㄷ)=(변 ☐☐☐)=☐ cm

전략 (삼각형의 넓이)=(밑변의 길이)×(높이)÷2

❷ (삼각형 ㄱㄴㄷ의 넓이)

=4×☐÷☐=☐ (cm^2)

답 _____

🏅 서술형 **高수**

2-2 두 삼각형은 서로 합동입니다. 삼각형 ㄹㅁㅂ의 넓이는 몇 cm^2인가요?

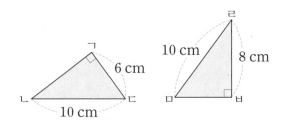

❶

❷

답 _____

키워드 문제

3-1 점 ㅇ을 대칭의 중심으로 하는 점대칭도형입니다. 각 ㄹㄱㅂ은 몇 도인가요?

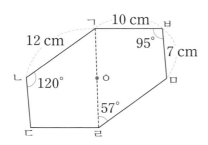

전략 ▶ 점대칭도형에서 각각의 대응각의 크기가 서로 같다.

❶ (각 ㄹㅁㅂ)=(각 ⬜⬜⬜)=⬜°

전략 ▶ 사각형의 네 각의 크기의 합은 360°임을 이용하자.

❷ 사각형 ㄱㄹㅁㅂ에서

(각 ㄹㄱㅂ)

= ⬜° −57° − ⬜° −95° = ⬜°

답 ＿＿＿＿＿＿＿

서술형 高수

3-2 점 ㅇ을 대칭의 중심으로 하는 점대칭도형입니다. 각 ㄴㄹㄷ은 몇 도인가요?

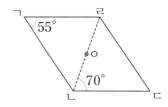

❶

❷

답 ＿＿＿＿＿＿＿

키워드 문제

4-1 삼각형 ㄱㄴㄷ과 삼각형 ㄹㄷㄴ은 서로 합동입니다. 각 ㄱㄷㄴ은 몇 도인가요?

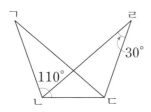

전략 ▶ 합동인 두 도형에서 각각의 대응각의 크기가 서로 같다.

❶ (각 ㄴㄱㄷ)=(각 ⬜⬜⬜)=⬜°

전략 ▶ 삼각형의 세 각의 크기의 합은 180°임을 이용하자.

❷ 삼각형 ㄱㄴㄷ에서

(각 ㄱㄷㄴ)

= ⬜° − ⬜° −110° = ⬜°

답 ＿＿＿＿＿＿＿

서술형 高수

4-2 삼각형 ㄱㄴㄷ과 삼각형 ㄹㄷㄴ은 서로 합동입니다. 각 ㄱㄷㄴ은 몇 도인가요?

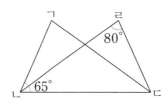

❶

❷

답 ＿＿＿＿＿＿＿

3 합동과 대칭

79

1 도형 가와 서로 합동인 도형을 찾아 기호를 쓰세요.

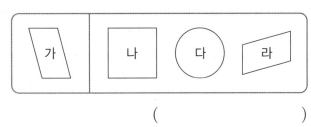

( )

2 두 삼각형은 서로 합동입니다. 변 ㄱㄷ의 대응변을 찾아 쓰세요.

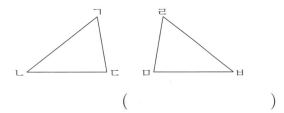

( )

[3~4] 도형을 보고 물음에 답하세요.

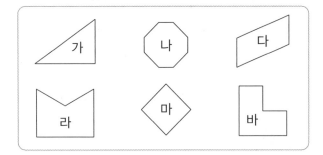

3 선대칭도형을 모두 찾아 기호를 쓰세요.

( )

4 점대칭도형은 모두 몇 개인가요?

( )

5 점선을 따라 잘랐을 때 만들어진 두 도형이 서로 합동이 <u>아닌</u> 것을 찾아 기호를 쓰세요.

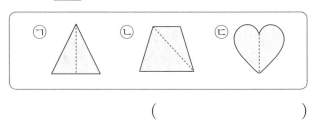

( )

6 주어진 도형과 서로 합동인 도형을 그려 보세요.

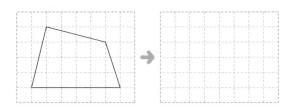

7 도형은 선대칭도형입니다. 대칭축을 그려 보세요.

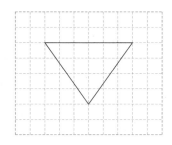

8 도형은 점대칭도형입니다. 대칭의 중심을 찾아 표시해 보세요.

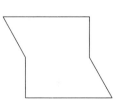

9 선대칭도형을 완성해 보세요.

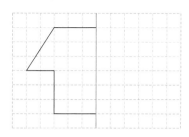

10 점대칭도형을 완성해 보세요.

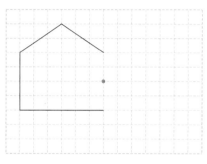

11 점 ㅇ을 대칭의 중심으로 하는 점대칭도형입니다. 빈칸에 알맞게 써넣으세요.

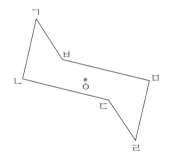

점 ㄷ의 대응점	
변 ㄱㅂ의 대응변	
각 ㄹㅁㅂ의 대응각	

12 두 삼각형은 서로 합동입니다. □ 안에 알맞은 수를 써넣으세요.

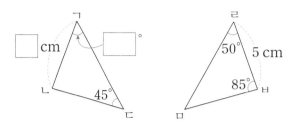

13 점 ㅇ을 대칭의 중심으로 하는 점대칭도형입니다. □ 안에 알맞은 수를 써넣으세요.

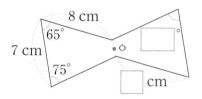

14 오른쪽 점대칭도형에 대하여 잘못 설명한 것을 찾아 기호를 쓰세요.

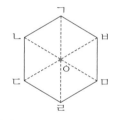

> ㉠ 대칭의 중심은 1개입니다.
> ㉡ 점 ㅇ을 중심으로 180° 돌렸을 때 처음 도형과 완전히 겹칩니다.
> ㉢ 대칭의 중심은 점 ㄹ입니다.

( )

15 점 ㅇ을 대칭의 중심으로 하는 점대칭도형입니다. 선분 ㄴㅇ은 몇 cm인가요?

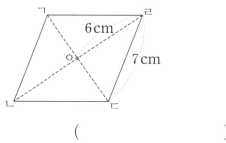

( )

16 도형은 선대칭도형입니다. 대칭축이 많은 도형부터 차례로 1, 2, 3을 쓰세요.

(   )   (   )   (   )

17 직선 ㄱㄴ을 대칭축으로 하는 선대칭도형입니다. ㉠과 ㉡에 알맞은 수를 각각 구하세요.

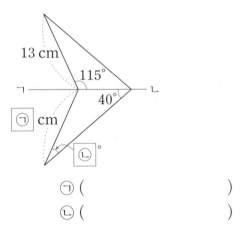

㉠ (   )

㉡ (   )

18 삼각형 ㄱㄴㄷ은 선분 ㄱㄹ을 대칭축으로 하는 선대칭도형입니다. 이 삼각형의 넓이는 몇 cm²인가요?

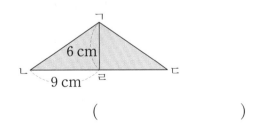

(   )

서술형 실전

19 두 사각형은 서로 합동입니다. 사각형 ㅁㅂㅅㅇ의 둘레는 몇 cm인지 풀이 과정을 쓰고 답을 구하세요.

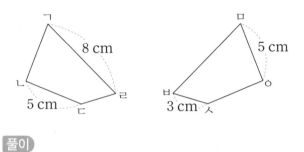

풀이 _____

_____

_____

_____

_____

답 _____

20 점 ㅇ을 대칭의 중심으로 하는 점대칭도형입니다. 각 ㄱㄴㄷ은 몇 도인지 풀이 과정을 쓰고 답을 구하세요.

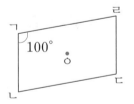

풀이 _____

_____

_____

_____

답 _____

4 소수의 곱셈

스마트폰을 이용하여 QR 코드를 찍으면 개념 학습 영상을 볼 수 있어요.

4단원 학습 계획표

✓ 이 단원의 표준 학습 일수는 **5일**입니다. 계획대로 공부한 후 확인란에 사인을 받으세요.

이 단원에서 배울 내용	쪽수	계획한 날	확인
1단계 교과서 바로 알기 ● (1보다 작은 소수)×(자연수) ● (1보다 큰 소수)×(자연수)	84~87쪽	월 일	확인했어요! ☺
2단계 익힘책 바로 풀기	88~89쪽		
1단계 교과서 바로 알기 ● (자연수)×(1보다 작은 소수) ● (자연수)×(1보다 큰 소수)	90~93쪽	월 일	확인했어요! ☺
2단계 익힘책 바로 풀기	94~95쪽		
1단계 교과서 바로 알기 ● (1보다 작은 소수)×(1보다 작은 소수) ● (1보다 큰 소수)×(1보다 큰 소수) ● 곱의 소수점의 위치	96~101쪽	월 일	확인했어요! ☺
2단계 익힘책 바로 풀기	102~103쪽	월 일	확인했어요! ☺
3단계 실력 바로 쌓기	104~105쪽	월 일	확인했어요! ☺
TEST 단원 마무리 하기	106~108쪽		

핵심 **개념** (1보다 작은 소수) × (자연수)

1. 0.3×4를 여러 가지 방법으로 계산하기

방법 1 소수의 덧셈으로 계산하기

$$0.3×4=\mathbf{0.3+0.3+0.3+0.3}=1.2$$
└▸ 0.3을 4번 더함.

방법 2 분수의 곱셈으로 계산하기

$$0.3×4=\frac{3}{10}×4=\frac{3×4}{10}=\frac{12}{10}=1.2$$

분모가 10인 분수로 바꾸기   소수로 나타내기

방법 3 자연수의 곱셈으로 계산하기

$$\mathbf{3}×4=\mathbf{12}$$
$\frac{1}{10}$배 $\frac{1}{10}$배
$$\mathbf{0.3}×4=\mathbf{1.2}$$

참고 0.1의 개수로 계산하기

0.3은 0.1이 3개인 수이므로

0.3×4=0.1×3×4입니다.

0.1이 모두 ❶ [   ]개이므로 1.2가 됩니다.

2. 0.51×3을 여러 가지 방법으로 계산하기

방법 1 소수의 덧셈으로 계산하기

$$0.51×3=\mathbf{0.51+0.51+0.51}=❷[\quad]$$
└▸ 0.51을 3번 더함.

방법 2 분수의 곱셈으로 계산하기

$$0.51×3=\frac{51}{100}×3=\frac{51×3}{100}=\frac{153}{100}=1.53$$

분모가 100인 분수로 바꾸기   소수로 나타내기

방법 3 자연수의 곱셈으로 계산하기

$$\mathbf{51}×3=\mathbf{153}$$
$\frac{1}{100}$배 $\frac{1}{100}$배
$$\mathbf{0.51}×3=\mathbf{1.53}$$

> 0.51은 약 0.5이므로 0.51×3은
> 0.5×3=1.5로 어림할 수 있어!

정답 확인 | ❶ 12 ❷ 1.53

4 소수의 곱셈

확인 문제 1~5번 문제를 풀면서 개념 익히기!

1 0.7×4를 여러 가지 방법으로 계산하려고 합니다.
□ 안에 알맞은 수를 써넣으세요.

(1) 소수의 덧셈으로 계산해 보세요.

$$0.7×4=0.7+0.7+[\quad]+[\quad]$$
$$=[\quad]$$

(2) 분수의 곱셈으로 계산해 보세요.

$$0.7×4=\frac{[\quad]}{10}×4=\frac{[\quad]×4}{10}$$
$$=\frac{[\quad]}{10}=[\quad]$$

한번 더! 확인 6~10번 유사문제를 풀면서 **개념 다지기!**

6 0.64×2를 여러 가지 방법으로 계산하려고 합니다.
□ 안에 알맞은 수를 써넣으세요.

(1) 소수의 덧셈으로 계산해 보세요.

$$0.64×2=0.64+[\quad]$$
$$=[\quad]$$

(2) 분수의 곱셈으로 계산해 보세요.

$$0.64×2=\frac{[\quad]}{100}×2=\frac{[\quad]×2}{100}$$
$$=\frac{[\quad]}{100}=[\quad]$$

2 □ 안에 알맞은 수를 써넣으세요.

$$8 \times 3 = 24$$
$\frac{1}{10}$배 $\quad\quad\quad\quad \frac{1}{10}$배

$$0.8 \times 3 = \boxed{}$$

3 계산해 보세요.

(1) 0.4×8

(2) 0.27×6

4 빈칸에 알맞은 수를 써넣으세요.

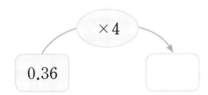

5 재민이는 한 걸음에 0.6 m씩 걷습니다. 재민이가 6걸음을 걸었을 때 이동한 거리는 **몇 m**인가요?

(1) 알맞은 식을 완성해 보세요.

식 $\boxed{} \times 6 = \boxed{}$

(2) 재민이가 6걸음을 걸었을 때 이동한 거리는 몇 m인가요?

꼭 단위까지 따라 쓰세요.

(m   )

7 □ 안에 알맞은 수를 써넣으세요.

$$57 \times 3 = 171$$
$\frac{1}{100}$배 $\quad\quad\quad\quad \frac{1}{100}$배

$$0.57 \times 3 = \boxed{}$$

8 계산해 보세요.

(1) 0.8×5

(2) 0.65×4

소수점 아래 끝자리 0은 생략하여 나타낼 수 있어.

9 빈칸에 두 수의 곱을 써넣으세요.

0.79	6

서술형 下수

10 농구공 한 개의 무게가 0.62 kg입니다. 농구공 8개의 무게는 **몇 kg**인가요?

식 _____

답 _____ kg

핵심 개념 **(1보다 큰 소수) × (자연수)**

1. 1.6 × 3을 여러 가지 방법으로 계산하기

방법 1 소수의 덧셈으로 계산하기

$$1.6 × 3 = \mathbf{1.6 + 1.6 + 1.6} = 4.8$$

└→ 1.6을 3번 더함.

방법 2 분수의 곱셈으로 계산하기

$$1.6 × 3 = \frac{16}{10} × 3 = \frac{16 × 3}{10}$$

분모가 10인 분수로 바꾸기

$$= \frac{48}{10} = \boxed{❶}$$

소수로 나타내기

방법 3 자연수의 곱셈으로 계산하기

$$16 × 3 = 48$$

$\frac{1}{10}$배 ↓ ↓ $\frac{1}{10}$배

$$1.6 × 3 = \mathbf{4.8}$$

참고 세로로 계산하기

$$\begin{array}{r} 1\ 6 \\ × \quad 3 \\ \hline 4\ 8 \end{array} \xrightarrow{\frac{1}{10}배} \begin{array}{r} 1.6 \\ × \quad 3 \\ \hline 4.8 \end{array}$$

$\frac{1}{10}$배

> 자연수의 곱셈으로 계산한 다음 곱해지는 수의 소수점 위치에 맞춰 소수점을 찍어.

2. 1.48 × 2를 여러 가지 방법으로 계산하기

방법 1 소수의 덧셈으로 계산하기

$$1.48 × 2 = \mathbf{1.48 + 1.48} = \boxed{❷}$$

└→ 1.48을 2번 더함.

방법 2 분수의 곱셈으로 계산하기

$$1.48 × 2 = \frac{148}{100} × 2 = \frac{148 × 2}{100}$$

분모가 100인 분수로 바꾸기

$$= \frac{296}{100} = 2.96$$

소수로 나타내기

방법 3 자연수의 곱셈으로 계산하기

$$148 × 2 = 296$$

$\frac{1}{100}$배 ↓ ↓ $\frac{1}{100}$배

$$1.48 × 2 = \mathbf{2.96}$$

참고 세로로 계산하기

$$\begin{array}{r} 1\ 4\ 8 \\ × \quad\ 2 \\ \hline 2\ 9\ 6 \end{array} \xrightarrow{\frac{1}{100}배} \begin{array}{r} 1.4\ 8 \\ × \quad\ \ 2 \\ \hline 2.9\ 6 \end{array}$$

$\frac{1}{100}$배

정답 확인 | ❶ 4.8 ❷ 2.96

4 소수의 곱셈

확인 문제 1~5번 문제를 풀면서 개념 익히기!

1 1.9 × 4를 여러 가지 방법으로 계산하려고 합니다. ☐ 안에 알맞은 수를 써넣으세요.

(1) 소수의 덧셈으로 계산해 보세요.

$$1.9 × 4 = 1.9 + 1.9 + \boxed{} + \boxed{}$$
$$= \boxed{}$$

(2) 자연수의 곱셈으로 계산해 보세요.

$$19 × 4 = \boxed{}$$

$\frac{1}{10}$배 ↓ ↓ $\frac{1}{10}$배

$$1.9 × 4 = \boxed{}$$

한번 더! 확인 6~10번 유사문제를 풀면서 개념 다지기!

6 3.12 × 3을 여러 가지 방법으로 계산하려고 합니다. ☐ 안에 알맞은 수를 써넣으세요.

(1) 소수의 덧셈으로 계산해 보세요.

$$3.12 × 3 = 3.12 + \boxed{} + \boxed{}$$
$$= \boxed{}$$

(2) 자연수의 곱셈으로 계산해 보세요.

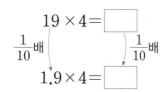

$$312 × 3 = \ 936$$

$\frac{1}{100}$배 ↓ ↓ ☐배

$$3.12 × 3 = \boxed{}$$

2 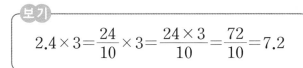 와 같은 방법으로 계산해 보세요.

보기
$$2.4 \times 3 = \frac{24}{10} \times 3 = \frac{24 \times 3}{10} = \frac{72}{10} = 7.2$$

4.7×5
_____

3 계산해 보세요.

(1) 2.7×5

(2) 1.64×2

4 빈칸에 알맞은 수를 써넣으세요.

2.8 → ×4 → [ ]

5 선물 상자 한 개를 포장하는 데 리본 1.4 m가 필요합니다. 선물 상자 7개를 포장하는 데 필요한 리본은 **몇 m**인가요?

(1) 알맞은 식을 완성해 보세요.

식 [ ] ×7=[ ]

(2) 선물 상자 7개를 포장하는 데 필요한 리본은 몇 m인가요?

꼭 단위까지 따라 쓰세요.

(m)

7 은우의 방법으로 계산해 보세요.

5.24를 분모가 100인 분수로 바꾸어 분수의 곱셈으로 계산해 봐.
은우

5.24×4
_____

8 계산해 보세요.

(1) 6.8×7

(2) 4.62×3

9 두 수의 곱을 구하세요.

3.15   8

(   )

 서술형

10 주스가 한 병에 1.25 L 들어 있습니다. 주스 6병에 들어 있는 주스는 **몇 L**인가요?

식 _____

답 _____ L

1 보기 와 같은 방법으로 계산해 보세요.

> 보기
> $$0.5 \times 3 = 0.5 + 0.5 + 0.5 = 1.5$$

0.8×4 _____

2 보기 와 같은 방법으로 계산해 보세요.

> 보기
> $$1.3 \times 4 = \frac{13}{10} \times 4 = \frac{13 \times 4}{10} = \frac{52}{10} = 5.2$$

2.9×3 _____

3 자연수의 곱셈으로 계산해 보세요.

(1) $4 \times 6 = 24$ ➡ $0.4 \times 6 = $ ⬚

(2) $32 \times 7 = 224$ ➡ $3.2 \times 7 = $ ⬚

4 계산해 보세요.

(1) 0.9×6

(2) 0.48×3

5 설명하는 수를 구하세요.

> 7.62의 4배

(   )

6 가장 큰 수와 가장 작은 수의 곱을 구하세요.

> 5.5   2   4

(   )

7 계산 결과를 찾아 이어 보세요.

3.5×6 •

2.8×5 •

• 21

• 18

• 14

8 나타내는 수가 나머지와 <u>다른</u> 하나를 찾아 기호를 쓰세요.

㉠ 0.7+0.7   ㉡ 0.7×3   ㉢ 2.1

(   )

9 <u>잘못</u> 계산한 사람의 이름을 쓰세요.

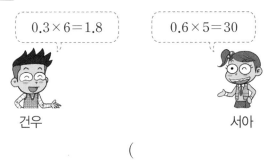

0.3×6=1.8

0.6×5=30

건우   서아

(   )

10 정사각형의 둘레는 몇 cm인가요?

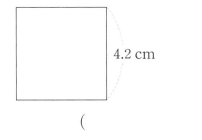

4.2 cm

(   )

11 빈칸에 알맞은 수를 써넣으세요.

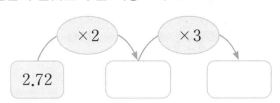

2.72   ×2   ×3

12 계산 결과를 비교하여 ○ 안에 >, =, <를 알맞게 써넣으세요.

5.7×8 ◯ 4.98×9

13 탁구공 한 개의 무게는 2.7 g입니다. 탁구공 8개의 무게는 모두 몇 g인가요?

(   )

4

소수의 곱셈

서술형 中수 문제 해결의 전략을 보면서 풀어 보자.

14 우유 2.5 L가 있습니다. 은지가 우유를 매일 0.2 L씩 8일 동안 마신다면 남는 우유는 몇 L인가요?

89

전략 (하루에 마시는 우유의 양)×(날수)

❶ (은지가 8일 동안 마시는 우유의 양)

=0.2× ☐ = ☐ (L)

전략 (처음에 있던 우유의 양)
　　 -(은지가 8일 동안 마시는 우유의 양)

❷ (남는 우유의 양)

=2.5- ☐ = ☐ (L)

답

핵심 개념 (자연수)×(1보다 작은 소수)

1. 2×0.7을 여러 가지 방법으로 계산하기

방법 1 그림으로 알아보기

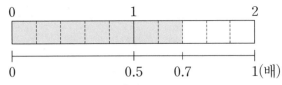

한 칸의 크기는 2의 $\frac{1}{10}$로 0.2입니다.

2의 0.7배는 7칸이므로 0.2의 7배인 1.4입니다.

방법 2 분수의 곱셈으로 계산하기

$$2 \times 0.7 = 2 \times \frac{7}{10} = \frac{2 \times 7}{10} = \frac{14}{10} = \boxed{①}$$

분모가 10인 분수로 바꾸기   소수로 나타내기

방법 3 자연수의 곱셈으로 계산하기

$$2 \times \mathbf{7} = \mathbf{14}$$
$\frac{1}{10}$배 $\frac{1}{10}$배
$$2 \times \mathbf{0.7} = \mathbf{1.4}$$

참고 자연수에 1보다 작은 수를 곱한 결과는 주어진 자연수보다 작습니다.

예 $2 \mathbin{>} 2 \times \underline{0.7}$
       └ 1보다 작은 수

2. 3×0.12를 여러 가지 방법으로 계산하기

방법 1 분수의 곱셈으로 계산하기

$$3 \times 0.12 = \mathbf{3} \times \frac{\mathbf{12}}{100} = \frac{\mathbf{3 \times 12}}{100}$$

분모가 100인 분수로 바꾸기

$$= \frac{36}{100} = \boxed{②}$$

소수로 나타내기

방법 2 자연수의 곱셈으로 계산하기

$$3 \times \mathbf{12} = \mathbf{36}$$
$\frac{1}{100}$배 $\frac{1}{100}$배
$$3 \times \mathbf{0.12} = \mathbf{0.36}$$

참고 세로로 계산하기

$$\begin{array}{r} 3 \\ \times\, 1\,2 \\ \hline 3\,6 \end{array} \quad \Rightarrow \quad \begin{array}{r} 3 \\ \times\, 0.1\,2 \\ \hline 0.3\,6 \end{array}$$

자연수의 곱셈으로   곱하는 수의 소수점 위치에 맞춰
계산한 다음   소수점을 찍습니다.

곱하는 두 수의 순서를 바꾸어도 계산 결과가 같아.
예 $3 \times 0.12 = \underline{0.36}$, $0.12 \times 3 = \underline{0.36}$

정답 확인 | ① 1.4   ② 0.36

확인 문제 1~6번 문제를 풀면서 개념 익히기!

1 그림을 보고 □ 안에 알맞은 수를 써넣으세요.

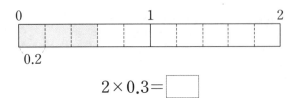

$$2 \times 0.3 = \boxed{}$$

2 □ 안에 알맞은 수를 써넣으세요.

$$8 \times 0.4 = 8 \times \frac{\boxed{}}{10} = \frac{8 \times \boxed{}}{10} = \frac{\boxed{}}{10}$$
$$= \boxed{}$$

한번 더! 확인 7~12번 유사문제를 풀면서 개념 다지기!

7 그림을 보고 □ 안에 알맞은 수를 써넣으세요.

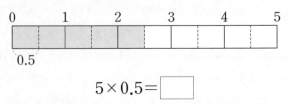

$$5 \times 0.5 = \boxed{}$$

8 □ 안에 알맞은 수를 써넣으세요.

$$7 \times 0.93 = 7 \times \frac{\boxed{}}{100} = \frac{7 \times \boxed{}}{100} = \frac{\boxed{}}{100}$$
$$= \boxed{}$$

4 소수의 곱셈

3 □ 안에 알맞은 수를 써넣으세요.

$$
\begin{array}{r} 3 \\ \times\,8 \\ \hline 2\,4 \end{array}
\;\Rightarrow\;
\begin{array}{r} 3 \\ \times\,0.8 \\ \hline \end{array}
$$

4 계산해 보세요.

(1) 18×0.8

(2) $\begin{array}{r} 3\,2 \\ \times\,0.7 \\ \hline \end{array}$

5 빈칸에 알맞은 수를 써넣으세요.

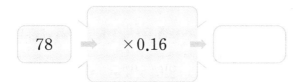

6 귤을 지아는 4 kg 땄고, 민재는 지아의 0.9배만큼 땄습니다. 민재가 딴 귤의 무게는 **몇 kg**인가요?

(1) 알맞은 식을 완성해 보세요.

식 $\qquad 4 \times \boxed{} = \boxed{}$

(2) 민재가 딴 귤의 무게는 몇 kg인가요?

꼭 단위까지 따라 쓰세요.

(kg   )

9 □ 안에 알맞은 수를 써넣으세요.

$$
\begin{array}{r} 6 \\ \times\,3\,1 \\ \hline \end{array}
\;\Rightarrow\;
\begin{array}{r} 6 \\ \times\,0.3\,1 \\ \hline \end{array}
$$

10 계산해 보세요.

(1) 26×0.19

(2) $\begin{array}{r} 1\,4 \\ \times\,0.5\,2 \\ \hline \end{array}$

11 설명하는 수를 구하세요.

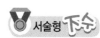
65와 0.17의 곱

(   )

서술형 下수

12 빨간색 리본의 길이는 6 m이고, 초록색 리본의 길이는 빨간색 리본의 길이의 0.85배입니다. 초록색 리본의 길이는 **몇 m**인가요?

식 _____

답 _____ m

핵심 개념 (자연수)×(1보다 큰 소수)

1. 5×1.3을 여러 가지 방법으로 계산하기

방법 1 그림으로 알아보기

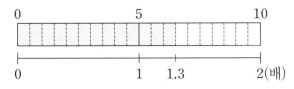

5의 1배는 5이고, 5의 0.3배는 1.5입니다.

→ 5×1.3=5+1.5=❶ □

방법 2 분수의 곱셈으로 계산하기

$$5 \times 1.3 = 5 \times \frac{13}{10} = \frac{5 \times 13}{10} = \frac{65}{10} = 6.5$$

분모가 10인 분수로 바꾸기   소수로 나타내기

방법 3 자연수의 곱셈으로 계산하기

$$5 \times 13 = 65$$

$\frac{1}{10}$배 $\frac{1}{10}$배

$$5 \times 1.3 = 6.5$$

2. 3×2.98을 여러 가지 방법으로 계산하기

방법 1 분수의 곱셈으로 계산하기

$$3 \times 2.98 = 3 \times \frac{298}{100} = \frac{3 \times 298}{100}$$

분모가 100인 분수로 바꾸기

$$= \frac{894}{100} = ❷ □$$

소수로 나타내기

방법 2 자연수의 곱셈으로 계산하기

$$3 \times 298 = 894$$

$\frac{1}{100}$배 $\frac{1}{100}$배

$$3 \times 2.98 = 8.94$$

참고 세로로 계산하기

```
    3              3
 × 2 9 8    →   × 2.9 8
  8 9 4         8.9 4
```

2.98은 약 3이므로 3×2.98은
3과 3의 곱인 9로 어림할 수 있어.

정답 확인 | ❶ 6.5 ❷ 8.94

92

확인 문제 1~6번 문제를 풀면서 개념 익히기!

1 그림을 보고 □ 안에 알맞은 수를 써넣으세요.

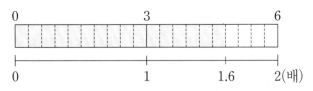

3의 1배는 3이고, 3의 0.6배는 1.8입니다.

→ 3×1.6=3+□=□

2 □ 안에 알맞은 수를 써넣으세요.

$$7 \times 25 = 175$$

$\frac{1}{10}$배 $\frac{1}{10}$배

$$7 \times 2.5 = □$$

한번 더! 확인 7~12번 유사문제를 풀면서 개념 다지기!

7 그림을 보고 □ 안에 알맞은 수를 써넣으세요.

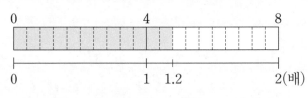

4의 1배는 4이고, 4의 0.2배는 0.8입니다.

→ 4×1.2=4+□=□

8 □ 안에 알맞은 수를 써넣으세요.

$$8 \times 123 = 984$$

$\frac{1}{100}$배 $\frac{1}{100}$배

$$8 \times 1.23 = □$$

4 소수의 곱셈

3 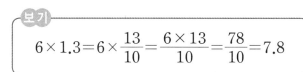 와 같은 방법으로 계산해 보세요.

> 보기
>
> $$6 \times 1.3 = 6 \times \frac{13}{10} = \frac{6 \times 13}{10} = \frac{78}{10} = 7.8$$

3×2.5

4 계산해 보세요.

(1) 9×6.4

(2)
$$\begin{array}{r} 1\ 1 \\ \times\ 3.5 \\ \hline \end{array}$$

5 빈칸에 알맞은 수를 써넣으세요.

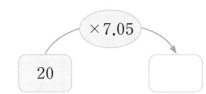

6 의자의 무게는 5 kg이고 책상의 무게는 의자의 무게의 3.15배입니다. 책상의 무게는 **몇 kg**인가요?

(1) 알맞은 식을 완성해 보세요.

식 $5 \times \boxed{} = \boxed{}$

(2) 책상의 무게는 몇 kg인가요?

꼭 단위까지
따라 쓰세요.

(kg)

9 서아의 방법으로 계산해 보세요.

소수를 분수로 바꾸어
분수의 곱셈으로 계산해 봐.

서아

7×1.45

10 계산해 보세요.

$$8 \times 1.06$$

( )

11 빈 곳에 두 수의 곱을 써넣으세요.

| 45 | 1.28 |

 서술형

12 길이가 12 m인 철사가 있습니다. 끈의 길이는 철사 길이의 1.7배입니다. 끈의 길이는 **몇 m**인가요?

식 _____

답 _____ m

4

소수의 곱셈

1 보기 와 같은 방법으로 계산해 보세요.

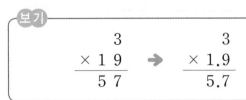

보기
$$\begin{array}{r} 3 \\ \times\ 1\ 9 \\ \hline 5\ 7 \end{array} \quad \Rightarrow \quad \begin{array}{r} 3 \\ \times\ 1.9 \\ \hline 5.7 \end{array}$$

$$\begin{array}{r} 4 \\ \times\ 1\ 7 \\ \hline \boxed{} \end{array} \quad \Rightarrow \quad \begin{array}{r} 4 \\ \times\ 1.7 \\ \hline \boxed{} \end{array}$$

2 계산해 보세요.

(1) 8×0.7

(2) 12×1.5

3 빈칸에 알맞은 수를 써넣으세요.

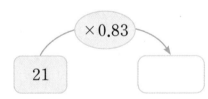

$\times 0.83$

$21 \rightarrow \boxed{}$

4 설명하는 수를 구하세요.

55와 6.4의 곱

(   )

5 $6 \times 216 = 1296$입니다. 관계있는 것끼리 이어 보세요.

6×2.16 •

6×21.6 •

• 1.296

• 12.96

• 129.6

6 크기를 비교하여 ○ 안에 $>$, $=$, $<$를 알맞게 써넣으세요.

12 ○ 12×0.8

7 잘못 계산한 부분을 찾아 바르게 고쳐 보세요.

$$35 \times 0.48 = 35 \times \frac{48}{100} = \frac{35 \times 48}{100}$$
$$= \frac{1680}{100} = 168$$

35×0.48

_____

_____

8 어림하여 계산 결과가 3보다 큰 것을 찾아 기호를 쓰세요.

> ㉠ 6의 0.49   ㉡ 3×0.91   ㉢ 6의 0.7배

(   )

9 은행나무의 높이는 3 m이고 단풍나무의 높이는 은행나무 높이의 0.72배입니다. 단풍나무의 높이는 몇 m인가요?

식 _____

답 _____

10 직사각형의 넓이는 몇 cm²인가요?

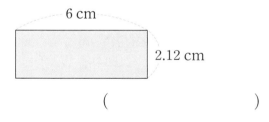

6 cm

2.12 cm

(   )

11 ☐ 안에 들어갈 수 있는 가장 작은 자연수를 구하세요.

> 23×0.27<☐

(   )

12 지구에서 잰 민재의 몸무게는 42 kg입니다. 화성에서 잰 민재의 몸무게는 약 몇 kg인가요?

> 화성에서 잰 몸무게는 지구에서 잰 몸무게의 약 0.39배입니다.

약 (   )

13 정우는 체육공원을 한 바퀴 뛰는 데 3분이 걸립니다. 같은 빠르기로 체육공원을 5바퀴 반 뛴다면 몇 분이 걸리나요?

(   )

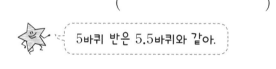

5바퀴 반은 5.5바퀴와 같아.

서술형 中수 문제 해결의 **전략** 을 보면서 풀어 보자.

14 소윤이가 생각한 수는 현서가 생각한 수의 2.4배이고, 은우가 생각한 수는 소윤이가 생각한 수의 0.7배입니다. 은우가 생각한 수를 구하세요.

현서   내가 생각한 수는 20이야.

전략 (소윤이가 생각한 수)=(현서가 생각한 수)×2.4

❶ (소윤이가 생각한 수)=☐×2.4

=☐

전략 (은우가 생각한 수)=(소윤이가 생각한 수)×0.7

❷ (은우가 생각한 수)=☐×0.7

=☐

답 _____

4

소수의 곱셈

95

1단계 교과서 바로 알기

핵심 개념 (1보다 작은 소수)×(1보다 작은 소수)

1. 0.8×0.4를 여러 가지 방법으로 계산하기

방법 1 분수의 곱셈으로 계산하기

$$0.8 \times 0.4 = \frac{8}{10} \times \frac{4}{10} = \frac{8 \times 4}{10 \times 10}$$
$$= \frac{32}{100} = 0.32$$

방법 2 자연수의 곱셈으로 계산하기

$$8 \times 4 = 32$$

$\frac{1}{10}$배 $\frac{1}{10}$배 $\boxed{❶}$배

$$0.8 \times 0.4 = 0.32$$

참고 세로로 계산하기

```
    8              0.8  ← (소수 한 자리 수)
  × 4            × 0.4  ← (소수 한 자리 수)
  ───            ─────
   3 2           0.3 2  ← (소수 두 자리 수)
```

 8×4의 계산 결과에 $\frac{1}{100}$배 해.

2. 0.62×0.5를 여러 가지 방법으로 계산하기

방법 1 분수의 곱셈으로 계산하기

$$0.62 \times 0.5 = \frac{62}{100} \times \frac{5}{10} = \frac{62 \times 5}{100 \times 10}$$
$$= \frac{310}{1000} = \boxed{❷}$$

방법 2 자연수의 곱셈으로 계산하기

$$62 \times 5 = 310$$

$\frac{1}{100}$배 $\frac{1}{10}$배 $\frac{1}{1000}$배

$$0.62 \times 0.5 = 0.31$$

참고 세로로 계산하기

```
    6 2            0.6 2
  ×   5          ×   0.5
  ─────          ───────
  3 1 0          0.3 1 0̸
```

0.62는 약 0.6이므로 0.62×0.5는 0.6의 반인 0.3으로 어림할 수 있어.

정답 확인 | ❶ 100   ❷ 0.31

4

소수의 곱셈

확인 문제 1~6번 문제를 풀면서 개념 익히기!

1 분수의 곱셈으로 계산하려고 합니다. ☐ 안에 알맞은 수를 써넣으세요.

$$0.9 \times 0.8 = \frac{\boxed{}}{10} \times \frac{\boxed{}}{10} = \frac{\boxed{}}{100} = \boxed{}$$

2 자연수의 곱셈으로 계산하려고 합니다. ☐ 안에 알맞은 수를 써넣으세요.

$$7 \times 26 = \boxed{}$$

$\frac{1}{10}$배 $\frac{1}{100}$배 $\frac{1}{1000}$배

$$0.7 \times 0.26 = \boxed{}$$

한번 더! 확인 7~12번 유사문제를 풀면서 개념 다지기!

7 분수의 곱셈으로 계산하려고 합니다. ☐ 안에 알맞은 수를 써넣으세요.

$$0.5 \times 0.91 = \frac{\boxed{}}{10} \times \frac{\boxed{}}{100} = \frac{\boxed{}}{1000}$$
$$= \boxed{}$$

8 자연수의 곱셈으로 계산하려고 합니다. ☐ 안에 알맞은 수를 써넣으세요.

$$84 \times 3 = \boxed{}$$

$\frac{1}{100}$배 $\frac{1}{10}$배 $\frac{1}{1000}$배

$$0.84 \times 0.3 = \boxed{}$$

3 4×6＝24를 이용하여 다음을 계산해 보세요.

> 0.4×0.6

( )

4 계산해 보세요.

(1) 0.3×0.4

(2) 0.82×0.7

5 빈칸에 알맞은 수를 써넣으세요.

6 들이가 0.8 L인 컵이 있습니다. 이 컵의 0.3만큼 물이 담겨 있을 때 컵에 담겨 있는 물은 **몇 L**인 가요?

(1) 알맞은 식을 완성해 보세요.

> 식 _____ 0.8× ☐ ＝ ☐ _____

(2) 컵에 담겨 있는 물은 몇 L인가요?

(L)

9 6×13＝78을 이용하여 다음을 계산해 보세요.

> 0.6×0.13

( )

10 계산해 보세요.

> 0.5×0.92

( )

11 빈칸에 두 수의 곱을 써넣으세요.

0.24	0.9

 서술형

12 0.48 kg짜리 과자 한 봉지의 0.6만큼이 탄수화물 성분이라고 합니다. 탄수화물 성분은 **몇 kg**인가요?

> 식 _____

> 답 _____ kg

4

소수의 곱셈

97

핵심 개념 (1보다 큰 소수)×(1보다 큰 소수)

1. 2.4×1.3을 여러 가지 방법으로 계산하기

방법 1 분수의 곱셈으로 계산하기

$$2.4 \times 1.3 = \frac{24}{10} \times \frac{13}{10} = \frac{24 \times 13}{10 \times 10}$$
$$= \frac{312}{100} = \boxed{❶}$$

방법 2 자연수의 곱셈으로 계산하기

$$24 \times 13 = 312$$

$\frac{1}{10}$배 $\frac{1}{10}$배 $\frac{1}{100}$배

$$2.4 \times 1.3 = 3.12$$

참고 세로로 계산하기

```
    2 4              2.4
  ×  1 3     ➡     × 1.3
  ─────            ─────
  3 1 2            3.1 2
```

24×13을 계산한 다음
두 수의 소수점 아래 자리 수를 더한 값만큼
소수점을 왼쪽으로 옮겨서 찍어.

2. 5.16×1.1을 여러 가지 방법으로 계산하기

방법 1 분수의 곱셈으로 계산하기

$$5.16 \times 1.1 = \frac{516}{100} \times \frac{11}{10} = \frac{516 \times 11}{100 \times 10}$$
$$= \frac{5676}{1000} = 5.676$$

방법 2 자연수의 곱셈으로 계산하기

$$516 \times 11 = 5676$$

$\frac{1}{100}$배 $\frac{1}{10}$배 $\frac{1}{\boxed{❷}}$배

$$5.16 \times 1.1 = 5.676$$

참고 세로로 계산하기

```
    5 1 6            5.1 6
  ×   1 1     ➡    ×  1.1
  ───────          ───────
  5 6 7 6          5.6 7 6
```

정답 확인 | ❶ 3.12 ❷ 1000

확인 문제 1~6번 문제를 풀면서 개념 익히기!

98

1 분수의 곱셈으로 계산하려고 합니다. ☐ 안에 알맞은 수를 써넣으세요.

$$6.9 \times 3.6 = \frac{\boxed{}}{10} \times \frac{\boxed{}}{10} = \frac{\boxed{}}{100}$$
$$= \boxed{}$$

한번 더! 확인 7~12번 유사문제를 풀면서 개념 다지기!

7 분수의 곱셈으로 계산하려고 합니다. ☐ 안에 알맞은 수를 써넣으세요.

$$1.7 \times 5.85 = \frac{\boxed{}}{10} \times \frac{\boxed{}}{100} = \frac{\boxed{}}{1000}$$
$$= \boxed{}$$

2 자연수의 곱셈으로 계산하려고 합니다. ☐ 안에 알맞은 수를 써넣으세요.

$$72 \times 18 = \boxed{}$$

$\frac{1}{10}$배 $\frac{1}{10}$배 $\frac{1}{100}$배

$$7.2 \times 1.8 = \boxed{}$$

8 자연수의 곱셈으로 계산하려고 합니다. ☐ 안에 알맞은 수를 써넣으세요.

$$418 \times 21 = \boxed{}$$

$\frac{1}{100}$배 $\frac{1}{10}$배 $\frac{1}{1000}$배

$$4.18 \times 2.1 = \boxed{}$$

3 □ 안에 알맞은 수를 써넣으세요.

$$
\begin{array}{r}
4\,6 \\
\times\,1\,3\,9 \\
\hline
6\,3\,9\,4
\end{array}
\quad\Rightarrow\quad
\begin{array}{r}
4.6 \\
\times\,1.3\,9 \\
\hline

\end{array}
$$

4 계산해 보세요.

(1) 1.7×2.8

(2) 2.13×3.5

5 바르게 계산한 사람의 이름을 쓰세요.

지안 $7.5 \times 1.9 = 1.425$

서준 $4.7 \times 3.18 = 14.946$

(　　　　　　)

6 가로가 2.5 cm, 세로가 1.2 cm인 직사각형의 넓이는 **몇 cm²**인가요?

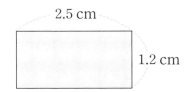

2.5 cm

1.2 cm

(1) 알맞은 식을 완성해 보세요.

식 $2.5 \times \boxed{} = \boxed{}$

(2) 직사각형의 넓이는 몇 cm²인가요?   *꼭 단위까지 따라 쓰세요.*

(　　　　 cm²)

9 □ 안에 알맞은 수를 써넣으세요.

$$
\begin{array}{r}
5\,1\,2 \\
\times\quad 8\,7 \\
\hline
4\,4\,5\,4\,4
\end{array}
\quad\Rightarrow\quad
\begin{array}{r}
5.1\,2 \\
\times\quad 8.7 \\
\hline

\end{array}
$$

10 계산해 보세요.

$$3.6 \times 4.2$$

(　　　　　　)

11 잘못 계산한 것을 찾아 기호를 쓰세요.

ㄱ $9.5 \times 3.9 = 37.05$

ㄴ $14.3 \times 2.6 = 3.718$

(　　　　　　)

 서술형 下수

12 한 변의 길이가 9.6 cm인 정사각형 모양의 색종이가 있습니다. 이 색종이의 넓이는 **몇 cm²**인가요?

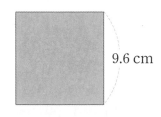

9.6 cm

식 _____

답 _____ cm²

1. (소수)×(자연수), (자연수)×(소수)에서 곱의 소수점 위치

(1) (소수)×1, 10, 100, 1000

> $3.45 \times 1 = 3.45$
> $3.45 \times 10 = 34.5$
> $3.45 \times 100 = 345$
> $3.45 \times 1000 = $ ❶

→ 곱하는 수가 **10**배씩 될 때마다 곱의 소수점이 **오른쪽으로** 한 자리씩 옮겨집니다.

(2) (자연수)×1, 0.1, 0.01, 0.001

> $3450 \times 1 = 3450$
> $3450 \times 0.1 = 345$
> $3450 \times 0.01 = 34.5$
> $3450 \times 0.001 = $ ❷

→ 곱하는 수가 $\dfrac{1}{10}$배씩 될 때마다 곱의 소수점이 왼쪽으로 한 자리씩 옮겨집니다.

2. 소수끼리의 곱셈에서 곱의 소수점 위치

> $8 \times 7 = 56$
> $0.8 \times 0.7 = 0.56$
> $0.8 \times 0.07 = 0.056$
> $0.08 \times 0.07 = 0.0056$

→ 곱하는 두 수의 **소수점 아래 자리 수**를 더한 **값만큼** 곱의 소수점 아래 자리 수가 정해집니다.

예 $0.8 \times 0.07 = \dfrac{8}{10} \times \dfrac{7}{100} = \dfrac{56}{1000}$
$= 0.056$

0.8은 소수점 아래 한 자리 수이고 0.07은 소수점 아래 두 자리 수니까 계산 결과는 소수점 아래 세 자리 수야.

소수끼리의 곱셈에서 곱의 소수점 위치
① 자연수의 곱셈을 이용하여 계산하고
② 두 수의 소수점 아래 자리 수의 합만큼 소수점을 왼쪽으로 옮겨 표시합니다.

정답 확인 | ❶ 3450 ❷ 3.45

4 소수의 곱셈

확인 문제 1~5번 문제를 풀면서 개념 익히기!

1 □ 안에 알맞은 수를 써넣고, 알맞은 말에 ○표 하세요.

$1.263 \times 1 = 1.263$
$1.263 \times 10 = 12.63$
$1.263 \times 100 = $ ☐
$1.263 \times 1000 = $ ☐

곱하는 수가 10배씩 될 때마다 곱의 소수점이 (오른 , 왼)쪽으로 한 자리씩 옮겨집니다.

한번 더! 확인 6~10번 유사문제를 풀면서 개념 다지기!

6 □ 안에 알맞은 수를 써넣고, 알맞은 말에 ○표 하세요.

$419 \times 1 = 419$
$419 \times 0.1 = 41.9$
$419 \times 0.01 = $ ☐
$419 \times 0.001 = $ ☐

곱하는 수가 $\dfrac{1}{10}$배씩 될 때마다 곱의 소수점이 (오른 , 왼)쪽으로 한 자리씩 옮겨집니다.

2 4.215 × 10의 계산에서 소수점의 위치로 알맞은 곳에 소수점을 찍으세요.

$$4.215 × 10 = 4\square2\square1\square5$$

3 4.6 × 27 = 124.2를 이용하여 계산해 보세요.

(1) 4.6 × 270 = ☐

(2) 4.6 × 2700 = ☐

4 보기 를 이용하여 식을 완성해 보세요.

보기
183 × 26 = 4758

$$1.83 × \square = 4.758$$

5 지율이의 몸무게는 45 kg입니다. 강아지의 무게는 지율이의 몸무게의 0.1배일 때 강아지의 무게는 **몇 kg**인가요?

(1) 알맞은 식을 완성해 보세요.

식 _____ 45 × ☐ = ☐

(2) 강아지의 무게는 몇 kg인가요? 꼭 단위까지 따라 쓰세요.

(kg   )

7 12.345 × 100의 계산 결과를 찾아 ○표 하세요.

| 123.45 | 1234.5 |

(   )   (   )

8 38 × 1.9 = 72.2를 이용하여 계산해 보세요.

(1) 38 × 0.19 = ☐

(2) 38 × 0.019 = ☐

9 유찬이가 말한 식을 이용하여 식을 완성해 보세요.

237 × 14 = 3318 유찬

$$\square × 140 = 331.8$$

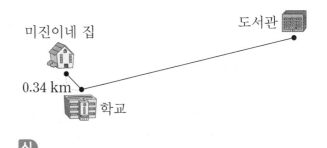

서술형 下수

10 학교에서 도서관까지의 거리는 학교에서 미진이네 집까지의 거리의 10배입니다. 학교에서 도서관까지의 거리는 **몇 km**인가요?

미진이네 집   도서관

0.34 km   학교

식 _____

답 _____ km

4
소수의 곱셈

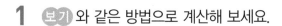
1 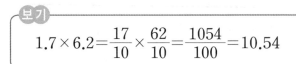 와 같은 방법으로 계산해 보세요.

> **보기**
> $$1.7 \times 6.2 = \frac{17}{10} \times \frac{62}{10} = \frac{1054}{100} = 10.54$$

1.5×2.3 _____

2 계산해 보세요.

(1) 0.4×0.9

(2) 0.57×0.3

3 계산 결과가 소수 세 자리 수인 것에 ○표 하세요.

0.32×0.14	0.3×0.84
( )	( )

4 관계있는 것끼리 이어 보세요.

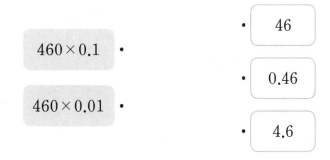

460×0.1 ·

460×0.01 ·

· 46

· 0.46

· 4.6

5 빈칸에 알맞은 수를 써넣으세요.

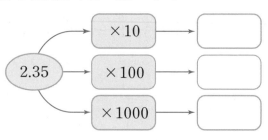

6 빈 곳에 알맞은 수를 써넣으세요.

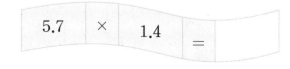

7 0.95×0.52의 값이 얼마인지 어림해서 구한 값을 찾아 기호를 쓰세요.

㉠ 0.494	㉡ 4.94	㉢ 0.0494

(   )

8 크기를 비교하여 ○ 안에 >, =, <를 알맞게 써넣으세요.

4.8×1.1 ◯ 6

소수의 곱셈

4

9 계산 결과가 다른 것을 말한 사람을 찾아 이름을 쓰세요.

84의 0.1배   0.84×10   840의 0.001배

소윤   현서   유찬

(   )

10 가장 큰 수와 가장 작은 수의 곱을 구하세요.

| 9.53 | 45.3 | 0.3 |

(   )

11 고구마 캐기 체험에서 민재는 고구마를 2.5 kg 캤습니다. 지아는 민재가 캔 고구마의 1.4배만큼 캤다면 지아가 캔 고구마는 몇 kg인가요?

식 _____

답 _____

12 어느 어린이 음료 0.8 L의 0.23만큼이 칼슘 성분입니다. 이 음료의 칼슘 성분은 몇 L인가요?

식 _____

답 _____

13 ☐ 안에 알맞은 수가 나머지와 다른 하나를 찾아 기호를 쓰세요.

⊙ 618 × ☐ = 61.8

ⓛ 3.09 × ☐ = 30.9

ⓒ 270 × ☐ = 27

(   )

14 연필 한 자루의 무게는 6.05 g이고, 색연필 한 자루의 무게는 26.1 g입니다. 연필 100자루와 색연필 10자루의 무게의 합은 몇 g인가요?

(   )

4

소수의 곱셈

서술형 中수  문제 해결의 전략을 보면서 풀어 보자.

15 밑변의 길이가 5.5 cm이고, 높이는 밑변의 길이의 0.6배인 평행사변형이 있습니다. 이 평행사변형의 넓이는 몇 cm²인가요?

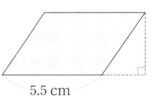

5.5 cm

전략 (높이)=(밑변의 길이)×0.6

❶ (높이)= ☐ × 0.6 = ☐ (cm)

전략 (평행사변형의 넓이)=(밑변의 길이)×(높이)

❷ (평행사변형의 넓이)

= 5.5 × ☐ = ☐ (cm²)

답 _____

103

✏ 키워드 문제

1-1 찰흙을 윤서는 $3.7\,kg$의 0.7만큼 사용했고, 재아는 $2.4\,kg$ 사용했습니다. 찰흙을 더 많이 사용한 사람은 누구인가요?

전략 윤서가 사용한 찰흙의 양을 구하자.

❶ (윤서가 사용한 찰흙의 양)

$= 3.7 \times \boxed{} = \boxed{}$ (kg)

전략 두 사람이 사용한 찰흙의 양을 비교하자.

❷ $\boxed{}$ ◯ 2.4이므로 찰흙을 더 많이 사용한 사람은 $\boxed{}$입니다.

답 _____

🏅 서술형 高수

1-2 리본을 재민이는 $4.2\,m$의 0.6만큼 사용했고, 서준이는 $3\,m$ 사용했습니다. 리본을 더 많이 사용한 사람은 누구인가요?

❶

❷

답 _____

104

✏ 키워드 문제

2-1 경준이는 매주 토요일에 4.5시간씩 등산을 합니다. 경준이가 6주일 동안 등산을 한 시간은 모두 몇 시간인가요?

전략 6주일 동안 토요일은 모두 몇 번인지 구하자.

❶ 경준이가 6주일 동안 등산을 한 날: $\boxed{}$일

전략 (하루 동안 등산을 하는 시간)×(등산을 하는 날수)

❷ (경준이가 6주일 동안 등산을 한 시간)

$= \boxed{} \times \boxed{} = \boxed{}$ (시간)

답 _____

🏅 서술형 高수

2-2 수지는 매주 화요일에 1.25시간씩 태권도를 연습합니다. 수지가 4주일 동안 태권도를 연습한 시간은 모두 몇 시간인가요?

❶

❷

4주일 동안 화요일은 몇 번 있는지 생각해 봐.

답 _____

키워드 문제

3-1 가로가 1.2 m, 세로가 2 m인 직사각형 모양의 포스터를 벽에 겹치지 않게 8장 붙였습니다. 포스터를 붙인 부분의 넓이는 모두 몇 m²인가요?

전략 (직사각형의 가로)×(직사각형의 세로)
① (포스터 한 장의 넓이)
= ☐ ×2= ☐ (m²)

전략 (포스터 한 장의 넓이)×(장 수)
② (포스터를 붙인 부분의 넓이)
= ☐ × ☐ = ☐ (m²)

답

 서술형 **高수**

3-2 가로가 6.1 cm, 세로가 4.2 cm인 직사각형 모양의 타일을 벽에 겹치지 않게 5장 붙였습니다. 타일을 붙인 부분의 넓이는 모두 몇 cm²인가요?

①

②

답

 키워드 문제

4-1 80 cm 높이에서 공을 떨어뜨렸습니다. 공은 땅에 닿으면 떨어진 높이의 0.7배만큼 튀어 오릅니다. 공이 땅에 두 번 닿았다가 튀어 올랐을 때의 높이는 몇 cm인가요?

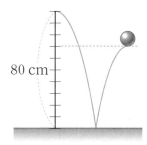
80 cm

전략 공이 처음 튀어 오른 높이를 구하자.
① (공이 땅에 한 번 닿았다가 튀어 올랐을 때의 높이)=80× ☐ = ☐ (cm)

전략 공이 두 번째로 튀어 오른 높이를 구하자.
② (공이 땅에 두 번 닿았다가 튀어 올랐을 때의 높이)= ☐ ×0.7= ☐ (cm)

답

서술형 **高수**

4-2 110 cm 높이에서 공을 떨어뜨렸습니다. 공은 땅에 닿으면 떨어진 높이의 0.45배만큼 튀어 오릅니다. 공이 땅에 두 번 닿았다가 튀어 올랐을 때의 높이는 몇 cm인가요?

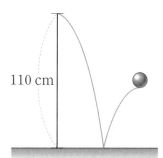
110 cm

①

②

답

4
소수의 곱셈

105

 BOOK**2** 40~43쪽

1 그림을 보고 □ 안에 알맞은 수를 써넣으세요.

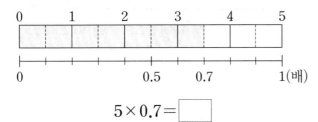

$$5 \times 0.7 = \boxed{}$$

2 □ 안에 알맞은 수를 써넣으세요.

$$\begin{array}{r} 7 \\ \times 8 \\ \hline 5\,6 \end{array} \quad \rightarrow \quad \begin{array}{r} 0.7 \\ \times 0.8 \\ \hline \boxed{} \end{array}$$

3 계산해 보세요.

(1) 1.2×7

(2) 5.16×3

4 빈칸에 알맞은 수를 써넣으세요.

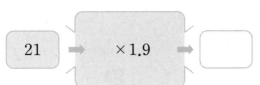

5 0.27×3을 두 가지 방법으로 계산해 보세요.

방법 1 소수의 덧셈으로 계산하기

방법 2 분수의 곱셈으로 계산하기

6 보기 를 이용하여 계산해 보세요.

보기

$$36 \times 43 = 1548$$

(1) $3.6 \times 4.3 = \boxed{}$

(2) $0.36 \times 4.3 = \boxed{}$

7 크기를 비교하여 ○ 안에 >, =, <를 알맞게 써넣으세요.

$$3 \times 4.2 \bigcirc 13.4$$

8 계산 결과를 찾아 이어 보세요.

- 20.72

- 0.19

- 17.75

9 <u>잘못</u> 계산한 사람의 이름을 쓰세요.

지안

2.9×5.4=15.66

3.4×3.4=115.6

서아

(   )

10 95×51=4845를 이용하여 소수점을 <u>잘못</u> 찍은 것을 찾아 기호를 쓰세요.

ㄱ 9.5×5.1=48.45
ㄴ 0.95×5.1=484.5
ㄷ 0.95×0.51=0.4845

(   )

11 가장 큰 수와 가장 작은 수의 곱을 구하세요.

| 5.86 | 7.2 | 4.8 | 3.15 |

(   )

12 밀가루 0.8 kg 중에서 0.4만큼을 식빵을 만드는 데 사용하였습니다. 식빵을 만드는 데 사용한 밀가루는 몇 kg인가요?

(   )

13 민정이는 매일 우유를 0.5 L씩 마십니다. 민정이가 2주일 동안 매일 마신 우유는 모두 몇 L인가요?

(   )

소수의 곱셈

14 ㄱ과 ㄴ에 알맞은 수를 각각 구하세요.

- 2.8 × ㄱ = 2800
- ㄴ × 100 = 14.7

ㄱ (   )
ㄴ (   )

107

15 상자 1개의 무게는 0.94 kg입니다. 이 상자 10개, 100개, 1000개의 무게는 각각 몇 kg인가요?

10개 (   )
100개 (   )
1000개 (   )

16 서준이는 카드를 사용하여 소수를 만들었습니다. 서준이가 만든 소수의 2배는 얼마인지 구하세요.

| 3 | | 4 | | 7 | | . |

카드를 한 번씩 모두 사용하여 가장 큰 소수 두 자리 수를 만들었어.

서준

( )

17 □ 안에 들어갈 수 있는 자연수를 모두 구하세요.

$$5 \times 0.94 < \boxed{} < 8 \times 0.8$$

( )

18 윤수는 다음과 같이 운동 계획을 세웠습니다. 윤수가 일주일 동안 걷는 거리는 몇 km인가요?

운동 계획

운동	횟수
• 운동장 1.2 km 걷기 • 산책로 1.3 km 걷기	일주일에 3번

( )

19 별 모양 1개를 만드는 데 철사 15.6 cm가 필요합니다. 철사 60 cm로 별 모양 3개를 만들고 남는 철사의 길이는 몇 cm인지 풀이 과정을 쓰고 답을 구하세요.

풀이 _____

_____

_____

_____

답 _____

20 가로가 3.2 cm, 세로가 2.4 cm인 직사각형 모양의 붙임딱지를 도화지에 겹치지 않게 10장 붙였습니다. 붙임딱지를 붙인 부분의 넓이는 모두 몇 cm²인지 풀이 과정을 쓰고 답을 구하세요.

풀이 _____

_____

_____

_____

답 _____

5 직육면체

스마트폰을 이용하여 QR 코드를 찍으면
개념 학습 영상을 볼 수 있어요.

5단원 학습 계획표

✔ 이 단원의 표준 학습 일수는 **5일**입니다. 계획대로 공부한 후 확인란에 사인을 받으세요.

이 단원에서 배울 내용	쪽수	계획한 날	확인
1단계 교과서 바로 알기 ● 직육면체 ● 정육면체	110~113쪽	월　일	확인했어요! ☺
2단계 익힘책 바로 풀기	114~115쪽		
1단계 교과서 바로 알기 ● 직육면체의 겨냥도 ● 직육면체의 성질	116~119쪽	월　일	확인했어요! ☺
2단계 익힘책 바로 풀기	120~121쪽		
1단계 교과서 바로 알기 ● 정육면체의 전개도 ● 직육면체의 전개도	122~125쪽	월　일	확인했어요! ☺
2단계 익힘책 바로 풀기	126~129쪽	월　일	확인했어요! ☺
5단계 실력 바로 쌓기	130~131쪽	월　일	확인했어요! ☺
TEST 단원 마무리 하기	132~134쪽		

핵심 개념 **직육면체**

1. 직육면체 알아보기

직육면체: 그림과 같이 **직사각형 6**개로 둘러싸인 도형

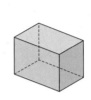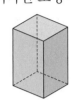

 직육면체는 모두 직사각형으로 둘러싸여 있고 마주 보는 2개의 직사각형의 모양과 크기가 같아.

2. 직육면체의 구성 요소

직육면체에서

- **면**: 선분으로 둘러싸인 부분
- **모서리**: 면과 면이 만나는 선분
- **꼭짓점**: 모서리와 모서리가 만나는 점

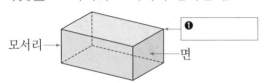

면의 수(개)	모서리의 수(개)	꼭짓점의 수(개)
❷	12	8

정답 확인 | ❶ 꼭짓점 ❷ 6

확인 문제 1~5번 문제를 풀면서 개념 익히기!

1 그림을 보고 □ 안에 알맞은 말을 써넣으세요.

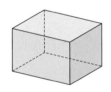

직사각형 6개로 둘러싸인 도형을 _____ (이)라고 합니다.

2 직육면체를 찾아 ○표 하세요.

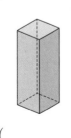

( ) ( ) ( )

한번 더! 확인 6~10번 유사문제를 풀면서 개념 다지기!

6 직육면체를 둘러싸고 있는 직사각형은 모두 몇 개 인가요?

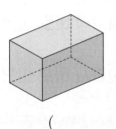

( )

 마주 보는 직사각형 2개의 모양과 크기가 같네.

7 직육면체를 찾아 기호를 쓰세요.

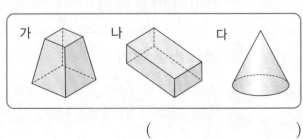

가 나 다

( )

3 직육면체의 각 부분의 이름을 ☐ 안에 알맞게 써넣으세요.

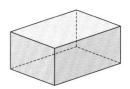

직육면체에서

┌ 선분으로 둘러싸인 부분: ☐

├ 면과 면이 만나는 선분: ☐

└ 모서리와 모서리가 만나는 점: ☐

4 직육면체를 보고 ☐ 안에 알맞은 수를 써넣으세요.

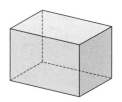

(1) 직육면체의 면은 ☐ 개입니다.

(2) 직육면체의 모서리는 ☐ 개입니다.

(3) 직육면체의 꼭짓점은 ☐ 개입니다.

5 다음 도형이 직육면체가 <u>아닌</u> 까닭을 쓰세요.

까닭을 따라 쓰세요.

까닭 직육면체는 직사각형 ☐ 개로 둘러싸인 도형인데 주어진 도형은

직사각형 ☐ 개와 사다리꼴 ☐ 개

로 둘러싸여 있습니다.

8 직육면체의 각 부분의 이름을 ☐ 안에 알맞게 써넣으세요.

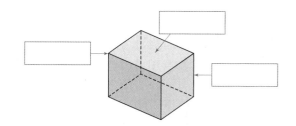

9 직육면체를 보고 빈칸에 알맞은 수를 써넣어 표를 완성해 보세요.

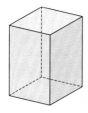

면의 수(개)	모서리의 수(개)	꼭짓점의 수(개)

 서술형 下수

10 다음 도형이 직육면체가 <u>아닌</u> 까닭을 쓰세요.

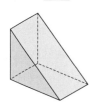

까닭 직육면체는 직사각형 ☐ 개로 둘러싸인 도형인데 주어진 도형은

_____

_____

핵심 개념 정육면체

1. 정육면체 알아보기

> **정육면체**: 그림과 같이 **정사각형 6개**로 둘러싸인 도형
>
>
>
> > 정육면체는 모서리의 길이가 모두 같아.

2. 정육면체와 직육면체 비교하기

		정육면체	직육면체
공통점	면의 수(개)	6	❶
	모서리의 수(개)	12	12
	꼭짓점의 수(개)	8	8
차이점	면의 모양	❷ 사각형	직사각형
	모서리의 길이	모두 같음.	4개씩 같음.

3. 정육면체와 직육면체의 관계 → 직육면체의 면은 모두 직사각형이고 정육면체의 면은 모두 정사각형입니다.

 > 정사각형은 직사각형이라고 할 수 있으니까

정육면체는 직육면체라고 할 수 있습니다.

> 직사각형은 정사각형이라고 할 수 없으니까

직육면체는 정육면체라고 할 수 없습니다.

정답 확인 | ❶ 6 ❷ 정

확인 문제 1~5번 문제를 풀면서 개념 익히기!

1 □ 안에 알맞은 말을 써넣으세요.

> 정사각형 6개로 둘러싸인 도형을
> [   ](이)라고 합니다.

2 정육면체를 찾아 ○표 하세요.

 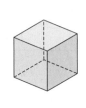 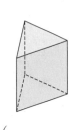

(　　) (　　) (　　)

한번 더! 확인 6~10번 유사문제를 풀면서 개념 다지기!

6 정육면체를 둘러싸고 있는 정사각형은 모두 몇 개인가요?

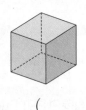

(　　　　　　)

7 정육면체가 <u>아닌</u> 것을 찾아 기호를 쓰세요.

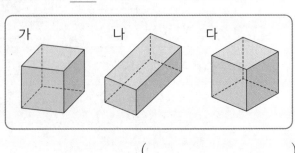

(　　　　　　)

3 두 도형에 대해 설명한 것입니다. 옳으면 ○표, 틀리면 ×표 하세요.

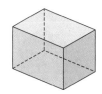

두 도형의 면의 모양은 모두 정사각형입니다.

( )

8 두 도형에 대해 설명한 것입니다. □ 안에 알맞은 기호를 써넣으세요.

가   나

 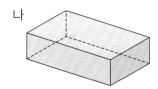

도형 □는 모서리의 길이가 모두 같지만 도형 □는 길이가 같은 모서리가 4개씩 있습니다.

4 오른쪽 정육면체를 보고 빈칸에 알맞은 수를 써넣어 표를 완성해 보세요.

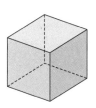

면의 수(개)	모서리의 수(개)	꼭짓점의 수(개)
6		

9 오른쪽 정육면체에 대한 설명으로 틀린 것을 찾아 기호를 쓰세요.

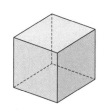

㉠ 모서리는 10개입니다.
㉡ 꼭짓점은 8개입니다.

( )

5 정육면체에서 색칠한 면의 넓이는 **몇 cm²**인지 구하세요.

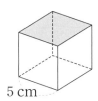

5 cm

(1) 정육면체의 한 모서리의 길이는 몇 cm인가요?

꼭 단위까지 따라 쓰세요.

(cm)

(2) 색칠한 면의 넓이는 몇 cm²인가요?

(cm²)

서술형 점수

10 정육면체 모양의 선물 상자에서 한 면의 넓이는 **몇 cm²**인지 구하세요.

9 cm

풀이

상자의 한 모서리의 길이는 □cm입니다.

따라서 한 면의 넓이는

□ × □ = □ (cm²)입니다.

답 _____ cm²

1 그림을 보고 직육면체를 모두 찾아 ○표 하세요.

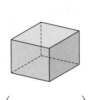  

(   ) (   ) (   )

2 오른쪽 직육면체를 보고 바르게 설명한 것을 찾아 기호를 쓰세요.

> ㉠ 선분으로 둘러싸인 부분을 꼭짓점이라고 합니다.
> ㉡ 모서리는 면과 면이 만나는 선분입니다.

(   )

3 □ 안에 알맞은 말을 써넣으세요.

> 정육면체의 한 면을 본뜬 모양은
> [   ] 입니다.

4 직육면체를 보고 빈칸에 알맞은 수를 써넣어 표를 완성해 보세요.

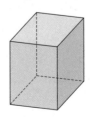

면의 수(개)	
모서리의 수(개)	
꼭짓점의 수(개)	

[5~6] 물건을 보고 물음에 답하세요.

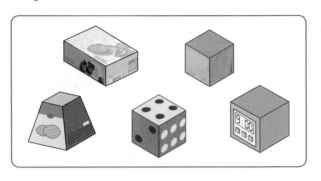

5 정육면체 모양의 물건은 모두 몇 개인가요?

(   )

6 직육면체 모양의 물건은 모두 몇 개인가요?

(   )

7 직육면체의 면이 될 수 있는 도형을 모두 찾아 기호를 쓰세요.

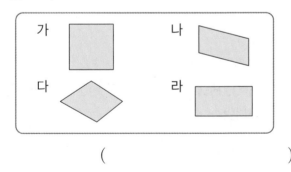

(   )

8 정육면체입니다. □ 안에 알맞은 수를 써넣으세요.

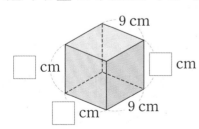

9 그림과 같은 직육면체 모양의 상자에 색종이를 붙이려고 합니다. 각 면에 서로 다른 색의 색종이를 붙일 때 모두 몇 가지 색의 색종이가 필요한가요?

(   )

10 직육면체에 대한 설명으로 옳은 것에 ○표 하세요.

• 모서리는 12개입니다. ⋯⋯⋯⋯⋯ (   )
• 9개의 면으로 둘러싸여 있습니다. ⋅⋅ (   )
• 모든 모서리의 길이는 같습니다. ⋯⋅ (   )

11 오른쪽 정육면체를 보고 면과 꼭짓점의 수의 합은 몇 개인지 구하세요.

(   )

12 직육면체와 정육면체에 대한 설명으로 옳은 것을 모두 찾아 기호를 쓰세요.

> ㉠ 직육면체와 정육면체의 꼭짓점의 수는 같습니다.
> ㉡ 직육면체는 정육면체라고 할 수 있습니다.
> ㉢ 정육면체는 모든 모서리의 길이가 같습니다.

(   )

13 오른쪽은 한 모서리의 길이가 5 cm인 정육면체 모양의 큐브입니다. 이 큐브의 모든 모서리의 길이의 합은 몇 cm인가요?

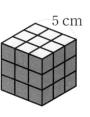
5 cm

(   )

14 직육면체에서 면 가의 둘레는 몇 cm인가요?

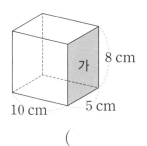
8 cm
가
10 cm 5 cm

(   )

서술형 中수   문제 해결의 전략 을 보면서 풀어 보자.

15 다음은 모든 모서리의 길이의 합이 240 cm인 정육면체입니다. 한 모서리의 길이는 몇 cm인지 구하세요.

전략 정육면체의 모서리의 수를 구하자.

❶ 정육면체의 모서리는 ☐ 개입니다.

전략 (정육면체의 모든 모서리의 길이의 합)÷(모서리의 수)

❷ (정육면체의 한 모서리의 길이)
 =240÷☐=☐ (cm)

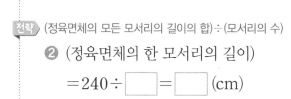답 _____

핵심 개념 직육면체의 겨냥도

1. 직육면체 관찰하기

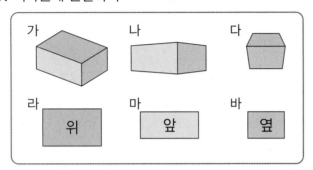

가   나   다

라 위   마 앞   바 옆

보이는 면의 수(개)	1	2	3
기호	라, 마, 바	나, 다	❶

직육면체를 다양한 방향에서 보면 보이는 면의 수가 달라서 직육면체의 모양을 잘 알 수 있도록 그리는 방법이 필요해.

2. 겨냥도 알아보기

직육면체의 **겨냥도**: 직육면체 모양을 잘 알 수 있도록 보이지 않는 부분까지 나타낸 그림

 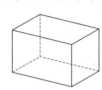

겨냥도를 그릴 때 보이는 모서리는 실선으로, 보이지 않는 모서리는 점선으로 그려.

면의 수(개)		모서리의 수(개)		꼭짓점의 수(개)	
보이는 면	보이지 않는 면	보이는 모서리	보이지 않는 모서리	보이는 꼭짓점	보이지 않는 꼭짓점
3	3	9	3	7	❷

정답 확인 | ❶ 가 ❷ 1

---

5 직육면체

확인 문제 1~5번 문제를 풀면서 개념 익히기!

1 그림과 같이 직육면체 모양을 잘 알 수 있도록 보이지 않는 부분까지 나타낸 그림을 무엇이라고 하는지 ☐ 안에 알맞은 말을 써넣으세요.

➡ 직육면체의 ☐

2 직육면체의 겨냥도를 바르게 그린 것을 찾아 ○표 하세요.

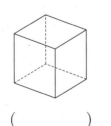 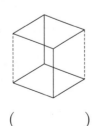

(   )   (   )

한번 더! 확인 6~10번 유사문제를 풀면서 개념 다지기!

6 오른쪽 직육면체의 겨냥도를 보고 알맞은 말에 ○표 하세요.

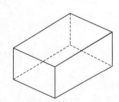

보이는 모서리는 (실선 , 점선)으로, 보이지 않는 모서리는 (실선 , 점선)으로 그렸습니다.

7 직육면체의 겨냥도를 잘못 그린 것을 찾아 ✕표 하세요.

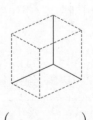 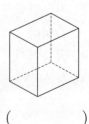

(   )   (   )

3 직육면체의 겨냥도를 그린 것입니다. 빠진 부분을 그려 넣어 겨냥도를 완성해 보세요.

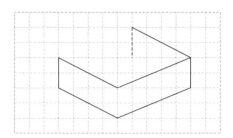

8 직육면체의 겨냥도를 그린 것입니다. 빠진 부분을 그려 넣어 겨냥도를 완성해 보세요.

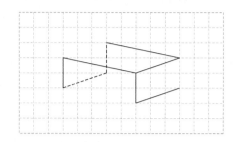

4 직육면체의 겨냥도를 보고 보이는 면, 보이는 모서리, 보이는 꼭짓점은 각각 몇 개인지 쓰세요.

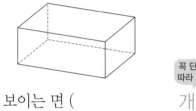

꼭 단위까지 따라 쓰세요.

보이는 면 (개)
보이는 모서리 (개)
보이는 꼭짓점 (개)

9 직육면체의 겨냥도를 보고 빈칸에 알맞은 수를 써 넣어 표를 완성해 보세요.

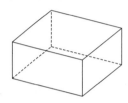

보이지 않는 면의 수(개)	보이지 않는 모서리의 수(개)	보이지 않는 꼭짓점의 수(개)

5 직육면체의 겨냥도를 <u>잘못</u> 그린 것입니다. 그 까닭을 쓰세요.

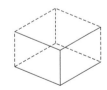

(1) 위의 겨냥도에 <u>잘못</u> 그린 모서리를 모두 찾아 ○표 하세요.

(2) 겨냥도를 <u>잘못</u> 그린 까닭을 쓰세요.

까닭을 따라 쓰세요.

까닭 보이는 모서리는 [   ]으로

그려야 하기 때문입니다.

서술형 下수

10 직육면체의 겨냥도를 <u>잘못</u> 그린 것입니다. 그 까닭을 쓰세요.

겨냥도에서 잘못 그린 모서리를 찾아봐.

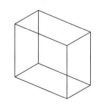

까닭 보이지 않는 모서리는

5

직육면체

117

핵심 개념 직육면체의 성질

1. 직육면체에서 서로 마주 보고 있는 두 면의 관계

그림과 같이 직육면체에서 색칠한 두 면처럼 계속 늘여도 만나지 않는 두 면을 서로 평행하다고 합니다.

이 두 면을 직육면체의 **밑면**이라고 합니다.

밑면   밑면   밑면

직육면체에는 평행한 면이 ❶ ⬚ 쌍 있고 이 평행한 면은 각각 밑면이 될 수 있습니다.

> 직육면체에서 서로 마주 보는 두 면은 밑면이 될 수 있어.

2. 직육면체에서 서로 만나는 두 면 사이의 관계

삼각자 3개를 그림과 같이 놓았을 때 면 ㄱㄴㄷㄹ과 면 ㄴㅂㅅㄷ은 수직입니다.

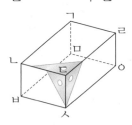

> 면 ㄱㄴㄷㄹ과 면 ㄷㅅㅇㄹ, 면 ㄴㅂㅅㄷ과 면 ㄷㅅㅇㄹ은 각각 ❷ ⬚ 이야.

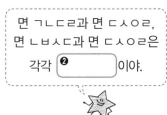

직육면체에서 밑면과 수직인 면을 직육면체의 **옆면**이라고 합니다. └ 밑면과 만나는 면

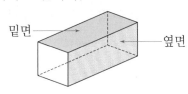

밑면   옆면

정답 확인 | ❶ 3 ❷ 수직

확인 문제 1~5번 문제를 풀면서 개념 익히기!

1 그림을 보고 알맞은 말에 ○표 하세요.

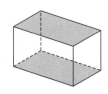

> 직육면체에서 계속 늘여도 만나지 않는 두 면을 서로 (평행하다 , 수직이다)라고 합니다.

2 직육면체에서 색칠한 두 면이 평행하지 <u>않은</u> 것을 찾아 ×표 하세요.

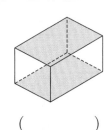 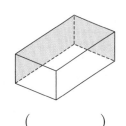

(   )   (   )

한번 더! 확인 6~10번 유사문제를 풀면서 개념 다지기!

6 직육면체를 보고 두 면의 관계는 평행한지, 수직인지 □ 안에 알맞은 말을 써넣으세요.

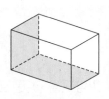

색칠한 두 면은 ⬚ 입니다.

7 직육면체에서 색칠한 면과 평행한 면을 찾아 색칠해 보세요.

(1) 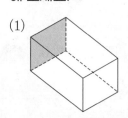   (2)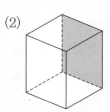

3 직육면체에서 색칠한 면과 평행한 면을 찾아 쓰세요.

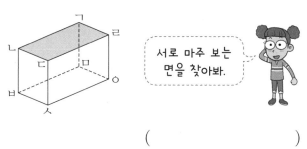

서로 마주 보는 면을 찾아봐.

( )

4 직육면체에서 색칠한 면과 수직인 면을 찾아 기호를 쓰세요.

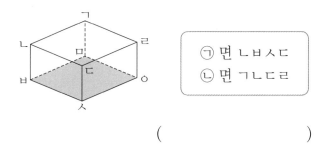

㉠ 면 ㄴㅂㅅㄷ
㉡ 면 ㄱㄴㄷㄹ

( )

5 직육면체에서 서로 평행한 면은 모두 **몇 쌍**인지 구하세요.

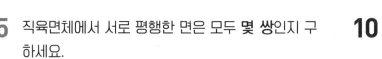

(1) 서로 평행한 면을 찾아 각각 쓰세요.

면 ㄱㄴㄷㄹ과 _____

면 ㄴㅂㅅㄷ과 _____

면 ㄱㄴㅂㅁ과 _____

(2) 서로 평행한 면은 모두 몇 쌍인가요?

꼭 단위까지 따라 쓰세요.

(쌍)

8 직육면체에서 면 ㄷㅅㅇㄹ과 평행한 면을 찾아 쓰세요.

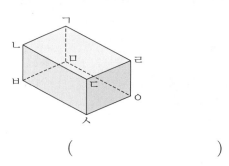

( )

9 오른쪽 직육면체에서 색칠한 면과 수직인 면을 모두 찾아 쓰세요.

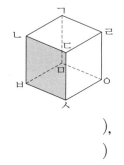

면 ( ), 면 ( ),
면 ( ), 면 ( )

 서술형 下수

10 정육면체에서 서로 평행한 면은 모두 **몇 쌍**인지 구하세요.

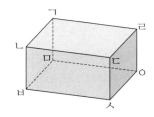

풀이

정육면체에서 서로 마주 보는 면은 모두 ☐ 쌍이므로 서로 평행한 면은 모두 ☐ 쌍입니다.

답 _____ 쌍

 정육면체에서 서로 평행한 면은 서로 마주 보는 면이야.

5

직육면체

119

[1~2] 직육면체에서 색칠한 두 면이 평행하면 ○표, 수직이면 △표 하세요.

1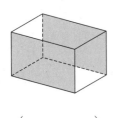

( )

2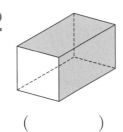

( )

3 직육면체를 보고 물음에 답하세요.

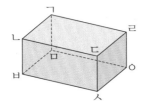

(1) 꼭짓점 ㄷ과 만나는 면을 모두 찾아 쓰세요.
( )

(2) 알맞은 말에 ○표 하세요.

> 삼각자를 대어 보면 꼭짓점 ㄷ과 만나는 면끼리는 서로 (수직 , 평행)입니다.

4 직육면체의 겨냥도를 바르게 그린 것을 찾아 기호를 쓰세요.

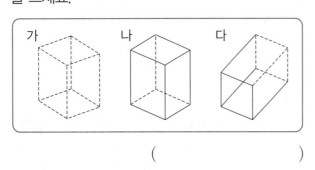

( )

[5~6] 직육면체를 보고 물음에 답하세요.

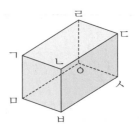

5 면 ㄱㅁㅂㄴ이 밑면일 때 다른 밑면을 찾아 쓰세요.
( )

6 면 ㄱㅁㅇㄹ과 수직인 면은 모두 몇 개인지 구하세요.
( )

7 직육면체의 겨냥도입니다. 잘못 그린 모서리는 모두 몇 개인가요?

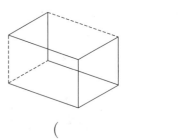

( )

8 직육면체입니다. □ 안에 알맞은 수를 써넣으세요.

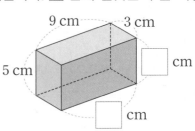

9 직육면체의 겨냥도를 그린 것입니다. 빠진 부분을 그려 넣어 겨냥도를 완성해 보세요.

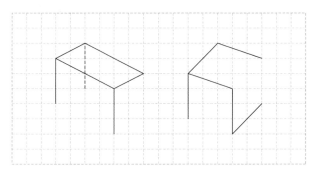

10 직육면체의 겨냥도를 보고 잘못 설명한 것을 찾아 기호를 쓰세요.

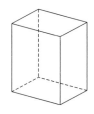

ㄱ 보이는 면은 3개입니다.
ㄴ 보이지 않는 꼭짓점은 3개입니다.
ㄷ 보이지 않는 모서리는 3개입니다.

( )

11 직육면체의 겨냥도를 보고 ㄱ과 ㄴ의 합은 몇 개 인지 구하세요.

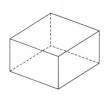

ㄱ 보이는 꼭짓점의 수
ㄴ 보이지 않는 면의 수

( )

12 직육면체의 성질에 대해 바르게 설명한 것을 찾아 기호를 쓰세요.

ㄱ 서로 평행한 면은 모두 2쌍입니다.
ㄴ 한 면과 수직으로 만나는 면은 3개입니다.
ㄷ 평행한 면은 각각 밑면이 될 수 있습니다.

( )

13 직육면체에서 보이지 않는 모서리의 길이의 합은 몇 cm인가요?

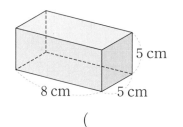

( )

○ 서술형 中수 문제 해결의 전략 을 보면서 풀어 보자.

14 오른쪽 직육면체에서 색칠한 면과 평행한 면의 모서리의 길이의 합은 몇 cm 인지 구하세요.

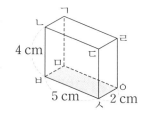

전략 색칠한 면과 마주 보는 면을 찾자.

❶ 색칠한 면과 평행한 면은 면 ☐ 입니다.

전략 평행한 면의 모서리의 길이의 합을 구하자.

❷ 평행한 면의 네 모서리의 길이는 5 cm

☐ cm, ☐ cm, ☐ cm이므로
(모서리의 길이의 합)
=5+☐+☐+☐=☐ (cm)

답 _____

5

직육면체

121

핵심 개념 정육면체의 전개도

1. 정육면체 모양의 상자를 펼쳤을 때의 모양 알아보기

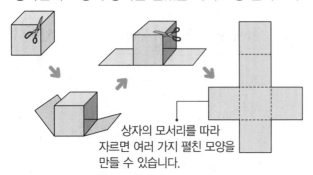

상자의 모서리를 따라 자르면 여러 가지 펼친 모양을 만들 수 있습니다.

2. 정육면체 전개도 알아보기

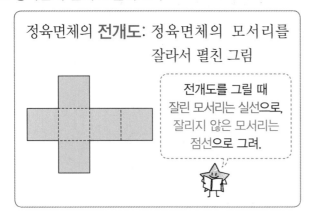

정육면체의 **전개도**: 정육면체의 모서리를 잘라서 펼친 그림

전개도를 그릴 때 잘린 모서리는 실선으로, 잘리지 않은 모서리는 점선으로 그려.

3. 정육면체의 전개도 살펴보기

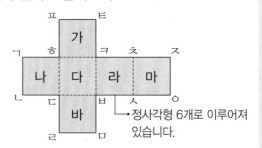

→ 정사각형 6개로 이루어져 있습니다.

전개도를 접었을 때

- 점 ㄱ과 만나는 점: 점 ㅍ, 점 ㅈ
- 선분 ㄱㄴ과 맞닿는 선분: 선분 ❶ □
- 면 가와 평행한 면: 면 ❷ □
- 면 가와 수직인 면: 면 나, 면 다, 면 라, 면 마

참고 정육면체의 전개도의 특징
- 접었을 때 서로 겹치는 면이 없습니다.
- 접었을 때 맞닿는 선분의 길이가 같습니다.
- 접었을 때 평행한 면이 3쌍입니다.
- 접었을 때 한 면과 수직인 면이 4개입니다.

정답 확인 ❶ ㅈㅇ ❷ 바

5
직육면체

122

확인 문제 1~5번 문제를 풀면서 개념 익히기!

[1~2] 그림을 보고 물음에 답하세요.

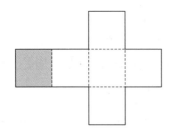

1 □ 안에 알맞은 말을 써넣으세요.

정육면체의 모서리를 잘라서 펼친 그림을 정육면체의 □□□ (이)라고 합니다.

2 전개도를 접었을 때 색칠한 면과 마주 보는 면에 색칠해 보세요.

한번 더! 확인 6~10번 유사문제를 풀면서 개념 다지기!

[6~7] 정육면체의 전개도를 보고 물음에 답하세요.

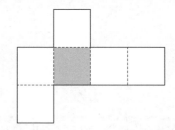

6 □ 안에 실선 또는 점선을 알맞게 써넣으세요.

잘린 모서리는 □□ 으로, 잘리지 않은 모서리는 □□ 으로 그렸습니다.

7 전개도를 접었을 때 색칠한 면과 평행한 면에 색칠해 보세요.

3 전개도를 접어서 정육면체를 만들었습니다. 색칠한 면과 수직인 면이 <u>아닌</u> 것을 찾아 기호를 쓰세요.

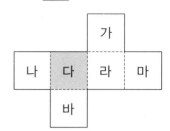

┌──────────────────────────────┐
│ ㉠ 면 가   ㉡ 면 나   ㉢ 면 마   ㉣ 면 바 │
└──────────────────────────────┘

(   )

8 전개도를 접어서 정육면체를 만들었습니다. 색칠한 면과 수직인 면을 모두 찾아 쓰세요.

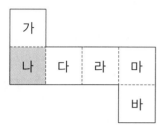

면 (   ), 면 (   ),
면 (   ), 면 (   )

4 정육면체의 전개도에서 빠진 부분을 그려 넣으세요.

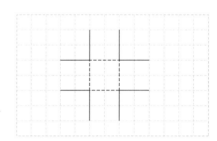

9 정육면체의 전개도에서 빠진 부분을 그려 넣으세요.

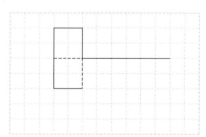

5 정육면체의 전개도가 <u>아닌</u> 것을 찾고, 그 까닭을 쓰세요.

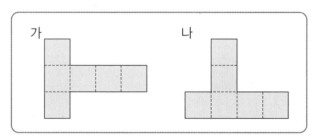

(1) 정육면체의 전개도가 <u>아닌</u> 것을 찾아 기호를 쓰세요.

(   )

(2) 위 (1)에서 답한 전개도가 정육면체의 전개도가 아닌 까닭을 쓰세요.
              까닭을 따라 쓰세요.

까닭 전개도를 접었을 때 [   ]

면이 있기 때문입니다.

서술형 下수

10 정육면체의 전개도가 <u>아닌</u> 것을 찾아 기호를 쓰고, 그 까닭을 쓰세요.

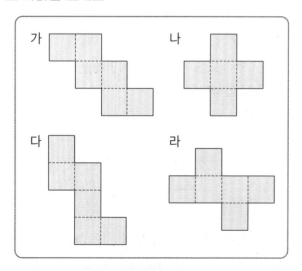

답 _____

까닭 정육면체의 전개도는

_____

핵심 개념 **직육면체의 전개도**

1. 직육면체의 전개도 알아보기

> 직육면체의 **전개도**: 직육면체의 모서리를
> 잘라서 펼친 그림

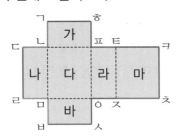

2. 직육면체의 전개도 살펴보기

전개도를 접었을 때
- 점 ㄱ과 만나는 점: 점 ㄷ, 점 ㅋ
- 선분 ㄷㄹ과 맞닿는 선분: 선분 ❶ ⬜
- 면 다와 평행한 면: 면 마
- 면 다와 수직인 면: 면 가, 면 나, 면 라, 면 바

3. 직육면체의 전개도 그리기

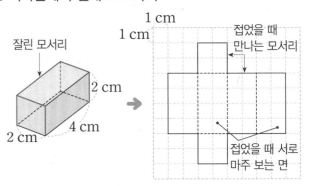

직육면체의 전개도를 그리는 방법
① 잘린 모서리는 실선으로, 잘리지 않은 모서리는 점선으로 그립니다.
② 서로 마주 보는 면의 모양과 크기는 같게 그립니다.
③ 서로 맞닿는 선분의 길이는 같게 그립니다.

> 직육면체의 전개도를 접었을 때
> 서로 평행한 면이 ❷ ⬜ 쌍 있고,
> 한 면에 수직인 면이 4개 있어.

정답 확인 | ❶ ㅋㅊ ❷ 3

124

확인 문제 1~5번 문제를 풀면서 개념 익히기!

[1~2] 전개도를 접어서 직육면체를 만들었습니다. 물음에 답하세요.

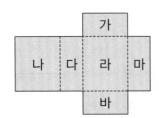

1 면 가와 평행한 면을 찾아 ○표 하세요.

(면 라 , 면 바)

2 면 라와 수직인 면을 모두 찾아 쓰세요.

면 가, 면 다, 면 ⬜, 면 ⬜

한번 더! 확인 6~10번 유사문제를 풀면서 **개념 다지기!**

[6~7] 전개도를 접어서 직육면체를 만들었습니다. 물음에 답하세요.

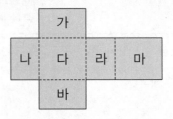

6 면 나와 평행한 면을 찾아 ○표 하세요.

(면 라 , 면 바)

7 면 마와 수직인 면을 모두 찾아 쓰세요.

면 가, 면 ⬜, 면 ⬜, 면 ⬜

3 오른쪽 직육면체의 전개도
를 그린 것입니다. ☐ 안에
알맞은 수를 써넣으세요.

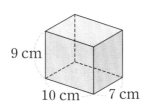

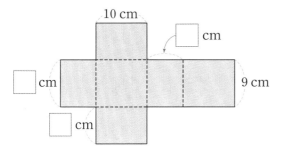

8 오른쪽 직육면체의 전개도
를 그린 것입니다. ☐ 안에
알맞은 수를 써넣으세요.

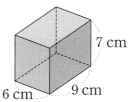

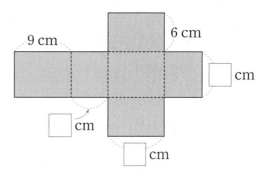

4 직육면체의 겨냥도를 보고 전개도를 완성해 보세요.

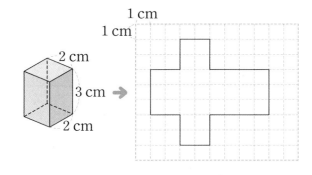

9 직육면체의 겨냥도를 보고 전개도를 그려 보세요.

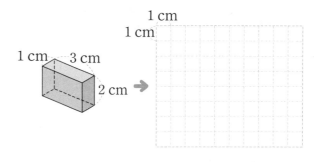

5 직육면체의 전개도를 <u>잘못</u> 그린 것입니다. 그 까닭
을 쓰세요.

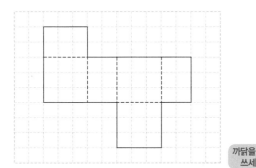

까닭을 따라
쓰세요.

까닭 전개도에서 모양과 크기가 같은

면이 ☐쌍이 아니기 때문입니다.

서술형 下수

10 직육면체의 전개도를 <u>잘못</u> 그린 것입니다. 그 까닭
을 쓰세요.

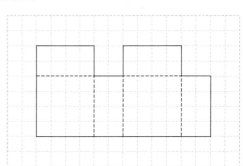

까닭 전개도를 접었을 때

[1~2] 직육면체의 전개도를 바르게 그렸는지 확인하는 방법을 알아보려고 합니다. 물음에 답하세요.

1 □ 안에 알맞은 수를 써넣으세요.

직육면체의 전개도에는 모양과 크기가 같은 면이 □쌍 있습니다.

2 알맞은 말에 ○표 하세요.

직육면체의 전개도를 접었을 때 겹치는 면이 (있고 , 없고), 맞닿는 선분의 길이가 (같습니다 , 다릅니다).

[3~4] 전개도를 접어서 정육면체를 만들었습니다. 물음에 답하세요.

3 색칠한 면과 평행한 면에 색칠해 보세요.

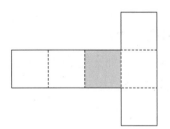

4 색칠한 면과 수직인 면에 모두 색칠해 보세요.

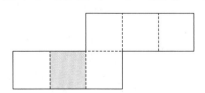

5 직육면체의 전개도를 접었을 때 서로 마주 보는 면끼리 짝 지어 보세요.

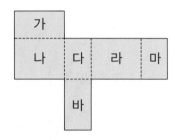

면 가와 면 □ , 면 나와 면 □ , 면 다와 면 □

[6~7] 전개도를 접어서 정육면체를 만들었습니다. 물음에 답하세요.

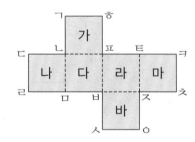

6 면 가와 수직인 면을 모두 찾아 쓰세요.

( )

7 선분 ㅂㅅ과 맞닿는 선분을 찾아 쓰세요.

( )

8 전개도를 접었을 때 정육면체를 만들 수 없는 사람은 누구인가요?

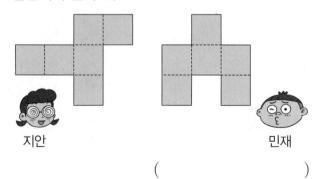

지안   민재

( )

9 직육면체의 겨냥도를 보고 전개도를 완성해 보세요.

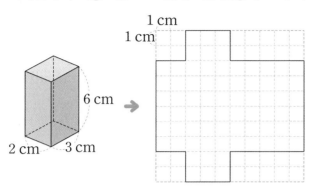

10 직육면체의 전개도로 알맞지 <u>않은</u> 것을 찾아 기호를 쓰세요.

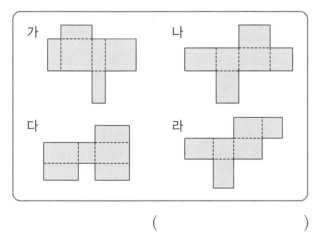

( )

[11~12] 전개도를 접어서 직육면체를 만들었습니다. 물음에 답하세요.

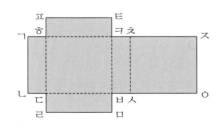

11 점 ㅌ과 만나는 점을 찾아 쓰세요.

( )

12 선분 ㅅㅇ과 맞닿는 선분을 찾아 쓰세요.

( )

13 오른쪽 직육면체의 전개도를 그린 것입니다. □ 안에 알맞은 수를 써넣으세요.

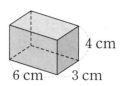

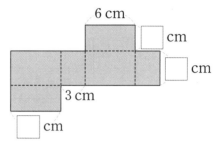

14 정육면체의 모서리를 잘라서 전개도를 만들었습니다. □ 안에 기호를 알맞게 써넣으세요.

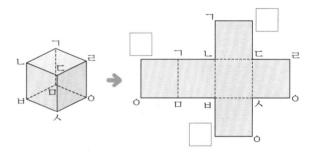

5
직육면체

127

🏆 서술형 中수 문제 해결의 전략 을 보면서 풀어 보자.

15 직육면체의 전개도입니다. 선분 ㅎㅇ의 길이는 몇 cm인지 구하세요.

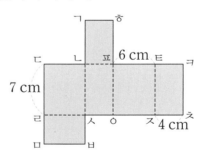

전략 전개도를 접었을 때 맞닿는 선분의 길이는 같다.

❶ (선분 ㅎㅍ)=□ cm

❷ (선분 ㅍㅇ)=□ cm

전략 (선분 ㅎㅇ)=(선분 ㅎㅍ)+(선분 ㅍㅇ)

❸ (선분 ㅎㅇ)=□+□=□ (cm)

답 _____

16 그림은 잘못 그려진 정육면체의 전개도입니다. 면 1개를 옮겨서 정육면체의 전개도가 될 수 있도록 그려 보세요.

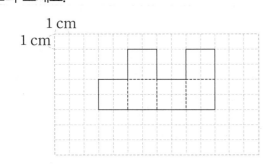

17 전개도를 접어서 정육면체를 만들었을 때 두 면 사이의 관계가 다른 하나를 찾아 기호를 쓰세요.

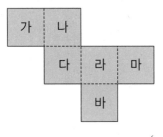

㉠ 면 가와 면 다
㉡ 면 나와 면 바
㉢ 면 라와 면 마
㉣ 면 다와 면 라

( )

18 전개도를 보고 알맞은 직육면체를 찾아 기호를 쓰세요.

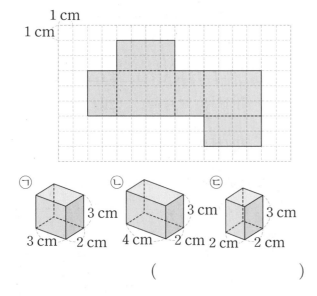

( )

19 오른쪽 정육면체의 겨냥도를 보고 전개도를 그려 보세요.

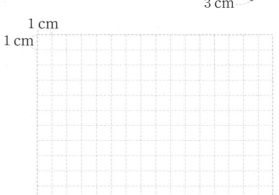

20 오른쪽 직육면체의 겨냥도를 보고 전개도를 그려 보세요.

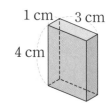

21 직육면체 모양의 상자에 오른쪽과 같이 빨간색 실을 붙였습니다. 빨간색 실이 지나간 자리를 전개도에 선으로 그어 보세요.

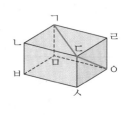

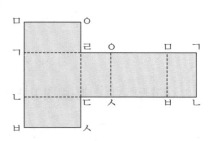

22 정사각형 1개를 더 그려 정육면체의 전개도를 만들려고 합니다. 정육면체의 전개도가 될 수 있는 곳의 기호를 쓰세요.

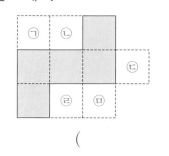

(   )

23 한 모서리의 길이가 2 cm인 정육면체의 전개도를 서로 다른 모양으로 두 가지 그려 보세요.

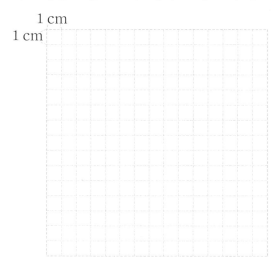

24 직육면체 모양의 선물 상자를 오른쪽과 같이 끈으로 묶었습니다. 직육면체의 전개도가 다음과 같을 때 끈이 지나가는 자리를 바르게 그려 넣으세요.

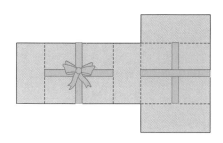

25 보기 와 같이 무늬(▣) 3개가 그려져 있는 정육면체를 만들 수 있도록 전개도에 무늬(▣) 1개를 그려 넣으려고 합니다. 물음에 답하세요.

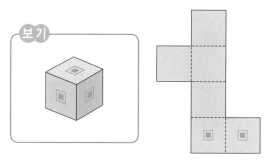

(1) 알맞은 말에 ○표 하세요.

무늬가 있는 3개의 면이 (한 , 두) 꼭짓점에서 만납니다.

(2) 전개도에 무늬(▣) 1개를 그려 넣으세요.

서술형 **中수** 문제 해결의 **전략** 을 보면서 풀어 보자.

26 전개도를 접어서 정육면체를 만들었을 때 평행한 두 면에 적힌 수의 합이 모두 같아지도록 만들려고 합니다. ㉠과 ㉡에 알맞은 수를 각각 구하세요.

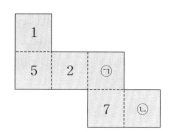

전략 평행한 두 면에 적힌 수의 합이 얼마인지 구하자.

❶ 1이 적힌 면과 평행한 면은 □이/가 적힌 면이므로 평행한 두 면에 적힌 수의 합은 1+□=□입니다.

전략 ㉠과 ㉡이 적힌 면과 평행한 면을 찾아보자.

❷ ㉠은 □이/가 적힌 면과 평행하므로 ㉠=□이고, ㉡은 □이/가 적힌 면과 평행하므로 ㉡=□입니다.

답 ㉠:＿＿＿＿ , ㉡:＿＿＿＿

BOOK❷ 48~49쪽

🖉 키워드 문제

1-1 정육면체를 펼쳤을 때 색칠한 두 면이 전개도의 어느 면에 해당하는지 나머지 한 면을 찾아 기호를 쓰세요.

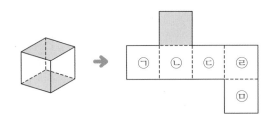

> **전략** 색칠한 두 면을 계속 늘이면 서로 만나는지 확인하자.

❶ 정육면체에 색칠한 두 면은
서로 (평행 , 수직)인 관계입니다.

❷ 색칠한 두 면 중 나머지 한 면은 ☐ 입니다.

답 _____

🏅 서술형 高수

1-2 정육면체를 펼쳤을 때 색칠한 두 면이 전개도의 어느 면에 해당하는지 나머지 한 면을 찾아 기호를 쓰세요.

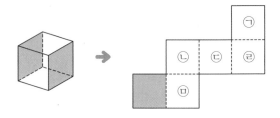

❶

❷

답 _____

5

직육면체

130

🖉 키워드 문제

2-1 정육면체의 겨냥도에서 보이지 않는 면, 보이지 않는 모서리, 보이지 않는 꼭짓점 수의 합은 몇 개인지 구하세요.

> **전략** 겨냥도에서 보이지 않는 면, 보이지 않는 모서리, 보이지 않는 꼭짓점은 각각 몇 개인지 구하자.

❶ 보이지 않는 면: ☐ 개

보이지 않는 모서리: ☐ 개

보이지 않는 꼭짓점: ☐ 개

❷ 보이지 않는 면, 보이지 않는 모서리, 보이지 않는 꼭짓점의 수의 합은

☐ + ☐ + ☐ = ☐ (개)입니다.

답 _____

🏅 서술형 高수

2-2 직육면체의 겨냥도에서 보이는 면, 보이는 모서리, 보이는 꼭짓점의 수의 합은 몇 개인지 구하세요.

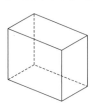

❶

❷

답 _____

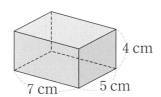 **키워드** 문제

3-1 직육면체의 모든 모서리의 길이의 합은 몇 cm인지 구하세요.

4 cm
7 cm 5 cm

전략 길이가 각각 7 cm, 5 cm, 4 cm인 모서리의 수를 구하자.

❶ 7 cm인 모서리의 수: ☐ 개

5 cm인 모서리의 수: ☐ 개

4 cm인 모서리의 수: ☐ 개

전략 길이가 각각 7 cm, 5 cm, 4 cm인 모서리의 길이의 합을 구하자.

❷ (직육면체의 모든 모서리의 길이의 합)

$=7\times$ ☐ $+5\times$ ☐ $+4\times$ ☐ $=$ ☐ (cm)

답 ＿＿＿＿＿＿＿

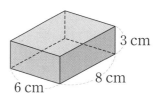 서술형 **高수**

3-2 직육면체의 모든 모서리의 길이의 합은 몇 cm인지 구하세요.

3 cm
6 cm 8 cm

❶

❷

답 ＿＿＿＿＿＿＿

5

직육면체

131

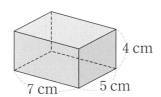 **키워드** 문제

4-1 모든 모서리의 길이의 합이 60 cm인 정육면체가 있습니다. 이 정육면체의 한 면의 넓이는 몇 cm^2 인지 구하세요.

❶ 정육면체의 모서리는 ☐ 개이고 모서리의 길이가 모두 같습니다.

전략 (정육면체의 모든 모서리의 길이의 합)÷(모서리의 수)

❷ (정육면체의 한 모서리의 길이)

$=60\div$ ☐ $=$ ☐ (cm)

전략 (한 면의 넓이)=(한 모서리의 길이)×(한 모서리의 길이)

❸ (한 면의 넓이)

$=$ ☐ $\times$ ☐ $=$ ☐ (cm^2)

답 ＿＿＿＿＿＿＿

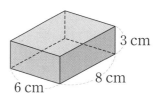 서술형 **高수**

4-2 모든 모서리의 길이의 합이 72 cm인 정육면체가 있습니다. 이 정육면체의 한 면의 넓이는 몇 cm^2 인지 구하세요.

❶

❷

❸

답 ＿＿＿＿＿＿＿

BOOK**2** 50~53쪽

1 그림을 보고 직육면체를 찾아 ○표 하세요.

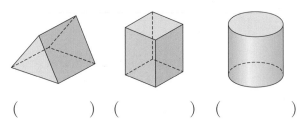

( )　( )　( )

2 직육면체를 보고 설명한 것이 옳으면 ○표, 틀리면 ×표 하세요.

• 직사각형 6개로 둘러싸여 있습니다.··( )
• 면의 크기가 모두 같습니다.············( )

3 오른쪽 정육면체를 보고 면, 모서리, 꼭짓점의 수를 써넣어 표를 완성해 보세요.

면의 수(개)	모서리의 수(개)	꼭짓점의 수(개)

4 직육면체에서 색칠한 면과 평행한 면을 찾아 색칠해 보세요.

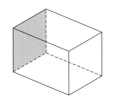

[5~6] 전개도를 접어서 정육면체를 만들었습니다. 물음에 답하세요.

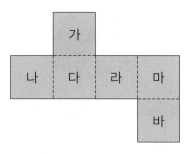

5 면 마와 평행한 면을 찾아 쓰세요.

( )

6 면 마와 수직인 면을 모두 찾아 쓰세요.

( )

7 직육면체에서 서로 평행한 면은 모두 몇 쌍인가요?

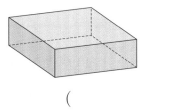

( )

8 직육면체의 겨냥도를 잘못 그린 것은 어느 것인가요?·······································( )

① 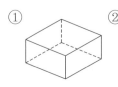　② 　③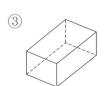

④ 　⑤

5 직육면체

9 직육면체의 전개도를 그린 것입니다. ☐ 안에 알맞은 수를 써넣으세요.

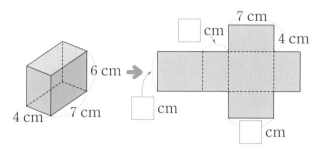

10 직육면체의 겨냥도를 그린 것입니다. 빠진 부분을 그려 넣어 겨냥도를 완성해 보세요.

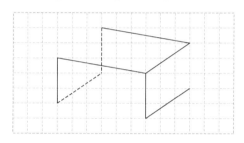

📝 서술형

11 오른쪽 도형이 직육면체가 <u>아닌</u> 까닭을 쓰세요.

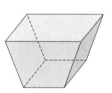

까닭

12 정육면체에 대한 설명으로 <u>틀린</u> 것을 찾아 기호를 쓰세요.

> ㉠ 면의 모양과 크기가 모두 같습니다.
> ㉡ 직육면체라고 할 수 없습니다.
> ㉢ 꼭짓점은 8개입니다.

( )

13 전개도를 접었을 때 정육면체를 만들 수 <u>없는</u> 사람은 누구인가요?

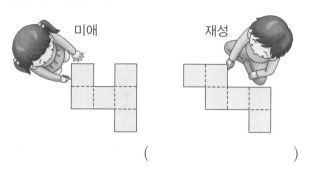

미애 재성

( )

14 오른쪽 직육면체의 겨냥도를 보고 전개도를 그려 보세요.

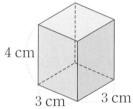

1 cm
1 cm

15 직육면체에서 면 ㄱㄴㅂㅁ과 평행한 면의 모서리 길이의 합은 몇 cm인가요?

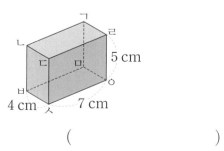

( )

16 전개도를 접었을 때 점 ㅂ과 만나는 점은 모두 몇 개인지 구하세요.

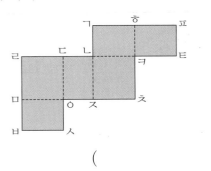

(   )

5

직육면체

17 직육면체에서 보이는 모서리의 길이의 합은 몇 cm인지 구하세요.

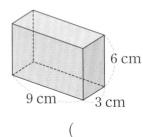

6 cm
9 cm   3 cm

(   )

18 보기와 같이 무늬(╋) 3개가 그려져 있는 정육면체를 만들 수 있도록 아래의 전개도에 무늬(╋) 1개를 그려 넣으세요.

보기

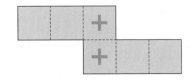

서술형 실전

19 직육면체의 전개도를 접었을 때 색칠한 면과 평행한 면의 넓이는 몇 cm²인지 풀이 과정을 쓰고 답을 구하세요.

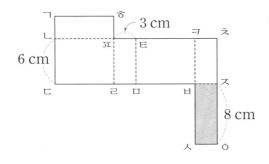

풀이 _____

_____

_____

_____

답 _____

20 주사위의 마주 보는 면의 눈의 수의 합은 7입니다. 눈의 수가 1인 면과 수직인 면의 눈의 수의 합은 얼마인지 풀이 과정을 쓰고 답을 구하세요.

풀이 _____

_____

_____

_____

답 _____

6 평균과 가능성

스마트폰을 이용하여 QR 코드를 찍으면 개념 학습 영상을 볼 수 있어요.

6단원 학습 계획표

✓ 이 단원의 표준 학습 일수는 **5일**입니다. 계획대로 공부한 후 확인란에 사인을 받으세요.

핵심 개념 평균

예 한 사람당 가지고 있는 고리의 수를 대표하는 값 알아보기

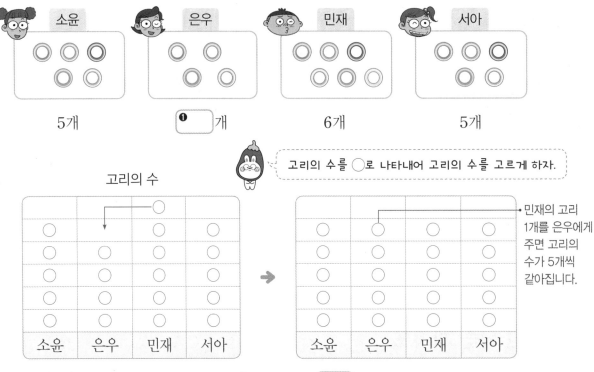

소윤 은우 민재 서아

5개 ❶ ☐ 개 6개 5개

고리의 수를 ◯로 나타내어 고리의 수를 고르게 하자.

고리의 수

소윤 은우 민재 서아 → 소윤 은우 민재 서아

• 민재의 고리 1개를 은우에게 주면 고리의 수가 5개씩 같아집니다.

고리의 수 **5, 4, 6, 5**를 모두 더해 자료의 수 **4**로 나눈 수 ❷ ☐ 를 네 사람이 가지고 있는 고리의 수를 대표하는 값으로 정할 수 있습니다. 이 값을 **평균**이라고 합니다.

> **평균**: 각 자료의 값을 모두 더하여 자료의 수로 나눈 값

136

정답 확인 | ❶ 4 ❷ 5

확인 문제 1~5번 문제를 풀면서 개념 익히기!

1 상자 6개에 각각 구슬이 들어 있습니다. 한 상자당 들어 있는 구슬의 수를 어떻게 정하면 좋을지 알맞은 말에 ◯표 하세요.

5개 4개 3개 4개 3개 5개

> 한 상자당 들어 있는 구슬의 수는 각 상자에 들어 있는 구슬의 수를 대표할 수 있는 수이므로 (가장 큰 수 , 가장 작은 수 , 고르게 한 수)로 정할 수 있습니다.

한번 더! 확인 6~10번 유사문제를 풀면서 개념 다지기!

6 상자 4개에 각각 사과가 들어 있습니다. 한 상자당 사과가 몇 개씩 들어 있다고 말할 수 있을지 ☐ 안에 알맞은 수를 써넣으세요.

15개 14개 16개 15개

> 사과가 16개 들어 있는 상자에서 1개를 꺼내 14개 들어 있는 상자로 옮기면 모두 ☐ 개씩 고르게 되므로 한 상자당 사과가 ☐ 개씩 들어 있다고 말할 수 있습니다.

[2~3] 지수네 모둠이 받은 붙임딱지의 수만큼 ○를 그려 나타낸 것입니다. 물음에 답하세요.

붙임딱지의 수

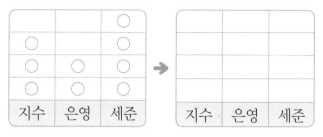

2 ○를 옮겨 오른쪽 그래프에 고르게 나타내 보세요.

3 □ 안에 알맞은 수를 써넣으세요.

> 지수네 모둠이 한 사람당 받은 붙임딱지의 수는 □ 개라고 말할 수 있습니다.

[4~5] 재호가 2월부터 5월까지 읽은 책 수를 나타낸 표입니다. 물음에 답하세요.

읽은 책 수

월	2월	3월	4월	5월
책 수(권)	17	20	14	17

4 2월부터 5월까지 매달 읽은 책 수를 정하는 올바른 방법에 ○표 하세요.

방법	○표
매달 읽은 책 수 17, 20, 14, 17 중 가장 큰 수인 20으로 정합니다.	
매달 읽은 책 수 17, 20, 14, 17을 고르게 하면 17, 17, 17, 17이 되므로 17로 정합니다.	

5 재호는 2월부터 5월까지 매달 **몇** 권의 책을 읽었다고 정할 수 있나요?

꼭 단위까지 따라 쓰세요.

(　　　　 권)

[7~8] 민호의 팔 굽혀 펴기 횟수만큼 ○를 그려 나타낸 것입니다. 물음에 답하세요.

팔 굽혀 펴기 횟수

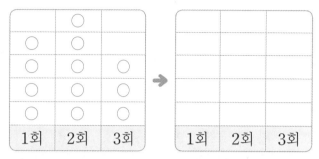

7 ○를 옮겨 오른쪽 그래프에 고르게 나타내 보세요.

8 민호가 1회당 한 팔 굽혀 펴기 횟수는 **몇** 회라고 말할 수 있나요?

(　　　　 회)

6
평균과 가능성

[9~10] 현성이의 과목별 점수를 나타낸 표입니다. 물음에 답하세요.

과목별 점수

과목	국어	수학	사회	과학
점수(점)	92	94	92	90

9 각 과목당 점수를 정하는 올바른 방법을 말한 사람은 누구인가요?

각 과목의 점수 92, 94, 92, 90 중 가장 작은 수인 90으로 정해.

건우

각 과목의 점수 92, 94, 92, 90을 고르게 하면 92, 92, 92, 92가 되므로 92로 정해.

소윤

(　　　　)

10 현성이의 각 과목당 점수는 **몇** 점이라고 정할 수 있나요?

(　　　　 점)

핵심 개념 평균 구하기

1. 유라가 가지고 있는 색깔별 구슬 수의 평균 구하기

색깔별 구슬 수

색깔	분홍색	파란색	초록색	보라색
구슬 수(개)	3	4	5	4

방법 1 평균을 예상하고 짝 지어 자료의 값을 고르게 하여 구하기

평균을 4개로 예상한 후 (3, 5), (4, 4)로 수를 짝 지어 자료의 값을 고르게 하면 색깔별 구슬 수의 평균은 4개입니다.

방법 2 종이 띠를 접어서 구하기

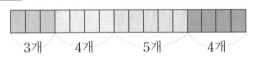

3개 4개 5개 4개

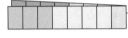
→ 이어 붙인 종이띠를 반으로 접습니다.

→ 다시 반으로 접어 4등분이 되도록 만듭니다.

➡ (평균)=(3+4+5+ ❶)÷4=4(개)

2. 은채네 모둠이 가지고 있는 색종이 수의 평균 구하기

색종이 수

이름	은채	소민	정욱	성민
색종이 수(장)	2	3	5	2

방법 1 예상한 평균을 기준으로 ◯를 옮겨 자료의 값을 고르게 하여 구하기

평균을 3장으로 예상했어.

◯			
◯	◯	◯	◯
◯	◯	◯	◯
은채	소민	정욱	성민

➡ 색종이 수의 평균은 3장입니다.

방법 2 자료 값의 합을 자료의 수로 나누어 구하기

(평균)=(2+3+5+2)÷4= ❷ (장)

(평균)=(자료 값의 합)÷(자료의 수)

정답 확인 | ❶ 4 ❷ 3

138

확인 문제 1~4번 문제를 풀면서 개념 익히기!

1 은찬이네 모둠이 투호에 넣은 화살 수를 나타낸 표입니다. 투호에 넣은 화살 수의 평균을 2개로 예상하고 ◯를 옮겨 평균을 구하세요.

투호에 넣은 화살 수

이름	은찬	성규	희진	승희
넣은 화살 수(개)	4	2	1	1

◯			
◯			
◯	◯		
◯	◯	◯	◯
은찬	성규	희진	승희

➡ 투호에 넣은 화살 수의 평균: ☐ 개

한번 더! 확인 5~8번 유사문제를 풀면서 개념 다지기!

5 예준이네 모둠이 캔 감자의 무게를 나타낸 표입니다. 평균을 3 kg으로 예상하고 ◯를 옮겨 평균을 구하세요.

캔 감자의 무게

이름	예준	민재	동원	지수
무게(kg)	3	2	5	2

		◯	
		◯	
◯		◯	
◯	◯	◯	◯
◯	◯	◯	◯
예준	민재	동원	지수

➡ 캔 감자 무게의 평균: ☐ kg

2 찬우네 학교 5학년 학급별 학생 수를 나타낸 표입니다. 학급별 학생 수의 평균은 몇 명인지 알아보려고 합니다. □ 안에 알맞은 수를 써넣으세요.

학급별 학생 수

학급(반)	1	2	3	4
학생 수(명)	31	28	25	28

> 평균을 28명으로 예상한 후 (31, □), (28, □)(으)로 수를 짝 지어 자료의 값을 고르게 하여 구한 학급별 학생 수의 평균은 □ 명입니다.

3 예은이네 모둠의 100 m 달리기 기록의 평균을 구하려고 합니다. □ 안에 알맞은 수를 써넣으세요.

100 m 달리기 기록

이름	예은	수정	재민
기록(초)	19	21	17

$$(19 + \boxed{} + \boxed{}) \div 3$$
$$= \boxed{} \div 3 = \boxed{} \ (\text{초})$$

4 수지의 과녁 맞히기 점수를 나타낸 표입니다. 수지의 점수의 평균은 **몇 점**인가요?

과녁 맞히기 점수

회	1회	2회	3회	4회
점수(점)	9	10	12	5

(1) 점수의 합은 몇 점인가요?

> 꼭 단위까지 따라 쓰세요.

(　　　점　)

(2) 점수의 평균은 몇 점인가요?

(　　　점　)

6 선미네 모둠의 몸무게를 나타낸 표입니다. 몸무게의 평균은 몇 kg인지 알아보려고 합니다. □ 안에 알맞은 수를 써넣으세요.

선미네 모둠의 몸무게

이름	선미	태균	인성	지아
몸무게(kg)	27	33	39	33

> 평균을 33 kg으로 예상한 후 (□ , 39), (33, □)(으)로 수를 짝 지어 자료의 값을 고르게 하여 구한 선미네 모둠의 몸무게의 평균은 □ kg입니다.

7 민준이네 모둠의 제기차기 기록의 평균을 구하려고 합니다. □ 안에 알맞은 수를 써넣으세요.

제기차기 기록

이름	민준	은서	지훈	종현
기록(번)	35	25	28	32

$$(35 + 25 + \boxed{} + \boxed{}) \div \boxed{}$$
$$= \boxed{} \div \boxed{} = \boxed{} \ (\text{번})$$

🏅 서술형 下수

8 윤아가 1분 동안 뛴 맥박 수를 조사하여 나타낸 표입니다. 1분 동안 뛴 맥박 수의 평균은 **몇 회**인가요?

1분 동안 뛴 맥박 수

회	1회	2회	3회	4회
맥박 수(회)	98	102	110	94

풀이

(4회 동안의 맥박 수의 합)
$$= 98 + \boxed{} + \boxed{} + \boxed{} = \boxed{} \ (\text{회})$$
➡ (1분 동안 뛴 맥박 수의 평균)
$$= \boxed{} \div 4 = \boxed{} \ (\text{회})$$

답  회

6

평균과 가능성

핵심 개념 **평균 이용하기**

1. 평균 비교하기

예 독서왕 모둠 알아보기

모둠 친구 수와 도서 대출 책 수

모둠	모둠 1	모둠 2	모둠 3
모둠 친구 수(명)	3	5	4
도서 대출 책 수(권)	21	30	20

⬇

모둠별 도서 대출 책 수의 평균

모둠	모둠 1	모둠 2	모둠 3
도서 대출 책 수의 평균(권)	21÷3=7(권) 7	6 30÷5=6(권)	20÷4=5(권) 5

➡ 독서왕 모둠은 모둠별 도서 대출 책 수의 평균이 가장 높은 모둠인 모둠 입니다.

2. 평균을 이용하여 문제 해결하기

(평균)=(자료 값의 합)÷(자료의 수)
➡ (자료 값의 합)=(평균)×(자료의 수)

예 진희가 화요일에 운동한 시간 알아보기

운동한 시간

요일	월	화	수	목	평균
시간(분)	40		38	32	35

(운동한 시간의 합)=35×4=140(분) ← (평균)×4

➡ (화요일)=140-(40+38+32)

= (분)

 4일 동안 운동한 시간의 합에서 월요일, 수요일, 목요일에 운동한 시간을 빼면 화요일에 운동한 시간을 구할 수 있어.

정답 확인 | ❶ 1 ❷ 30

확인 문제 1~6번 문제를 풀면서 개념 익히기!

[1~2] 건욱이네 모둠은 투호 대표 선수를 뽑으려고 합니다. 물음에 답하세요.

학생별 투호에 넣은 화살 수

회\이름	건욱	은진	소은
1회	5개	9개	6개
2회	9개	7개	5개
3회	7개	8개	7개

1 표를 완성해 보세요.

학생별 투호에 넣은 화살 수의 평균

이름	건욱	은진	소은
평균(개)	7		

2 투호 대표 선수는 누가 되어야 하나요?

(   )

한번 더! 확인 7~12번 유사문제를 풀면서 개념 다지기!

[7~8] 영진이네 모둠은 턱걸이 대표 선수를 뽑으려고 합니다. 물음에 답하세요.

학생별 턱걸이 기록

회\이름	영진	성찬	보영
1회	24번	32번	28번
2회	31번	29번	30번
3회	20번	23번	23번

7 표를 완성해 보세요.

학생별 턱걸이 기록의 평균

이름	영진	성찬	보영
평균(번)		28	

8 턱걸이 대표 선수는 누가 되어야 하나요?

(   )

[3~5] 세영이와 준하의 멀리 던지기 기록을 나타낸 표입니다. 두 사람의 멀리 던지기 기록의 평균이 같을 때, 물음에 답하세요.

세영이의 멀리 던지기 기록

회	기록(m)
1회	35
2회	40
3회	
4회	42

준하의 멀리 던지기 기록

회	기록(m)
1회	34
2회	37
3회	28

3 준하의 멀리 던지기 기록의 평균은 **몇 m**인가요?

꼭 단위까지 따라 쓰세요.

(m)

4 세영이의 멀리 던지기 기록의 합은 **몇 m**인가요?

(m)

5 세영이의 3회 때 멀리 던지기 기록은 **몇 m**인가요?

(m)

6 영민이네 학교 5학년 학생 수를 나타낸 표입니다. 학급별 학생 수의 평균이 32명일 때, 3반의 학생은 **몇 명**인가요?

학급별 학생 수

학급(반)	1	2	3	4
학생 수(명)	32	29		33

(1) 5학년 학생은 모두 몇 명인가요?

(명)

(2) 3반의 학생은 몇 명인가요?

(명)

[9~11] 은성이와 혜민이의 줄넘기 기록을 나타낸 표입니다. 두 사람의 줄넘기 기록의 평균이 같을 때, 물음에 답하세요.

은성이의 줄넘기 기록

회	기록(번)
1회	46
2회	39
3회	50

혜민이의 줄넘기 기록

회	기록(번)
1회	38
2회	
3회	48
4회	45

9 은성이의 줄넘기 기록의 평균은 **몇 번**인가요?

(번)

10 혜민이의 줄넘기 기록의 합은 **몇 번**인가요?

(번)

11 혜민이의 2회 때 줄넘기 기록은 **몇 번**인가요?

(번)

서술형 下수

12 진아네 과수원에서 4일 동안 수확한 귤의 무게를 나타낸 표입니다. 하루 평균 귤 수확량이 98 kg일 때, 수요일의 귤 수확량은 **몇 kg**인가요?

귤 수확량

요일	화	수	목	금
수확량(kg)	96		104	92

풀이

(귤 수확량의 합)=98×□=□ (kg)

➡ (수요일의 귤 수확량)

= □ -(96+104+□)

= □ (kg)

답 _____ kg

1 민주네 모둠이 모은 우표 수를 나타낸 표입니다. 민주네 모둠이 모은 우표 수의 평균을 구하세요.

모은 우표 수

이름	민주	지아	채령	은호
우표 수(장)	25	30	20	25

$(25+\boxed{}+\boxed{}+\boxed{})÷\boxed{}=\boxed{}$(장)

[2~3] 지난주 월요일부터 목요일까지 어느 도시의 최저 기온을 나타낸 표입니다. 물음에 답하세요.

요일별 최저 기온

요일	월	화	수	목
기온(℃)	7	5	4	8

2 막대의 높이를 고르게 해 보세요.

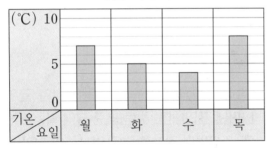

요일별 최저 기온

3 지난주 요일별 최저 기온의 평균은 몇 ℃인가요?

( )

4 샛별이네 반이 4개월 동안 월별로 수집한 재활용 종이 양을 나타낸 표입니다. 4개월 동안 수집한 재활용 종이 양의 평균은 몇 kg인가요?

4개월 동안 수집한 재활용 종이 양

월	3월	4월	5월	6월
무게(kg)	20	32	35	21

( )

[5~6] 유진이와 민우의 윗몸 말아 올리기 기록을 나타낸 표입니다. 물음에 답하세요.

유진이의 윗몸 말아 올리기 기록

회	1회	2회	3회	4회
기록(회)	37	42	21	40

민우의 윗몸 말아 올리기 기록

회	1회	2회	3회
기록(회)	35	38	35

5 유진이와 민우의 윗몸 말아 올리기 기록의 평균은 각각 몇 회인지 차례로 쓰세요.

( ), ( )

6 누구의 기록이 더 좋다고 볼 수 있나요?

( )

7 은주네 가족의 나이를 나타낸 표입니다. 은주네 가족의 나이의 평균이 31살일 때, 언니는 몇 살인가요?

은주네 가족의 나이

가족	아빠	엄마	언니	은주
나이(살)	49	44		12

( )

8 하진이가 월요일부터 금요일까지 컴퓨터를 사용한 시간을 나타낸 표입니다. 하진이의 하루 컴퓨터 사용 시간의 평균을 여러 가지 방법으로 구하세요.

하진이의 하루 컴퓨터 사용 시간

요일	월	화	수	목	금
시간(분)	45	40	30	35	50

방법 1

예상한 평균 ( )분

방법 2

[9~10] 진호가 4일 동안 자전거를 탄 시간을 나타낸 표입니다. 물음에 답하세요.

자전거를 탄 시간

날짜	1일	2일	3일	4일
시간(분)	56	42	70	64

9 진호가 4일 동안 자전거를 탄 시간의 평균을 구하세요.

( )

10 진호가 5일 동안 자전거를 탄 시간의 평균이 4일 동안 자전거를 탄 시간의 평균보다 높으려면 5일에는 자전거를 몇 분보다 더 많이 타야 하는지 구하세요.

( )

[11~12] 유나와 지훈이의 훌라후프 기록을 나타낸 표입니다. 두 사람의 훌라후프 기록의 평균이 같을 때 물음에 답하세요.

유나의 훌라후프 기록

회	기록(회)
1회	30
2회	42
3회	54

지훈이의 훌라후프 기록

회	기록(회)
1회	51
2회	50
3회	33
4회	

11 유나의 훌라후프 기록의 평균은 몇 회인가요?

( )

12 지훈이의 4회 때 훌라후프 기록은 몇 회인가요?

( )

 서술형 **中수** 문제 해결의 전략을 보면서 풀어 보자.

13 민준이가 1회부터 4회까지 한 턱걸이 기록을 모두 더하면 72번입니다. 5회까지 한 턱걸이 기록의 평균이 19번이 되려면 5회 때 턱걸이를 몇 번 해야 하는지 구하세요.

전략 (자료 값의 합)=(평균)×(자료의 수)

❶ 턱걸이 기록의 평균이 19번이 되려면 5회까지 한 턱걸이 기록의 합은

$19 \times \boxed{} = \boxed{}$ (번)이 되어야 합니다.

전략 (5회 때 턱걸이 기록)
=(5회까지의 턱걸이 기록의 합)−(4회까지의 턱걸이 기록의 합)

❷ 4회까지 한 턱걸이 기록의 합이 72번이므로 5회 때 턱걸이를

$\boxed{} - 72 = \boxed{}$ (번) 해야 합니다.

답 _____

6
평균과 가능성

143

핵심 개념 일이 일어날 가능성을 말로 표현하기

1. 가능성 알아보기
- **가능성**: 어떠한 상황에서 특정한 일이 일어나길 기대할 수 있는 정도

> 가능성의 정도는 **불가능하다, ~아닐 것 같다, 반반이다, ~일 것 같다, 확실하다** 등으로 표현할 수 있습니다.

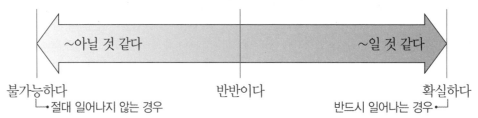

~아닐 것 같다   ~일 것 같다

불가능하다   반반이다   확실하다
└→ 절대 일어나지 않는 경우   반드시 일어나는 경우 ←┘

2. 일이 일어날 가능성을 말로 표현하기

예 ① '오늘이 월요일이면 내일은 화요일일 것입니다.'라는 일이 일어날 가능성에 대해 말로 표현하기

➡ 월요일 다음 날은 [❶]요일이므로 일이 일어날 가능성은 '**확실하다**'입니다.

② '내년에는 1월이 30일까지 있을 것입니다.'라는 일이 일어날 가능성에 대해 말로 표현하기

➡ 1월은 항상 [❷]일까지 있으므로 일이 일어날 가능성은 '**불가능하다**'입니다.

정답 확인 | ❶ 화   ❷ 31

6

평균과 가능성

144

확인 문제 1~5번 문제를 풀면서 개념 익히기!

1 일이 일어날 가능성을 생각해 보고, 알맞게 표현한 곳에 ○표 하세요.

일 \ 가능성	불가능하다	반반이다	확실하다
동전 한 개를 던지면 숫자 면이 나올 것입니다.			

2 일이 일어날 가능성을 생각해 보고, 알맞게 표현한 말에 ○표 하세요.

> 포도맛 사탕만 들어 있는 봉지에서 사탕 한 개를 꺼내면 포도맛 사탕일 것입니다.

(불가능하다 , 반반이다 , 확실하다)

한번 더! 확인 6~10번 유사문제를 풀면서 개념 다지기!

6 일이 일어날 가능성을 생각해 보고, 알맞게 표현한 곳에 ○표 하세요.

일 \ 가능성	불가능하다	반반이다	확실하다
내일 아침에는 해가 서쪽에서 뜰 것입니다.			

7 일이 일어날 가능성을 생각해 보고, 알맞게 표현한 말에 ○표 하세요.

> 한 명의 아이가 태어날 때 태어난 아이는 여자아이일 것입니다.

(불가능하다 , 반반이다 , 확실하다)

3 일이 일어날 가능성을 찾아 이어 보세요.

| 강아지는 자라면 소가 될 것입니다. | • | • | 반반이다 |

| 주사위 한 개를 굴리면 나온 눈의 수가 1 이상일 것입니다. | • | • | 확실하다 |

| | | • | 불가능하다 |

8 일이 일어날 가능성을 찾아 이어 보세요.

| 동전 2개를 동시에 던졌을 때 모두 그림 면이 나올 것입니다. | • | • | ~일 것 같다 |

| | | • | 반반이다 |

| 12월에 긴팔을 입을 것입니다. | • | • | ~아닐 것 같다 |

4 상자에서 번호표를 한 개 꺼낼 때 15번 번호표를 꺼낼 가능성을 말로 표현해 보세요.

상자에는 1번부터 14번까지의 번호표가 있어.

상자에서 15번 번호표를 꺼내는 것은 [   ].

9 지안이 다음에 번호표를 한 개 뽑을 때 20번 번호표를 뽑을 가능성을 말로 표현해 보세요.

내가 19번 번호표를 뽑았으니 다음은?

지안이 너 다음에 20번 번호표를 뽑는 것은 [   ].

지안

6

평균과 가능성

145

5 일이 일어날 가능성을 말로 표현해 보고, 그렇게 생각한 까닭을 쓰세요.

주사위 한 개를 굴리면 나온 눈의 수가 짝수일 것입니다.

가능성 (   ) 까닭을 따라 쓰세요.

까닭 주사위 눈의 수는 1부터 6까지 있고

그중 짝수의 눈은 □가지이므로

가능성은 '[   ]'입니다.

10 서아가 말한 일이 일어날 가능성을 말로 표현해 보고, 그렇게 생각한 까닭을 쓰세요.

노란색 구슬 7개와 파란색 구슬 1개가 들어 있는 주머니에서 구슬 1개를 꺼내면 노란색 구슬이 나올 거야.

서아

가능성 (   )

까닭 노란색 구슬은 8개 중의 □개이

므로 꺼낸 구슬이 노란색일 가능

성은

핵심 개념 **일이 일어날 가능성을 비교하기**

1. 구슬을 꺼낼 때 일이 일어날 가능성 비교하기

가　나　다

(1) 주머니 가에서 구슬 1개를 꺼낼 때 빨간색일 가능성은 '**확실하다**'입니다.

(2) 주머니 나에서 구슬 1개를 꺼낼 때 빨간색일 가능성은 '**반반이다**'입니다.

> 구슬 6개 중에 빨간색이 3개,
> 파란색이 3개이므로 가능성은 반반이야.

(3) 주머니 다에서 구슬 1개를 꺼낼 때 빨간색일 가능성은 '**불가능하다**'입니다.

2. 회전판을 돌렸을 때 일이 일어날 가능성 비교하기

윤주　성주　창희

(1) 화살이 노란색에 멈추는 것이 불가능한 회전판을 만든 사람은 ❶ ⬚ 입니다.
— 노란색 부분이 없는 회전판

(2) 성주와 창희 중 화살이 노란색에 멈출 가능성이 더 높은 회전판을 만든 사람은 ❷ ⬚ 입니다.
— 노란색이 차지하는 부분이 더 넓은 회전판

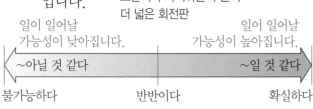

일이 일어날 가능성이 낮아집니다.　일이 일어날 가능성이 높아집니다.

~아닐 것 같다　　~일 것 같다

불가능하다　반반이다　확실하다

정답 확인 | ❶ 윤주 ❷ 창희

확인 문제 **1~5번 문제를 풀면서 개념 익히기!**

[1~2] 상자에 그림과 같이 보라색과 노란색 카드가 들어 있습니다. 물음에 답하세요.

가　나　다

1 일이 일어날 가능성을 생각해 보고, 알맞게 표현한 곳에 ○표 하세요.

일 ＼ 가능성	불가능하다	반반이다	확실하다
상자 나에서 카드를 한 장 꺼내면 노란색일 것입니다.			

2 알맞은 기호에 ○표 하세요.

> 상자에서 카드를 한 장 꺼낼 때 보라색이 나올 가능성이 가장 높은 것은 (가 , 나 , 다)입니다.

한번 더! 확인 **6~10번 유사문제를 풀면서 개념 다지기!**

[6~7] 주머니에 그림과 같이 초록색과 파란색 공이 들어 있습니다. 물음에 답하세요.

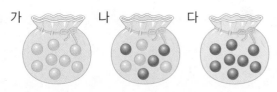

가　나　다

6 일이 일어날 가능성을 생각해 보고, 알맞게 표현한 곳에 ○표 하세요.

> 주머니 가에서 공을 한 개 꺼내면 파란색일 것입니다.

(불가능하다 , 반반이다 , 확실하다)

7 알맞은 기호에 ○표 하세요.

> 주머니에서 공을 한 개 꺼낼 때 파란색이 나올 가능성이 가장 높은 것은 (가 , 나 , 다)입니다.

[3~4] 회전판을 돌렸을 때 일이 일어날 가능성을 비교하려고 합니다. 물음에 답하세요.

 가   나   다

3 화살이 파란색에 멈출 가능성이 가장 높은 회전판의 기호를 쓰세요.

(   )

4 화살이 파란색에 멈출 가능성과 빨간색에 멈출 가능성이 비슷한 회전판의 기호를 쓰세요.

(   )

5 주머니에 흰색 구슬 2개, 빨간색 구슬 3개, 초록색 구슬 1개가 들어 있습니다. 주머니에서 구슬 한 개를 꺼낼 때 일이 일어날 가능성이 가장 낮은 것을 찾아 기호를 쓰세요.

> ㉠ 꺼낸 구슬이 초록색일 가능성
> ㉡ 꺼낸 구슬이 파란색일 가능성
> ㉢ 꺼낸 구슬이 빨간색일 가능성

(1) 일이 일어날 가능성을 찾아 이어 보세요.

㉠   ㉡   ㉢
•   •   •

•   •   •

| ~아닐 것 같다 | 반반이다 | 불가능하다 |

(2) 일이 일어날 가능성이 가장 낮은 것을 찾아 기호를 쓰세요.

(   )

[8~9] 회전판을 돌렸을 때 일이 일어날 가능성을 비교하려고 합니다. 물음에 답하세요.

 가   나   다

8 화살이 노란색에 멈출 가능성이 가장 높은 회전판의 기호를 쓰세요.

(   )

9 회전판 가와 나 중 노란색에 멈출 가능성이 더 높은 회전판의 기호를 쓰세요.

(   )

 서술형

10 상자에 1부터 6까지의 수가 적힌 카드가 한 장씩 들어 있습니다. 상자에서 카드 한 장을 뽑을 때 일이 일어날 가능성이 가장 낮은 것을 찾아 기호를 쓰세요.

> ㉠ 꺼낸 카드가 1보다 클 가능성
> ㉡ 꺼낸 카드가 짝수일 가능성
> ㉢ 꺼낸 카드가 5일 가능성

풀이

㉠ 꺼낸 카드가 1보다 클 가능성: ▢

㉡ 꺼낸 카드가 짝수일 가능성: ▢

㉢ 꺼낸 카드가 5일 가능성: ▢

➡ 일이 일어날 가능성이 가장 낮은 것은 ▢ 입니다.

답 _____

6

평균과 가능성

147

핵심 **개념** 일이 일어날 가능성을 수로 표현하기

1. 회전판을 돌렸을 때 일이 일어날 가능성을 수로 표현 하기

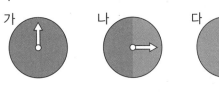

가   나   다

회전판 가를 돌리면 화살이 보라색에 멈출 가능성

회전판 나를 돌리면 화살이 보라색에 멈출 가능성

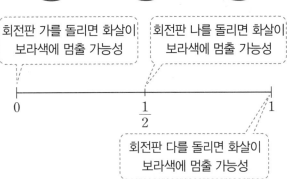

0     $\frac{1}{2}$ 1

회전판 다를 돌리면 화살이 보라색에 멈출 가능성

> 가능성의 정도가 '불가능하다'이면 **0**,
> '반반이다'이면 $\frac{1}{2}$, '확실하다'이면 **1**로
> 표현할 수 있습니다.

2. 주머니에서 바둑돌을 1개 꺼낼 때 일이 일어날 가 능성을 수로 표현하기

가   나   다

(1) **가** 주머니에서 바둑돌 1개를 꺼냈을 때

┌ 꺼낸 바둑돌이 흰색일 가능성: 0 → 불가능하다

└ 꺼낸 바둑돌이 검은색일 가능성: **❶** → 확실하다

(2) **나** 주머니에서 바둑돌 1개를 꺼냈을 때

┌ 꺼낸 바둑돌이 흰색일 가능성: $\frac{1}{2}$ → 반반이다

└ 꺼낸 바둑돌이 검은색일 가능성: $\frac{1}{2}$ → 반반이다

(3) **다** 주머니에서 바둑돌 1개를 꺼냈을 때

┌ 꺼낸 바둑돌이 흰색일 가능성: **❷** → 확실하다

└ 꺼낸 바둑돌이 검은색일 가능성: 0 → 불가능하다

정답 확인 | ❶ 1 ❷ 1

확인 문제 1~5번 문제를 풀면서 개념 익히기!

1 일이 일어날 가능성을 그림과 같이 수직선에 나타 내려고 합니다. 0부터 1까지의 수 중 □ 안에 알맞 은 수를 써넣으세요.

불가능하다   반반이다   확실하다

0

2 흰색 바둑돌만 2개 들어 있는 주머니 에서 바둑돌을 1개 꺼냈습니다. □ 안 에 알맞은 수를 써넣으세요.

> 꺼낸 바둑돌이 흰색일 가능성을 0부터 1까지의
> 수 중 하나로 표현하면 □입니다.

한번 더! 확인 6~10번 유사문제를 풀면서 개념 다지기!

6 일이 일어날 가능성을 그림과 같이 수직선에 나타 내려고 합니다. □ 안에 알맞은 기호를 써넣으세요.

> ㉠ 확실하다 ㉡ 반반이다 ㉢ 불가능하다

0     $\frac{1}{2}$ 1

7 노란색 공만 2개 들어 있는 주머니에 서 공을 1개 꺼냈습니다. □ 안에 알 맞은 수를 써넣으세요.

> 꺼낸 공이 초록색일 가능성을 0부터 1까지의
> 수 중 하나로 표현하면 □입니다.

3 일이 일어날 가능성이 '불가능하다'이면 0, '반반이다' 이면 $\frac{1}{2}$, '확실하다'이면 1로 표현하려고 합니다. 왼쪽 회전판을 돌릴 때 화살이 초록색에 멈출 가능성을 ↓로 나타내 보세요.

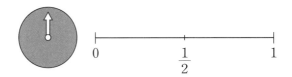

4 오른쪽과 같이 노란색 공 2개와 빨간색 공 2개가 들어 있는 주머니에서 공을 1개 꺼냈습니다. 물음에 답하세요.

(1) 꺼낸 공이 빨간색일 가능성을 수로 표현해 보세요.

(   )

(2) 꺼낸 공이 빨간색일 가능성을 ↓로 나타내 보세요.

5 주사위 한 개를 굴릴 때 주사위 눈의 수가 홀수일 가능성을 말과 수로 표현해 보세요.

(1) 주사위 눈의 수가 홀수일 가능성을 말로 표현해 보세요.

말) ＿＿＿＿＿＿＿＿＿＿

(2) 주사위 눈의 수가 홀수일 가능성을 수로 표현해 보세요.

수) ＿＿＿＿＿＿＿＿＿＿

8 일이 일어날 가능성이 '불가능하다'이면 0, '반반이다'이면 $\frac{1}{2}$, '확실하다'이면 1로 표현하려고 합니다. 왼쪽 회전판을 돌릴 때 화살이 빨간색에 멈출 가능성을 ↓로 나타내 보세요.

9 회전판에 화살을 던졌을 때 초록색에 맞힐 가능성을 ↓로 나타내 보세요.

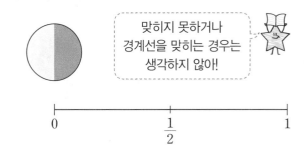

맞히지 못하거나 경계선을 맞히는 경우는 생각하지 않아!

 서술형 **下수**

10 당첨 제비만 4개 들어 있는 제비뽑기 상자에서 제비 1개를 뽑았습니다. 뽑은 제비가 당첨 제비가 아닐 가능성을 말과 수로 표현해 보세요.

풀이

제비뽑기 상자에 당첨 제비만 ☐개 들어 있으므로 이 상자에서 뽑은 제비 1개가 당첨 제비가 아닐 가능성은 '☐＿＿＿＿＿'이며 수로 표현하면 ☐입니다.

말) ＿＿＿＿＿＿＿＿＿＿

수) ＿＿＿＿＿＿＿＿＿＿

1 □ 안에 알맞은 말이나 수를 써넣으세요.

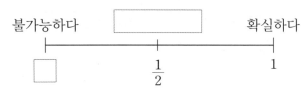

불가능하다 [　　　] 확실하다

[　]　　$\frac{1}{2}$　　1

2 일이 일어날 가능성이 '불가능하다'인 경우를 말한 친구는 누구인가요?

저 버스 다음에는 트럭이 지나갈 거야.

내가 지금 5학년 이니까 내년에는 4학년이 될 거야.

서아　　　　　　유찬

(　　　　　　　　)

3 일이 일어날 가능성을 생각해 보고, 알맞게 표현한 곳에 ○표 하세요.

가능성 \ 일	불가능하다	~아닐 것 같다	반반이다	~일 것 같다	확실하다
코끼리가 날개를 달고 날 것입니다.					
물이 위에서 아래로 흐를 것입니다.					
1과 2가 쓰여진 2장의 카드 중에서 한 장을 뽑을 때 뽑은 카드의 수는 1입니다.					

4 다음 카드 중 한 장을 뽑을 때 [●] 카드를 뽑을 가능성을 생각해 보고, 알맞은 표현을 찾아 기호를 쓰세요.

[■] [▲] [♥] [●] [♣]

㉠ 불가능하다	㉡ ~아닐 것 같다
㉢ 반반이다	㉣ ~일 것 같다
㉤ 확실하다	

(　　　　　　　　)

5 100원짜리 동전 한 개를 던졌을 때 그림 면이 나올 가능성을 말과 수로 표현해 보세요.

말 _____

수 _____

6 서준이와 친구들이 말하는 일이 일어날 가능성을 판단하여 □ 안에 친구들의 이름을 써넣으세요.

주사위 한 개를 굴리면 0의 눈이 나올 거야.

바둑돌만 들어 있는 주머니에서 꺼낸 것은 모두 바둑돌일 거야.

앞으로 태어날 내 동생은 남동생일 거야.

서준　　　　지안　　　　민재

~아닐 것 같다		~일 것 같다
불가능하다	반반이다	확실하다
[　]	[　]	[　]

[7~8] 오른쪽 회전판을 보고 물음에 답하세요.

7 회전판을 돌릴 때 화살이 초록색에 멈출 가능성을 ↓로 나타내 보세요.

8 회전판을 돌릴 때 화살이 파란색에 멈출 가능성을 ↓로 나타내 보세요.

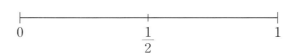

9 일이 일어날 가능성을 수로 표현한 것을 찾아 이어 보세요.

| 내년 4월 달력에 31일이 있을 가능성 | • | • | 0 |

| 계산기에 '3 + 2 ='을 누르면 5가 나올 가능성 | • | • | $\frac{1}{2}$ |

| ○, × 문제에서 정답이 ×일 가능성 | • | • | 1 |

10 세 주머니에서 공을 각각 1개씩 꺼낼 때, 꺼낸 공이 흰색일 가능성이 가장 높은 것을 찾아 기호를 쓰세요.

> ㉠ 흰색 공 4개만 들어 있는 주머니
> ㉡ 검은색 공 4개만 들어 있는 주머니
> ㉢ 흰색 공 2개, 검은색 공 2개가 들어 있는 주머니

( )

11 빨간색, 파란색, 노란색으로 이루어진 회전판과 회전판을 40번 돌려 화살이 멈춘 횟수를 나타낸 표입니다. 일이 일어날 가능성이 가장 비슷한 것끼리 이어 보세요.

 •

색깔	빨강	파랑	노랑
횟수(회)	10	20	10

 •

색깔	빨강	파랑	노랑
횟수(회)	12	11	17

•

색깔	빨강	파랑	노랑
횟수(회)	19	10	11

서술형 中수 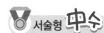 문제 해결의 전략 을 보면서 풀어 보자.

12 주사위 한 개를 굴릴 때 주사위 눈의 수가 4의 약수일 가능성과 회전판을 돌릴 때 화살이 파란색에 멈출 가능성이 같도록 회전판을 색칠해 보세요.

전략 주사위 눈의 수 중에서 4의 약수를 구하자.

❶ 주사위 눈의 수 중에서 4의 약수:
1, ☐, ☐

❷ 주사위 눈의 수가 4의 약수일 가능성을 말과 수로 표현하기

말 ☐   수 ☐

전략 ❷에서 구한 가능성과 같게 회전판에 색칠하자.

❸ ❷에서 구한 가능성과 같게 회전판을 색칠하려면 6칸 중 ☐칸에 파란색을 색칠합니다.

151

6 평균과 가능성

키워드 문제

1-1 문수의 과녁 맞히기 점수를 나타낸 표입니다. 5회까지 점수의 **평균이 8점 이상**이 되어야 준결승에 올라갈 수 있다면 문수는 준결승에 올라갈 수 있나요?

과녁 맞히기 점수

회	1회	2회	3회	4회	5회
점수(점)	7	6	5	8	9

전략 (평균)=(자료 값의 합)÷(자료의 수)

❶ (점수의 평균)

$= (7+6+\boxed{}+\boxed{}+\boxed{})÷5$

$= \boxed{}÷\boxed{}=\boxed{}$(점)

❷ 평균이 8점 이상이 (되므로 , 되지 않으므로)

문수는 준결승에 올라갈 수 $\boxed{}$.

답 _____

서술형 高수

1-2 진욱이네 모둠의 단체 줄넘기 기록을 나타낸 표입니다. 5회까지 기록의 평균이 30번 이상이 되어야 준결승에 올라갈 수 있다면 진욱이네 모둠은 준결승에 올라갈 수 있나요?

단체 줄넘기 기록

회	1회	2회	3회	4회	5회
기록(번)	35	27	19	35	39

❶

❷

답 _____

키워드 문제

2-1 세준이는 독서를 하루 **평균 50분**씩 합니다. 세준이가 **2주일** 동안 독서한 시간은 모두 몇 시간 몇 분인가요?

전략 1주일=7일

❶ 2주일= $\boxed{}$ 일

전략 (자료 값의 합)=(평균)×(자료의 수)

❷ (2주일 동안 독서한 시간)

$=50×\boxed{}=\boxed{}$(분)

전략 1시간=60분

❸ $\boxed{}÷60=\boxed{}\cdots\boxed{}$ 이므로

세준이가 2주일 동안 독서한 시간은 모두

$\boxed{}$ 시간 $\boxed{}$ 분입니다.

답 _____

서술형 高수

2-2 은찬이는 자전거를 하루 평균 30분씩 탑니다. 은찬이가 3주일 동안 자전거를 탄 시간은 모두 몇 시간 몇 분인가요?

❶

❷

❸

답 _____

✏️ 키워드 문제

3-1 수 카드 2 , 4 , 6 , 8 중 한 장을 뽑을 때 일이 일어날 가능성이 높은 순서대로 기호를 쓰세요.

> ㉠ 9보다 큰 수가 나올 가능성
> ㉡ 4의 배수가 나올 가능성
> ㉢ 짝수가 나올 가능성

전략 각각의 일이 일어날 가능성을 수로 표현해 보자.

❶ ㉠ ☐ , ㉡ ☐ , ㉢ ☐

❷ 일이 일어날 가능성이 높은 순서대로 기호를 쓰면 ☐ , ☐ , ☐ 입니다.

답 _____ , _____ , _____

🏅 서술형 高수

3-2 수 카드 4 , 7 , 8 , 9 중 한 장을 뽑을 때 일이 일어날 가능성이 낮은 순서대로 기호를 쓰세요.

> ㉠ 홀수가 나올 가능성
> ㉡ 10보다 작은 수가 나올 가능성
> ㉢ 6의 배수가 나올 가능성

❶

❷

답 _____ , _____ , _____

✏️ 키워드 문제

4-1 조건 을 만족하는 회전판이 되도록 색칠해 보세요.

> 조건
> • 화살이 노란색에 멈출 가능성이 가장 높습니다.
> • 화살이 빨간색에 멈출 가능성은 파란색에 멈출 가능성의 반입니다.

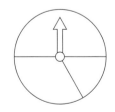

전략 가능성이 높을수록 회전판에서 넓은 부분을 차지한다.

❶ 화살이 멈출 가능성이 높은 색깔부터 순서대로 쓰기

❷ 조건 에 알맞은 회전판이 되도록 색칠해 보세요.

🏅 서술형 高수

4-2 조건 을 만족하는 회전판이 되도록 색칠해 보세요.

> 조건
> • 화살이 초록색에 멈출 가능성이 가장 낮습니다.
> • 화살이 주황색에 멈출 가능성은 보라색에 멈출 가능성의 2배입니다.

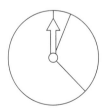

❶

❷

6

1 한별이가 3월부터 6월까지 학교에서 받은 칭찬 도장 수만큼 ○를 그려 나타냈습니다. ○를 옮겨 칭찬 도장 수를 고르게 하고 평균은 몇 개인지 구하세요.

칭찬 도장 수

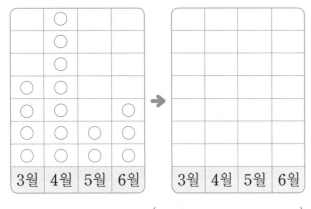

(   )

2 일이 일어날 가능성이 '불가능하다'인 것에 ○표 하세요.

내일 저녁에 해가 서쪽으로 질 것입니다.	내년 겨울에는 여름보다 더울 것입니다.

(   )   (   )

3 오른쪽 회전판을 돌렸을 때 화살이 빨간색에 멈출 가능성을 찾아 기호를 쓰세요.

㉠ 불가능하다   ㉡ 반반이다   ㉢ 확실하다

(   )

4 일이 일어날 가능성이 '불가능하다'이면 0, '반반이다'이면 $\frac{1}{2}$, '확실하다'이면 1로 표현하려고 합니다. 왼쪽 회전판을 돌릴 때 화살이 파란색에 멈출 가능성을 ↓로 나타내 보세요.

5 영준이네 모둠이 오늘 책을 읽은 시간을 나타낸 표입니다. 책을 읽은 시간의 평균은 몇 분인가요?

책을 읽은 시간

이름	영준	수지	민호	지현
시간(분)	40	35	45	40

(   )

[6~7] 오른쪽과 같이 초록색 공이 1개, 노란색 공이 1개 들어 있는 주머니에서 공을 1개 꺼냈습니다. 물음에 답하세요.

6 꺼낸 공이 흰색일 가능성을 수로 표현해 보세요.

(   )

7 꺼낸 공이 초록색일 가능성을 수로 표현해 보세요.

(   )

8 일이 일어날 가능성을 찾아 이어 보세요.

| 4와 2를 곱하면 6이 될 것입니다. • | • 확실하다 |

| 동전 5개를 동시에 던지면 5개 모두 그림 면이 나올 것입니다. • | • ~일 것 같다 |
| | • 반반이다 |

| 내년에는 2월이 3월보다 빨리 올 것입니다. • | • ~아닐 것 같다 |
| | • 불가능하다 |

9 계산기에 ' 3 + 4 = '을 눌렀습니다. 계산기에 7이 나올 가능성을 말과 수로 표현해 보세요.

말 _____

수 _____

[10~11] 승재와 은아의 줄넘기 기록을 나타낸 표입니다. 물음에 답하세요.

승재의 줄넘기 기록

회	1회	2회	3회
기록(번)	64	49	61

은아의 줄넘기 기록

회	1회	2회	3회	4회
기록(번)	58	68	57	53

10 승재와 은아의 줄넘기 기록의 평균을 각각 구하세요.

승재 (   )
은아 (   )

11 누구의 기록이 더 좋다고 볼 수 있나요?

(   )

12 준상이네 집에서 기르는 닭들은 달걀을 하루 평균 4개씩 낳습니다. 준상이네 집에서 기르는 닭들이 일주일 동안 낳은 달걀은 모두 몇 개인가요?

(   )

[13~14] 수진이의 장대 높이뛰기 기록을 나타낸 표입니다. 5회까지 기록의 평균이 150 cm 이상이 되어야 준결승에 올라갈 수 있습니다. 물음에 답하세요.

장대 높이뛰기 기록

회	1회	2회	3회	4회	5회
기록(cm)	134	147	156	145	

13 수진이가 준결승에 올라가려면 5회까지 기록의 합은 몇 cm 이상이어야 하나요?

(   )

14 수진이의 5회 때의 기록은 적어도 몇 cm가 되어야 하나요?

(   )

15 어느 아파트 다섯 가구의 한 달 동안 전기 사용량을 나타낸 표입니다. 전기 사용량이 평균과 같은 가구는 몇 호인가요?

전기 사용량

가구(호)	101	201	301	401	501
사용량(킬로와트시)	220	195	210	180	245

(   )

6

평균과 가능성

16 역사 박물관에 5일 동안 다녀간 방문자 수를 나타낸 표입니다. 역사 박물관에서는 지난 5일 동안 방문자 수의 평균보다 방문자 수가 많았던 요일에 역사 해설 선생님을 추가로 배정하려고 합니다. 역사 해설 선생님을 추가로 배정해야 하는 요일을 모두 찾아 쓰세요.

요일별 방문자 수

요일	월	화	수	목	금
방문자 수(명)	102	143	125	132	158

(   )

17 조건 을 만족하는 회전판이 되도록 색칠해 보세요.

조건
• 화살이 노란색에 멈출 가능성이 가장 높습니다.
• 화살이 파란색에 멈출 가능성은 분홍색에 멈출 가능성의 2배입니다.

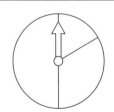

18 농구 동아리 회원의 나이를 나타낸 표입니다. 여기에 새로운 회원 한 명이 더 들어와서 나이의 평균이 한 살 늘었습니다. 새로운 회원의 나이는 몇 살인가요?

농구 동아리 회원의 나이

이름	경호	승진	규호	동주
나이(살)	14	15	17	18

(   )

19 주사위를 한 번 굴릴 때 일이 일어날 가능성이 낮은 순서대로 기호를 쓰려고 합니다. 풀이 과정을 쓰고 답을 구하세요.

㉠ 눈의 수가 3 이하로 나올 가능성
㉡ 눈의 수가 6보다 큰 수가 나올 가능성
㉢ 눈의 수가 1 이상 6 이하로 나올 가능성

풀이 _____

_____

_____

_____

답 _____ , _____ , _____

20 유진이가 1분 동안의 타자 수를 기록하여 나타낸 표입니다. 5회까지 타자 수의 평균이 340타일 때, 유진이의 기록이 가장 좋았을 때는 몇 회인지 풀이 과정을 쓰고 답을 구하세요.

회별 타자 수

회	1회	2회	3회	4회	5회
타자 수(타)	278		365	382	295

풀이 _____

_____

_____

답 _____

BOOK 2

백전백승 **차례**

1 단원 · 익힘책 다시 풀기

↪ 개념 확인: BOOK❶ 4쪽

① 이상과 이하

1 32 이상인 수에는 ○표, 27 이하인 수에는 △표 하세요.

| 20 | 31 | 32 | 30 | 37 | 28 | 27 |

2 수의 범위를 수직선에 나타내 보세요.

38 이하인 수

```
ㅏ——+——+——+——+——+——+
33  34  35  36  37  38  39
```

3 밑줄 친 점수의 범위를 수직선에 나타내 보세요.

농구 게임을 하여 얻은 점수가 45점 이상이면 상품을 받을 수 있습니다.

```
+——+——+——+——+——+——+
42  43  44  45  46  47  48(점)
```

4 수직선에 나타낸 수의 범위를 쓰세요.

```
+——+——◆——+——+——+——+
6.2  6.3  6.4  6.5  6.6  6.7
```

(   )

5 □ 안에 들어갈 수 있는 자연수 중 가장 작은 수를 구하세요.

21, 22, 23, 24, 25는 □ 이하인 수입니다.

(   )

6 15세 이상 관람가인 예능 프로그램이 있습니다. 이 예능 프로그램을 볼 수 있는 학생의 이름을 모두 쓰세요.

학생들의 나이

이름	준규	세호	아영	수지	선호
나이(세)	10	15	14	17	11

(   )

🏅 **서술형 中수** 문제 해결의 **전략**을 보면서 풀어 보자.

7 3장의 수 카드 중 2장을 골라 한 번씩만 사용하여 두 자리 수를 만들려고 합니다. 만들 수 있는 수 중에서 50 이하인 수는 모두 몇 개인가요?

| 1 | 3 | 6 |

전략 십의 자리에는 5보다 작은 수만 놓을 수 있다.

❶ 50 이하인 수를 만들려면 십의 자리에는 수 카드 □, □을 놓을 수 있습니다.

전략 ❶에서 구한 수를 십의 자리에 놓고 두 자리 수를 만들자.

❷ 만들 수 있는 수 중에서 50 이하인 수는

_____ 이므로

모두 □개입니다.

답 _____

↩ 개념 확인: **BOOK ①** 6쪽

② 초과와 미만

8 수를 보고 물음에 답하세요.

52.7	42	$39\frac{1}{5}$	50
41.9	39	40	51

(1) 50 초과인 수를 모두 찾아 쓰세요.

( )

(2) 40 미만인 수를 모두 찾아 쓰세요.

( )

9 수의 범위를 수직선에 나타내 보세요.

(1) **43 미만인 수**

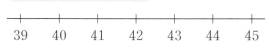

(2) **30.6 초과인 수**

10 수직선에 나타낸 수의 범위를 쓰세요.

(1)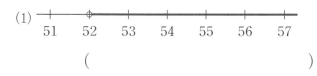

( )

(2)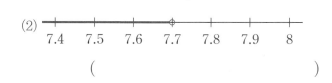

( )

11 잘못 말한 사람의 이름을 쓰고, 바르게 고쳐 보세요.

> 13, 14, 15는 16 미만인 수야.

서준

> 20 초과인 자연수 중 가장 작은 자연수는 20이야.

은우

이름

바르게 고치기

12 공 던지기 기록이 30 m 초과인 학생이 반 대표로 공 던지기 대회에 나간다고 합니다. 준성이네 반 대표로 대회에 나가는 학생의 이름을 쓰세요.

준성이네 반 학생들의 공 던지기 기록

이름	기록(m)	이름	기록(m)
준성	25.5	유민	29.9
수영	31.4	석진	30.0
명수	25.0	혁수	27.6

( )

13 어느 영화를 볼 때 12세 미만은 보호자와 함께 봐야 한다고 합니다. 서영이네 가족 중 보호자와 함께 이 영화를 봐야 하는 사람은 모두 몇 명인가요?

서영이네 가족의 나이

가족	할머니	언니	오빠	서영	동생
나이(세)	62	13	11	10	7

( )

↩ 개념 확인: BOOK① 8쪽

③ 수의 범위를 활용하여 문제 해결하기

1 16 초과 19 이하인 수를 모두 찾아 ○표 하세요.

| 11 | 14 | 16 | 18 | 19 | 22 |

2 25 이상 34 미만인 수가 <u>아닌</u> 수는 어느 것인가요?·······( )

① 29 　　② 30.5 　　③ 25
④ 24.7 　　⑤ 32.6

3 수의 범위를 수직선에 나타내 보세요.

(1) 17 초과 21 이하인 수

16　17　18　19　20　21　22

(2) 52.8 이상 53.1 미만인 수

52.8　52.9　53　53.1　53.2　53.3　53.4

4 □ 안에 알맞은 자연수를 써넣으세요.

□ 초과 □ 미만인 자연수를 모두 쓰면 51, 52, 53, 54, 55입니다.

5 다음에서 40 이상 60 이하인 수는 모두 몇 개인 가요?

| 65.2 | 47 | 60.1 | 38 | 59.7 |
| 39.2 | 63 | 30.9 | 55 | 44.2 |

( )

6 우체국 방문 접수 소포의 이용 요금은 다음과 같이 무게에 따라 정해집니다. 요금이 10000원인 소포의 무게 범위를 쓰세요.

무게별 소포 요금

무게 (kg)	요금(원)
5　6　7　8　9　10	8000
10　11　12　13　14　15	10000
15　16　17　18　19　20	13000

( )

7 18 초과 21 이하인 자연수는 모두 몇 개인가요?

( )

8 수직선에 나타낸 수의 범위에 포함되는 자연수는 모두 몇 개인가요?

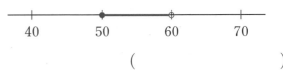

40　　50　　60　　70

( )

1 수의 범위와 어림하기

9 40을 포함하는 수의 범위를 찾아 기호를 쓰세요.

> ㉠ 31 이상 40 미만인 수
> ㉡ 40 초과 45 미만인 수
> ㉢ 35 이상 40 이하인 수

(   )

10 시영이네 모둠 학생들의 앉은키를 조사하였습니다. 앉은키가 76 cm 초과 80 cm 이하인 학생의 이름을 모두 쓰세요.

시영이네 모둠 학생들의 앉은키

이름	시영	정현	윤지	수완	진주
앉은키(cm)	76	81	77.2	80	75.8

(   )

11 어느 알뜰 장터에서는 구매한 전체 금액에 따라 선물을 줍니다. 알뜰 장터에서 책가방, 크레파스, 동화책을 구매했다면 받을 수 있는 선물은 무엇인가요?

책가방   크레파스   동화책

8000원   3000원   2000원

구매 금액별 선물

구매 금액(원)	선물
5000 초과 10000 이하	지우개
10000 초과 15000 이하	연필
15000 초과	수첩

(   )

12 두 수직선에 나타낸 수의 범위에 공통으로 속하는 자연수를 모두 쓰세요.

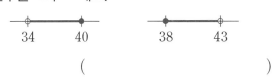

(   )

서술형  문제 해결의 **전략**을 보면서 풀어 보자.

13 연아네 가족의 나이는 아버지 48세, 어머니 46세, 오빠 15세, 연아 12세입니다. 연아네 가족이 모두 전시회에 입장하려면 입장료를 얼마 내야 하는지 구하세요.

전시회 입장료

나이(세)	요금(원)
19 이상	5000
13 이상 19 미만	3000
13 미만	2000

전략 연아네 가족을 나이의 범위에 따라 분류하자.

❶ 19세 이상: 아버지, [   ]

➡ [   ] 명

13세 이상 19세 미만: [   ]

➡ 1명

13세 미만: 연아 ➡ [   ] 명

❷ (연아네 가족이 내야 하는 입장료)

$= 5000 \times$ [   ] $+ 3000 +$ [   ]

$=$ [   ] (원)

답 _____

↩ 개념 확인: BOOK❶ 12쪽

④ 올림

1 수를 올림하여 주어진 자리까지 나타내 보세요.

수	십의 자리	백의 자리	천의 자리
7542			

2 소수를 올림하여 주어진 자리까지 나타내 보세요.

소수	소수 첫째 자리	소수 둘째 자리
1.647		

3 올림하여 백의 자리까지 나타내면 8700이 되는 수를 찾아 쓰세요.

8599	8653	8701

( )

4 건우네 학교에서 운동회 기념으로 학생 437명에게 손수건을 한 장씩 나누어 주려고 합니다. 손수건을 최소 몇 장 사야 하나요?

손수건을 100장씩 묶음으로만 판다고 해.

건우

( )

5 올림하여 십의 자리까지 나타낸 수가 나머지와 다른 수는 어느 것인가요? ·················( )

① 4811   ② 4814   ③ 4817
④ 4819   ⑤ 4821

6 올림하여 나타낸 수를 구하고 크기를 비교하여 ○ 안에 >, =, <를 알맞게 써넣으세요.

5013을 올림하여 백의 자리까지 나타낸 수 ➡ ☐	○	4997을 올림하여 천의 자리까지 나타낸 수 ➡ ☐

7 네 자리 수인 여행 가방의 비밀번호를 올림하여 백의 자리까지 나타내면 3800입니다. 비밀번호를 구하세요.

비밀번호는 ☐☐25야.

( )

8 올림하여 십의 자리까지 나타내면 260이 되는 자연수 중에서 가장 작은 수를 구하세요.

( )

개념 확인: **BOOK❶** 14쪽

⑤ 버림

9 수를 버림하여 천의 자리까지 바르게 나타낸 것에 ○표 하세요.

1997 ➡ 2000		7103 ➡ 7000
( )		( )

10 수를 버림하여 주어진 자리까지 나타내 보세요.

수	십의 자리	백의 자리
436		
2857		

[11~12] 현태가 저금통에 모은 동전은 모두 37900원 입니다. 물음에 답하세요.

11 현태가 모은 동전을 10000원짜리 지폐로 바꾸면 최대 얼마까지 바꿀 수 있나요?

( )

12 현태가 모은 동전을 1000원짜리 지폐로 바꾸면 최대 얼마까지 바꿀 수 있나요?

( )

13 버림을 바르게 설명한 사람을 찾아 이름을 쓰세요.

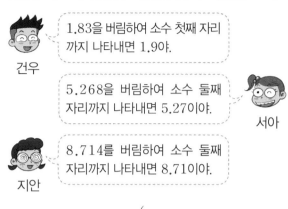

건우: 1.83을 버림하여 소수 첫째 자리 까지 나타내면 1.9야.

서아: 5.268을 버림하여 소수 둘째 자리까지 나타내면 5.27이야.

지안: 8.714를 버림하여 소수 둘째 자리까지 나타내면 8.71이야.

( )

14 버림하여 백의 자리까지 나타낸 수가 가장 작은 수를 찾아 기호를 쓰세요.

㉠ 8254	㉡ 8309	㉢ 8199

( )

🏅 **서술형** **中수** 문제 해결의 **전략** 을 보면서 풀어 보자.

15 ㉠과 ㉡에 알맞은 자연수를 각각 구하세요.

> 버림하여 천의 자리까지 나타내면 2000이 되는 자연수는 ㉠ 이상 ㉡ 미만인 자연수입니다.

전략 버림하여 천의 자리까지 나타내면 2000이 되는 자연수는 2□□□이다.

❶ 버림하여 천의 자리까지 나타내면 2000 이 되는 자연수는 [   ]부터 [   ] 까지의 자연수입니다.

전략 수의 범위를 이상과 미만을 사용해서 나타내자.

❷ ❶에서 구한 수의 범위는 [   ] 이상 [   ] 미만인 자연수입니다.

➡ ㉠= [   ], ㉡= [   ]

답 ㉠: _____ , ㉡: _____

1
수의 범위와 어림하기

7

↻ 개념 확인 : BOOK❶ 18쪽

6 반올림

1 주어진 소수를 반올림하여 소수 둘째 자리까지 나타내 보세요.

(1) 1.927 ➡ ( )

(2) 8.405 ➡ ( )

2 수를 반올림하여 주어진 자리까지 나타내 보세요.

수	십의 자리	백의 자리	천의 자리
5836			

3 사탕의 길이를 반올림하여 일의 자리까지 나타내면 몇 cm인가요?

( )

4 반올림하여 백의 자리까지 나타내면 7100이 되지 않는 수는 어느 것인가요? ·············· ( )

① 7049　　② 7081　　③ 7111

④ 7148　　⑤ 7100

5 3일 동안 야구장에 입장한 관람객 수를 반올림하여 천의 자리까지 나타내었습니다. **잘못** 나타낸 요일은 무슨 요일인가요?

요일	관람객 수(명)	반올림한 관람객 수(명)
금요일	12904	13000
토요일	26468	27000
일요일	31795	32000

( )

6 수 카드 4장을 한 번씩만 사용하여 만들 수 있는 가장 작은 네 자리 수를 반올림하여 백의 자리까지 나타내면 얼마인가요?

1　9　3　5

( )

7 어떤 수를 반올림하여 십의 자리까지 나타내었더니 180이 되었습니다. 물음에 답하세요.

(1) 어떤 수가 될 수 있는 수의 범위를 쓰세요.

☐ 이상 ☐ 미만인 수

(2) 어떤 수가 될 수 있는 수의 범위를 수직선에 나타내 보세요.

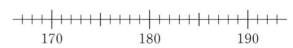

170　　　180　　　190

↺ 개념 확인: **BOOK❶** 20쪽

❼ **올림, 버림, 반올림을 활용하여 문제 해결하기**

8 2023을 올림, 버림, 반올림하여 천의 자리까지 나타내 보세요.

올림	버림	반올림

9 학교에서 도서관까지의 거리를 반올림하여 소수 첫째 자리까지 나타내면 몇 km인가요?

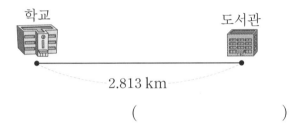

학교   도서관

2.813 km

(   )

[10~11] 어림하는 방법을 보기에서 찾아 쓰고 답을 구하세요.

보기

올림   버림   반올림

10 공장에서 수첩 3492권을 만들었습니다. 한 상자에 100권씩 담아서 판다면 팔 수 있는 수첩은 최대 몇 상자인가요?

방법 _____ 답 _____

11 학생 382명이 모두 버스를 타려고 합니다. 버스는 한 대에 10명씩 탈 수 있다면 필요한 버스는 최소 몇 대인가요?

방법 _____ 답 _____

12 반올림하여 백의 자리까지 나타낸 수와 올림하여 백의 자리까지 나타낸 수가 같은 수를 찾아 ○표 하세요.

1251   3847   1009

✐ 서술형

13 어느 학교의 도서관에 책이 10573권 있습니다. 책의 수를 어림했더니 11000권이 되었습니다. 어떻게 어림했는지 두 가지 방법으로 설명해 보세요.

방법 1 10573권을 (올림 , 버림 , 반올림)하여 ☐의 자리까지 나타냈습니다.

방법 2 _____

_____

🏅 서술형 **中수**   문제 해결의 전략 을 보면서 풀어 보자.

14 젤리가 418개 있습니다. 이 젤리를 한 봉지에 10개씩 담아서 2000원에 판다고 합니다. 봉지에 담은 젤리를 팔아서 받을 수 있는 돈은 최대 얼마인가요?

전략 10개가 안 되는 젤리는 봉지에 담아 팔 수 없다.

❶ 팔 수 있는 젤리는 418개를 ☐하여 십의 자리까지 나타내면 최대 ☐개입니다.

❷ 팔 수 있는 젤리는 최대 ☐봉지입니다.

전략 (젤리 한 봉지의 값)×(팔 수 있는 젤리의 봉지 수)

❸ (젤리를 팔아서 받을 수 있는 최대 금액)
=2000×☐=☐(원)

답 _____

나를 따라 해

연습 1 수직선에 나타낸 수의 범위에 속하는 자연수는 모두 4개입니다. ㉠에 알맞은 자연수는 얼마인지 풀이 과정을 쓰고 답을 구하세요.

46 ㉠

풀이 ❶ 수직선에 나타낸 수의 범위는 46 초과 ㉠ [   ]인 수입니다.

❷ 수의 범위에 속하는 4개의 자연수는 [   ], [   ], [   ], [   ]입니다.

❸ ㉠에 알맞은 자연수는 [   ]입니다.

답 _____

내가 써 볼게

🌀 **가이드** | 문제에서 핵심이 되는 말에 표시하고, 위의 풀이를 따라 풀어 보자.

실전 1-1 수직선에 나타낸 수의 범위에 속하는 자연수는 모두 6개입니다. ㉠에 알맞은 자연수는 얼마인지 풀이 과정을 쓰고 답을 구하세요.

32 ㉠

풀이

❶

❷

❸

답 _____

실전 1-2 수직선에 나타낸 수의 범위에 속하는 자연수는 모두 5개입니다. ㉠에 알맞은 자연수는 얼마인지 풀이 과정을 쓰고 답을 구하세요.

㉠ 41

풀이

❶

❷

❸

답 _____

나를 따라 해

연습 2 어느 빵집에서는 오른쪽과 같이 구매한 전체 금액에 따라 선물을 줍니다. 23000원짜리 케이크 한 개와 3000원짜리 빵 2개를 샀다면 받을 수 있는 선물은 무엇인지 풀이 과정을 쓰고 답을 구하세요.

구매 금액별 선물

구매 금액(원)	선물
10000 이하	크림빵
10000 초과 20000 이하	단팥빵
20000 초과 30000 이하	카스텔라
30000 초과	조각 케이크

풀이 ❶ (구매한 전체 금액)$= 23000 + 3000 \times \boxed{} = \boxed{}$ (원)

❷ $\boxed{}$ 원은 구매 금액의 범위 20000원 초과 $\boxed{}$ 원 이하 에 속하므로 받을 수 있는 선물은 $\boxed{}$ 입니다.

답 _____

내가 써 볼게

🔎 **가이드** | 문제에서 핵심이 되는 말에 표시하고, 위의 풀이를 따라 풀어 보자.

실전 2-1 지수네 반에서는 다음과 같이 한 학년 동안 읽은 책의 수에 따라 상을 줍니다. 지수는 책을 1학기에 63권, 2학기에 55권 읽었습니다. 지수가 받은 상은 무엇인지 풀이 과정을 쓰고 답을 구하세요.

읽은 책의 수별 상

책의 수(권)	상
150 이상	최우수상
130 이상 150 미만	우수상
100 이상 130 미만	장려상

풀이

❶

❷

답 _____

실전 2-2 어느 문구점에서는 다음과 같이 구매한 전체 금액에 따라 포인트를 줍니다. 9000원짜리 필통 한 개, 1500원짜리 볼펜 4자루를 샀다면 받을 수 있는 포인트는 몇 점인지 풀이 과정을 쓰고 답을 구하세요.

구매 금액별 포인트

구매 금액(원)	포인트(점)
10000 이상 15000 미만	100
15000 이상 20000 미만	200
20000 이상	300

풀이

❶

❷

답 _____

나를 **따라 해**

연습 **3** 반올림하여 백의 자리까지 나타내면 7000이 되는 수의 범위를 이상과 미만을 사용하여 자연수로 나타내려고 합니다. 풀이 과정을 쓰고 답을 구하세요.

풀이 ❶ 반올림하여 백의 자리까지 나타내면 7000이 되는 수는

[   ]과 같거나 크고 [   ]보다 작은 수입니다.

❷ 수의 범위는 [   ] 이상 [   ] 미만인 수입니다.

답 _____

내가 **써 볼게**   💬 **가이드** | 문제에서 핵심이 되는 말에 표시하고, 위의 풀이를 따라 풀어 보자.

실전 **3-1** 올림하여 백의 자리까지 나타내면 3000이 되는 수의 범위를 초과와 이하를 사용하여 자연수로 나타내려고 합니다. 풀이 과정을 쓰고 답을 구하세요.

풀이

❶

❷

답 _____

실전 **3-2** 버림하여 백의 자리까지 나타내면 5000이 되는 수의 범위를 이상과 미만을 사용하여 자연수로 나타내려고 합니다. 풀이 과정을 쓰고 답을 구하세요.

풀이

❶

❷

답 _____

나를 따라 해

연습 4 문구점에 색종이가 3475장 있습니다. 이 색종이를 10장씩 묶음으로 팔 때와 100장씩 묶음으로 팔 때 각각 색종이를 최대로 판 금액의 차는 얼마인지 풀이 과정을 쓰고 답을 구하세요.

> 10장씩 묶음: 300원
> 100장씩 묶음: 2500원

풀이

❶ 10장씩 묶음으로 팔 때는 버림하여 최대 3470장, 즉 최대 ☐ 묶음을 팔 수 있으므로 판 금액은 모두 $300 \times$ ☐ $=$ ☐ (원)

❷ 100장씩 묶음으로 팔 때는 버림하여 최대 3400장, 즉 최대 ☐ 묶음을 팔 수 있으므로 판 금액은 모두 $2500 \times$ ☐ $=$ ☐ (원)

❸ (두 금액의 차) $=$ ☐ $-$ ☐ $=$ ☐ (원)

답 _____

내가 써 볼게

💬 **가이드** | 문제에서 핵심이 되는 말에 표시하고, 위의 풀이를 따라 풀어 보자.

실전 4-1 가게에 사탕이 1928개 있습니다. 이 사탕을 10개씩 묶음으로 팔 때와 100개씩 묶음으로 팔 때 각각 사탕을 최대로 판 금액의 차는 얼마인지 풀이 과정을 쓰고 답을 구하세요.

> 10개씩 묶음: 800원
> 100개씩 묶음: 7000원

풀이

❶

❷

❸

답 _____

실전 4-2 문구점에 공책이 2576권 있습니다. 이 공책을 10권씩 묶음으로 팔 때와 100권씩 묶음으로 팔 때 각각 공책을 최대로 판 금액의 차는 얼마인지 풀이 과정을 쓰고 답을 구하세요.

> 10권씩 묶음: 5000원
> 100권씩 묶음: 40000원

풀이

❶

❷

❸

답 _____

🔄 개념 확인: BOOK① 30쪽

1 (진분수)×(자연수)

1 은우와 서아가 말한 수의 곱을 구하세요.

$\dfrac{7}{10}$ 은우

8   서아

(   )

2 $\dfrac{4}{9}\times6$을 두 가지 방법으로 계산해 보세요.

방법 1 $\dfrac{4}{9}\times6=\dfrac{4\times6}{9}=\dfrac{24}{9}=\dfrac{\Box}{\Box}=\Box$

방법 2 $\dfrac{4}{\overset{}{\underset{3}{9}}}\times\overset{\Box}{6}=\dfrac{4\times\Box}{\Box}=\dfrac{\Box}{\Box}=\Box$

3 크기를 비교하여 ○ 안에 >, =, <를 알맞게 써 넣으세요.

$$\dfrac{3}{8}\times4 \bigcirc 2\dfrac{1}{6}$$

4 나무 막대 하나의 무게는 $\dfrac{3}{10}$ kg입니다. 나무 막대 15개의 무게는 모두 몇 kg인가요?

식 _____

답 _____

5 계산 결과가 다른 하나를 찾아 기호를 쓰세요.

㉠ $\dfrac{5}{14}+\dfrac{5}{14}+\dfrac{5}{14}$ ㉡ $\dfrac{5}{14}\times3$

㉢ $\dfrac{5\times3}{14}$ ㉣ $\dfrac{5\times3}{14\times3}$

(   )

6 □ 안에 들어갈 수 있는 자연수는 모두 몇 개인지 구하세요.

$$\dfrac{5}{8}\times12>\Box$$

(   )

◆ 서술형 中수   문제 해결의 전략 을 보면서 풀어 보자.

7 민혁이네 가족은 쌀을 매일 $\dfrac{11}{15}$ kg씩 먹습니다. 4월 한 달 동안 먹은 쌀은 모두 몇 kg인가요?

전략 4월의 날수를 알아보자.

❶ 4월은 □ 일까지 있습니다.

전략 (하루에 먹는 쌀의 무게)×(4월의 날수)

❷ (4월 한 달 동안 먹는 쌀의 무게)

$=\dfrac{11}{15}\times\Box=\Box$ (kg)

답 _____

↻ 개념 확인: **BOOK①** 32쪽

② (대분수)×(자연수)

8 두 수의 곱을 구하세요.

| $2\dfrac{1}{9}$ | 6 |

(   )

9 $2\dfrac{7}{12}×15$를 보기 와 다른 방법으로 계산해 보세요.

보기

$$2\dfrac{7}{12}×15=(2×15)+\left(\dfrac{\overset{}{7}}{\underset{4}{12}}×\overset{5}{15}\right)$$

$$=30+\dfrac{35}{4}=30+8\dfrac{3}{4}=38\dfrac{3}{4}$$

$2\dfrac{7}{12}×15$

_____

_____

10 $1\dfrac{3}{10}$ L짜리 음료수가 5병 있습니다. 음료수는 모두 몇 L인가요?

식 _____

답 _____

11 3장의 수 카드를 한 번씩만 사용하여 가장 작은 대분수를 만들어 2와 곱한 값을 구하세요.

| 4 | 5 | 6 |

(   )

↻ 개념 확인: **BOOK①** 36쪽

③ (자연수)×(진분수)

12 계산 결과를 찾아 이어 보세요.

| $6×\dfrac{3}{8}$ | • |

| $14×\dfrac{5}{28}$ | • |

• $2\dfrac{1}{2}$

• $2\dfrac{1}{4}$

• $2\dfrac{3}{4}$

13 바르게 계산한 사람의 이름을 쓰세요.

수아: $20×\dfrac{5}{8}=12\dfrac{1}{2}$

영지: $15×\dfrac{3}{10}=3\dfrac{1}{2}$

(   )

14 바둑돌이 40개 있습니다. 전체의 $\dfrac{2}{5}$는 흰색 바둑돌일 때 흰색 바둑돌은 몇 개인가요?

식 _____

답 _____

15 윤정이는 일정한 빠르기로 한 시간에 5 km씩 걷습니다. 같은 빠르기로 윤정이가 36분 동안 걸은 거리는 몇 km인가요?

(   )

1분$=\dfrac{1}{60}$시간이야.

2

분수의 곱셈

개념 확인: **BOOK①** 38쪽

4 (자연수)×(대분수)

1 $14 \times 1\frac{2}{21}$ 를 두 가지 방법으로 계산해 보세요.

방법 1 $14 \times 1\frac{2}{21}$

방법 2 $14 \times 1\frac{2}{21}$

2 잘못 계산한 사람의 이름을 쓰세요.

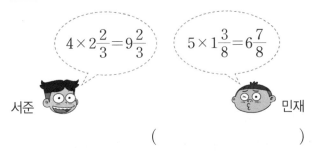

$4 \times 2\frac{2}{3} = 9\frac{2}{3}$

$5 \times 1\frac{3}{8} = 6\frac{7}{8}$

서준   민재

(   )

3 빈칸에 알맞은 수를 써넣으세요.

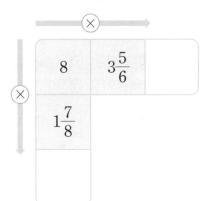

4 계산 결과가 더 큰 것에 ○표 하세요.

$$18 \times \frac{4}{15} \qquad 4 \times 1\frac{3}{10}$$

5 팥 6 kg을 삶았더니 처음 무게의 $1\frac{2}{3}$배가 되었습니다. 삶은 팥의 무게는 몇 kg인가요?

식 _____

답 _____

6 다음은 직사각형 모양의 꽃밭입니다. 이 꽃밭의 넓이는 몇 m²인가요?

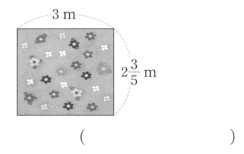

3 m

$2\frac{3}{5}$ m

(   )

🖊️ 서술형

7 ○ 안에 >, =, <를 알맞게 써넣고, 알게 된 점을 쓰세요.

$$7 \times \frac{5}{8} \bigcirc 7 \qquad 7 \times 1\frac{3}{8} \bigcirc 7$$

알게 된 점 _____

_____

_____

↪개념 확인: BOOK❶ 42쪽

5 **진분수의 곱셈** (1)──•단위분수가 있는 곱셈

8 빈 곳에 두 분수의 곱을 써넣으세요.

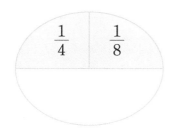

9 빈칸에 알맞은 수를 써넣으세요.

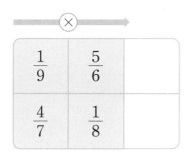

10 □ 안에 1보다 큰 자연수를 알맞게 써넣으세요.

$$\frac{1}{\square} \times \frac{1}{\square} = \frac{1}{35}$$

11 성재는 어제 문제집 한 권의 $\frac{1}{12}$을 풀었고, 오늘은 어제 푼 문제집 양의 $\frac{1}{7}$을 풀었습니다. 성재가 오늘 푼 부분은 문제집 한 권의 몇 분의 몇인가요?

식
　　　　　　　　　　　　　

답
　　　　　　　　　　　　　

✏️ 서술형

12 $\frac{7}{9} \times \frac{1}{4}$을 이용해서 풀 수 있는 문제를 완성하고, 답을 구하세요.

문제 길이가 $\frac{7}{9}$ m인 리본이 있습니다. _____

_____

_____

답
　　　　　　　　　　　　　

13 □ 안에 들어갈 수 있는 1보다 큰 자연수를 모두 구하세요.

$$\frac{1}{\square} \times \frac{1}{6} > \frac{1}{25}$$

(　　　　　　　　　　　　)

🏅 서술형 **中수**　　문제 해결의 전략을 보면서 풀어 보자.

14 세호네 학교 도서관 책 전체의 $\frac{2}{3}$는 아동 도서이고 그중 $\frac{1}{5}$은 동시집입니다. 세호는 동시집의 $\frac{1}{4}$을 읽었습니다. 세호가 읽은 동시집은 학교 도서관 책 전체의 몇 분의 몇인가요?

전략 (전체 중 아동 도서 부분)×(아동 도서 중 동시집 부분)

❶ 동시집은 학교 도서관 책 전체의

$$\frac{2}{3} \times \frac{\square}{\square} = \frac{\square}{\square} \text{입니다.}$$

전략 (전체 중 동시집 부분)×(동시집 중 읽은 부분)

❷ 세호가 읽은 동시집은 학교 도서관 책 전

체의 $\frac{\square}{\square} \times \frac{1}{4} = \frac{\square}{60} = \frac{\square}{30}$ 입니다.

답
　　　　　　　　　　　　　

2

분수의 곱셈

17

↻ 개념 확인: **BOOK①** 44쪽

⑥ 진분수의 곱셈 (2)→(진분수)×(진분수), 세 분수의 곱셈

1 빈 곳에 두 분수의 곱을 써넣으세요.

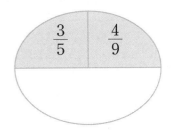

2 잘못 계산한 부분을 찾아 바르게 계산해 보세요.

$$\overset{1}{\cancel{2}} \times \overset{2}{\cancel{4}} = \frac{1 \times 2}{7 \times 5} = \frac{2}{35}$$

$\frac{2}{7} \times \frac{4}{5}$ _____

3 빈칸에 알맞은 수를 써넣으세요.

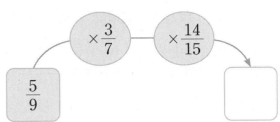

4 지연이가 받은 간식 꾸러미 전체의 $\frac{2}{5}$는 사탕이고 그중 $\frac{3}{8}$은 딸기 맛입니다. 지연이의 간식 꾸러미에서 딸기 맛 사탕은 간식 전체의 몇 분의 몇인가요?

식 _____

답 _____

5 계산 결과가 $\frac{3}{10}$보다 작은 것에 ○표 하세요.

$$\frac{3}{10} \times 3 \qquad \frac{3}{10} \times \frac{4}{5}$$

6 보기 의 화살표 규칙에 따라 계산하여 빈칸에 알맞은 수를 써넣으세요.

보기
$$\downarrow : \times \frac{3}{8} \qquad \rightarrow : \times \frac{2}{9} \qquad \uparrow : \times \frac{5}{6}$$

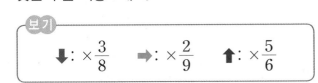

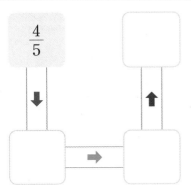

🏅 서술형 中수 문제 해결의 전략 을 보면서 풀어 보자.

7 가 ♣ 나=가×나×$\frac{1}{2}$로 약속할 때 $\frac{8}{9}$ ♣ $\frac{3}{16}$은 얼마인지 구하세요.

전략 약속에 따라 $\frac{8}{9}$ ♣ $\frac{3}{16}$을 곱셈으로 나타내자.

① $\frac{8}{9}$ ♣ $\frac{3}{16}$ = ☐ × ☐ × $\frac{1}{2}$

전략 ①에서 나타낸 곱셈을 계산하자.

② ☐ × ☐ × $\frac{1}{2}$ = ☐

답 _____

↩ 개념 확인: **BOOK①** 46쪽

7 **대분수가 있는 곱셈**

8 빈칸에 알맞은 수를 써넣으세요.

$1\frac{2}{3}$ ➡ $\times 2\frac{1}{4}$ ➡ □

9 잘못 계산한 부분을 찾아 바르게 계산해 보세요.

$$2\frac{\overset{1}{\cancel{4}}}{\underset{3}{\cancel{9}}} \times \frac{\overset{1}{\cancel{3}}}{\underset{1}{\cancel{4}}} = 2\frac{1}{3}$$

$2\frac{4}{9} \times \frac{3}{4}$ _____

10 정민이 가방의 무게는 $2\frac{4}{5}$ kg이고 태호 가방의 무게는 정민이 가방의 무게의 $1\frac{3}{7}$배입니다. 태호 가방의 무게는 몇 kg인가요?

식 _____

답 _____

11 가장 큰 수와 가장 작은 수의 곱을 구하세요.

$2\frac{5}{6}$ $1\frac{1}{9}$ $3\frac{3}{4}$ $1\frac{2}{3}$

(_____)

12 계산 결과를 비교하여 ○ 안에 >, =, <를 알맞게 써넣으세요.

$$3 \times 1\frac{7}{9} \bigcirc 1\frac{2}{5} \times 4\frac{1}{6}$$

13 정사각형 가와 직사각형 나가 있습니다. 가와 나 중 어느 것이 더 넓은가요?

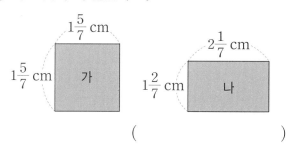

(_____)

14 수 카드 [1], [4], [5]를 한 번씩만 사용하여 대분수를 만들려고 합니다. 만들 수 있는 가장 작은 대분수와 가장 큰 대분수를 구하고, 두 대분수의 곱을 구하세요.

가장 작은 대분수	가장 큰 대분수	두 대분수의 곱
□$\frac{□}{□}$	□$\frac{□}{□}$	□$\frac{□}{□}$

2

분수의 곱셈

나를 따라 해

연습 1 오른쪽은 어느 박물관의 학생 입장료입니다. 단체로 갈 경우 학생 20명이 내야 하는 입장료는 얼마인지 풀이 과정을 쓰고 답을 구하세요.

박물관의 학생 입장료

개인	한 명당 2000원
단체 (10명 이상)	한 명당 개인 입장료의 $\frac{4}{5}$

풀이 ❶ (단체로 갈 경우 학생 한 명의 입장료)$=2000\times\dfrac{\square}{\square}=\boxed{}$ (원)

❷ (단체로 갈 경우 학생 20명의 입장료)$=\boxed{}\times20$

$=\boxed{}$ (원)

답 _____

내가 써 볼게
🍀 **가이드** | 문제에서 핵심이 되는 말에 표시하고, 위의 풀이를 따라 풀어 보자.

실전 1-1 어느 전시회의 입장료입니다. 어린이 2명의 입장료는 얼마인지 풀이 과정을 쓰고 답을 구하세요.

전시회의 입장료

어른	한 명당 9000원
어린이	어른 입장료의 $\frac{3}{5}$

풀이

❶

❷

답 _____

실전 1-2 한 켤레의 가격이 4000원인 양말이 있습니다. 할인 기간에는 원래 가격의 $\frac{3}{4}$만큼의 가격에 판다면 할인 기간에 양말 3켤레의 가격은 얼마인지 풀이 과정을 쓰고 답을 구하세요.

풀이

❶

❷

답 _____

나를 따라 해

연습 **2** ■에 들어갈 수 있는 단위분수는 모두 몇 개인지 풀이 과정을 쓰고 답을 구하세요.

$$\frac{1}{3}\times\frac{1}{9}<■<\frac{1}{4}\times\frac{1}{6}$$

풀이 ❶ $\dfrac{1}{3}\times\dfrac{1}{9}=\dfrac{1}{\boxed{}}$, $\dfrac{1}{4}\times\dfrac{1}{6}=\dfrac{1}{\boxed{}}$ ➡ $\dfrac{1}{\boxed{}}<■<\dfrac{1}{\boxed{}}$

❷ ■에 들어갈 수 있는 단위분수를 모두 구하면 _____ 이므로

모두 $\boxed{}$ 개입니다.

답 _____

내가 써 볼게 ✤ **가이드** | 문제에서 핵심이 되는 말에 표시하고, 위의 풀이를 따라 풀어 보자.

실전 **2-1** □ 안에 들어갈 수 있는 단위분수는 모두 몇 개인지 풀이 과정을 쓰고 답을 구하세요.

$$\frac{1}{5}\times\frac{1}{8}<□<\frac{1}{4}\times\frac{1}{9}$$

풀이

❶

❷

답 _____

실전 **2-2** □ 안에 들어갈 수 있는 단위분수는 모두 몇 개인지 풀이 과정을 쓰고 답을 구하세요.

$$\frac{1}{2}\times\frac{1}{13}<□<\frac{1}{3}\times\frac{1}{7}$$

풀이

❶

❷

답 _____

나를 따라 해

연습 3 4장의 수 카드 중 2장을 골라 한 번씩만 사용하여 계산 결과가 가장 작은 곱셈을 만들어 계산 결과를 구하려고 합니다. 풀이 과정을 쓰고 답을 구하세요.

$$4\frac{2}{3} \qquad 2\frac{2}{5} \qquad \frac{15}{8} \qquad 5\frac{4}{9}$$

풀이 ❶ 계산 결과가 가장 작으려면 곱하는 두 수가 (커야 , 작아야) 합니다.

❷ 수 카드의 수의 크기를 비교하면 $\frac{15}{8} <$ ☐ $<$ ☐ $<$ ☐ 입니다.

❸ 계산 결과가 가장 작은 곱셈식: $\frac{15}{8} \times$ ☐ $=$ ☐

답 _____

내가 써 볼게

🐸 **가이드** | 문제에서 핵심이 되는 말에 표시하고, 위의 풀이를 따라 풀어 보자.

실전 3-1 4장의 수 카드 중 2장을 골라 한 번씩만 사용하여 계산 결과가 가장 작은 곱셈을 만들어 계산 결과를 구하려고 합니다. 풀이 과정을 쓰고 답을 구하세요.

$$8 \qquad \frac{3}{10} \qquad 4\frac{2}{7} \qquad 3\frac{1}{8}$$

풀이
❶

❷

❸

답 _____

실전 3-2 4장의 수 카드 중 2장을 골라 한 번씩만 사용하여 계산 결과가 가장 큰 곱셈을 만들어 계산 결과를 구하려고 합니다. 풀이 과정을 쓰고 답을 구하세요.

$$8\frac{1}{6} \qquad 10 \qquad 5\frac{5}{12} \qquad \frac{11}{7}$$

풀이
❶

❷

❸

답 _____

나를 따라 해

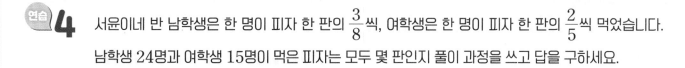

연습 **4** 서윤이네 반 남학생은 한 명이 피자 한 판의 $\dfrac{3}{8}$씩, 여학생은 한 명이 피자 한 판의 $\dfrac{2}{5}$씩 먹었습니다. 남학생 24명과 여학생 15명이 먹은 피자는 모두 몇 판인지 풀이 과정을 쓰고 답을 구하세요.

풀이 ❶ (남학생 24명이 먹은 피자의 수)=$\dfrac{\boxed{}}{8}\times24=\boxed{}$(판)

❷ (여학생 15명이 먹은 피자의 수)=$\dfrac{\boxed{}}{5}\times15=\boxed{}$(판)

❸ (전체 피자의 수)=$\boxed{}+\boxed{}=\boxed{}$(판)

답 _____

2

분수의 곱셈

내가 써 볼게 가이드 | 문제에서 핵심이 되는 말에 표시하고, 위의 풀이를 따라 풀어 보자.

실전 **4-1** 과일 바구니에 한 개의 무게가 $\dfrac{6}{25}$ kg 인 사과 10개와 한 개의 무게가 $\dfrac{1}{4}$ kg인 배 6개를 담았습니다. 바구니에 담긴 과일의 무게는 모두 몇 kg인지 풀이 과정을 쓰고 답을 구하세요.

풀이

❶

❷

❸

답 _____

실전 **4-2** 경석이는 한 병이 $1\dfrac{3}{10}$ L인 우유를 4병 샀고, 유빈이는 한 병이 $2\dfrac{1}{5}$ L인 우유를 2병 샀습니다. 경석이와 유빈이가 산 우유는 모두 몇 L인지 풀이 과정을 쓰고 답을 구하세요.

풀이

❶

❷

❸

답 _____

23

🔖 개념 확인: BOOK❶ 56쪽

1 도형의 합동

1 왼쪽 도형과 서로 합동인 도형을 찾아 기호를 쓰세요.

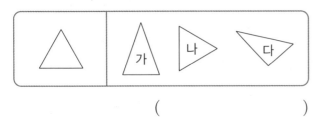

( )

2 정사각형 모양의 색종이를 점선을 따라 잘랐을 때 만들어지는 두 도형이 서로 합동인 것을 찾아 ○표 하세요.

( ) ( ) ( )

3 서로 합동인 두 도형을 찾아 기호를 쓰세요.

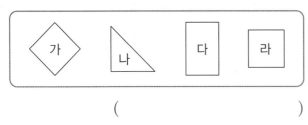

( )

4 나머지 셋과 합동이 <u>아닌</u> 도형을 찾아 기호를 쓰세요.

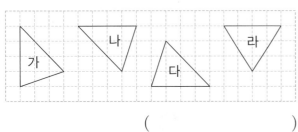

( )

5 주어진 도형과 서로 합동인 도형을 그려 보세요.

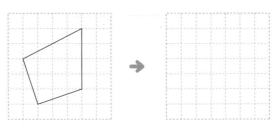

6 서로 합동인 도형은 모두 몇 쌍인가요?

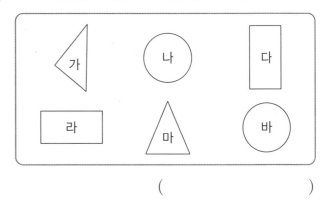

( )

🖊 서술형

7 두 도형은 서로 합동이 아닙니다. 그 까닭을 쓰세요.

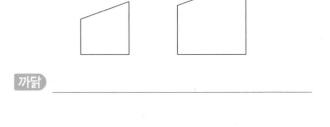

까닭 _____
_____

↩ 개념 확인: **BOOK①** 58쪽

② 합동인 도형의 성질

8 두 사각형은 서로 합동입니다. □ 안에 알맞게 써 넣으세요.

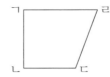 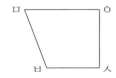

(1) 점 ㄴ의 대응점 ➡ 점 □

(2) 변 ㄴㄷ의 대응변 ➡ 변 □

(3) 각 ㄱㄹㄷ의 대응각 ➡ 각 □

9 두 삼각형은 서로 합동입니다. 대응변과 대응각은 각각 몇 쌍인가요?

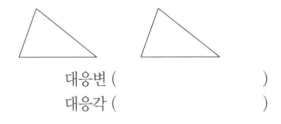

대응변 ( )

대응각 ( )

10 두 삼각형은 서로 합동입니다. 잘못 설명한 사람을 찾아 이름을 쓰세요.

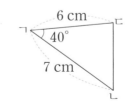 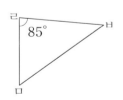

서아

변 ㄴㄷ의 대응변은 변 ㅁㄹ이야.

변 ㅁㅂ은 6 cm야.

은우

건우

각 ㄴㄷㄱ은 85°야.

( )

11 두 삼각형은 서로 합동입니다. □ 안에 알맞은 수를 써넣으세요.

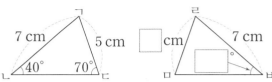

12 두 삼각형은 서로 합동입니다. 삼각형 ㄱㄴㄷ의 둘레는 몇 cm인가요?

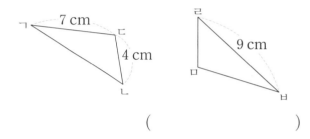

( )

🏅 **서술형 中수** 문제 해결의 **전략**을 보면서 풀어 보자.

13 두 사각형은 서로 합동입니다. 각 ㅂㅅㅇ은 몇 도인가요?

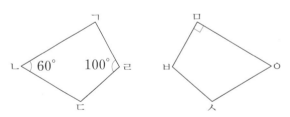

전략 합동인 두 도형은 각각의 대응각의 크기가 서로 같다.

❶ (각 ㅁㅂㅅ)=(각 □)= □ °

(각 ㅁㅇㅅ)=(각 □)= □ °

❷ (각 ㅂㅅㅇ)

= 360° − 90° − □ ° − □ °

= □ °

답 _____

🔁 개념 확인 : **BOOK①** 62쪽

3 선대칭도형

🔁 개념 확인 : **BOOK①** 64쪽

4 선대칭도형의 성질, 선대칭도형 그리기

1 선대칭도형을 찾아 ○표 하세요.

(   ) (   ) (   )

2 도형은 선대칭도형입니다. 대칭축을 그려 보세요.

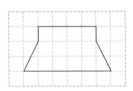

3 도형은 선대칭도형입니다. 대칭축이 가장 많은 도형을 찾아 기호를 쓰세요.

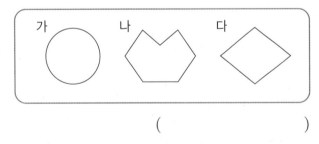

(   )

4 선대칭도형인 알파벳을 찾아 쓰세요.

N B Z F

(   )

[5~6] 직선 ㅅㅇ을 대칭축으로 하는 선대칭도형입니다. 물음에 답하세요.

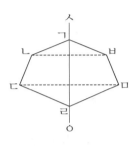

5 대응변과 대응각을 각각 찾아 쓰고, 알맞은 말에 ○표 하세요.

변 ㄱㅂ의 대응변 ➡ _____

각 ㄴㄷㄹ의 대응각 ➡ _____

> 선대칭도형에서 각각의 대응변의 길이와 대응각의 크기가 서로 (같습니다 , 다릅니다).

6 대응점끼리 이은 선분 ㄴㅂ, 선분 ㄷㅁ이 대칭축과 만나서 이루는 각은 각각 몇 도인가요?

(   ), (   )

7 직선 ㅈㅊ을 대칭축으로 하는 선대칭도형입니다. 선분 ㄱㅅ과 길이가 같은 선분을 찾아 쓰세요.

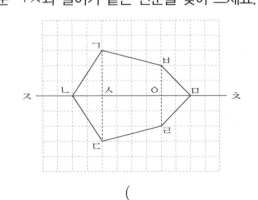

(   )

[8~9] 선대칭도형을 완성해 보세요.

8
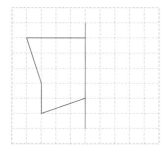

9
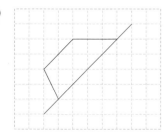

10 직선 ㄱㄴ을 대칭축으로 하는 선대칭도형입니다. □ 안에 알맞은 수를 써넣으세요.

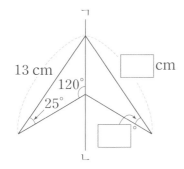

11 선대칭도형에 대한 설명으로 <u>잘못된</u> 것을 찾아 기호를 쓰세요.

ㄱ 각각의 대응각의 크기가 서로 같습니다.
ㄴ 대응점끼리 이은 선분은 대칭축과 수직으로 만납니다.
ㄷ 대칭축은 항상 1개입니다.

( )

12 직선 ㅈㅊ을 대칭축으로 하는 선대칭도형입니다. 선분 ㅂㅇ이 8 cm라면 선분 ㅂㄹ은 몇 cm인가요?

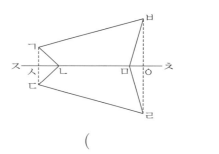

( )

13 사각형 ㄱㄴㄷㄹ은 직선 ㅅㅇ을 대칭축으로 하는 선대칭도형입니다. 각 ㄹㄷㅂ은 몇 도인가요?

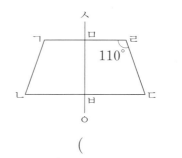

( )

서술형 中수 문제 해결의 전략 을 보면서 풀어 보자.

14 삼각형 ㄱㄴㄷ은 선분 ㄱㄹ을 대칭축으로 하는 선대칭도형입니다. 삼각형 ㄱㄴㄷ의 둘레는 몇 cm인가요?

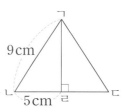

전략 선대칭도형에서 각각의 대응변의 길이가 서로 같고, 대응점에서 대칭축까지의 거리가 서로 같다.

❶ (변 ㄱㄷ)=(변 □)=□ cm
(변 ㄴㄷ)=5×□=□ (cm)

❷ (삼각형 ㄱㄴㄷ의 둘레)
=9+□+□=□ (cm)

답 _____

3
합동과 대칭

27

↻ 개념 확인: **BOOK 1** 70쪽

5 점대칭도형

1 점대칭도형을 모두 찾아 ○표 하세요.

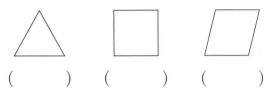

(   )   (   )   (   )

2 도형은 점대칭도형입니다. 대칭의 중심을 찾아 기호를 쓰세요.

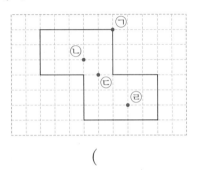

(   )

3 도형은 점대칭도형입니다. 대칭의 중심은 몇 개인가요?

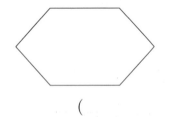

(   )

4 점대칭도형이 <u>아닌</u> 알파벳을 찾아 쓰세요.

A O H I

(   )

↻ 개념 확인: **BOOK 1** 72쪽

6 점대칭도형의 성질, 점대칭도형 그리기

5 점 ㅈ을 대칭의 중심으로 하는 점대칭도형입니다. 물음에 답하세요.

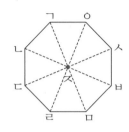

(1) 변 ㄱㄴ의 대응변을 찾아 쓰세요.

(   )

(2) 각 ㄷㄹㅁ의 대응각을 찾아 쓰세요.

(   )

(3) 선분 ㄱㅈ과 선분 ㅁㅈ의 길이를 비교해 보세요.

(   )

6 점대칭도형에서 대응점끼리 이은 선분을 둘로 똑같이 나누는 것은 어느 것인가요?⋯⋯(   )

① 대응점   ② 대응변
③ 대응각   ④ 대칭의 중심
⑤ 대칭축

7 점 ㅇ을 대칭의 중심으로 하는 점대칭도형입니다. □ 안에 알맞은 수를 써넣으세요.

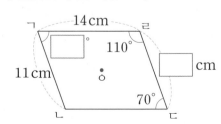

[8~9] 점대칭도형을 완성해 보세요.

8
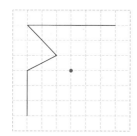

9
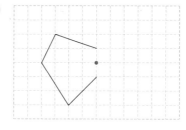

10 점 ㅇ을 대칭의 중심으로 하는 점대칭도형입니다. 선분 ㄴㄹ은 몇 cm인가요?

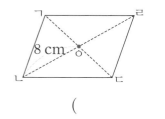

(   )

11 점 ㅇ을 대칭의 중심으로 하는 점대칭도형입니다. 각 ㄱㄷㄴ은 몇 도인가요?

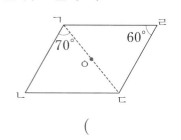

(   )

12 점 ㅇ을 대칭의 중심으로 하는 점대칭도형입니다. 점대칭도형의 둘레는 몇 cm인가요?

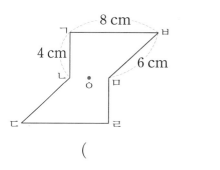

(   )

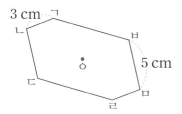

🏅 서술형 **中수** 문제 해결의 **전략**을 보면서 풀어 보자.

13 점 ㅇ을 대칭의 중심으로 하는 점대칭도형입니다. 도형의 둘레가 32 cm라면 변 ㄷㄹ은 몇 cm인가요?

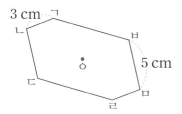

전략 점대칭도형에서 각각의 대응변의 길이가 서로 같다.

❶ (변 ㄴㄷ)=(변 ☐)=☐ cm

   (변 ㄹㅁ)=(변 ☐)=☐ cm

전략 둘레에서 변 ㄱㄴ, 변 ㄴㄷ, 변 ㄹㅁ, 변 ㅁㅂ의 길이를 빼자.

❷ (변 ㄷㄹ)+(변 ㅂㄱ)

   =32-3-☐-☐-5=☐ (cm)

❸ (변 ㄷㄹ)=(변 ㅂㄱ)이므로

   (변 ㄷㄹ)=☐ cm

답 _____

3

합동과 대칭

29

나를 따라 해

연습 **1** 오른쪽 두 삼각형은 서로 합동입니다. 각 ㄴㄱㄷ은 몇 도인지 풀이 과정을 쓰고 답을 구하세요.

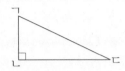 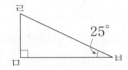

풀이 ❶ (각 ㄱㄷㄴ)=(각 ㄹㅂㅁ)= ☐ °

❷ 삼각형의 세 각의 크기의 합은 ☐ °이므로

(각 ㄴㄱㄷ)=180°−90°− ☐ °= ☐ °

답 _____

내가 써 볼게   🎯 가이드 | 문제에서 핵심이 되는 말에 표시하고, 위의 풀이를 따라 풀어 보자.

실전 **1-1** 두 삼각형은 서로 합동입니다. 각 ㄴㄱㄷ은 몇 도인지 풀이 과정을 쓰고 답을 구하세요.

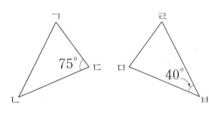

풀이

❶

❷

답 _____

실전 **1-2** 두 사각형은 서로 합동입니다. 각 ㅂㅁㅇ은 몇 도인지 풀이 과정을 쓰고 답을 구하세요.

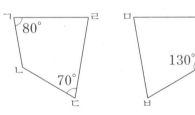

풀이

❶

❷

답 _____

나를 따라 해

2 오른쪽 점대칭도형에서 각 ㄱㄴㄷ은 몇 도인지 풀이 과정을 쓰고 답을 구하세요.

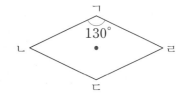

풀이 ❶ (각 ㄴㄷㄹ)=(각 ㄹㄱㄴ)= ▭ °

❷ (각 ㄱㄴㄷ)=(360°− ▭ °− ▭ °)÷2

= ▭ °÷2= ▭ °

답 _____

내가 써 볼게 🔎 **가이드** | 문제에서 핵심이 되는 말에 표시하고, 위의 풀이를 따라 풀어 보자.

실전 **2-1** 점대칭도형에서 각 ㄱㄴㄷ은 몇 도인지 풀이 과정을 쓰고 답을 구하세요.

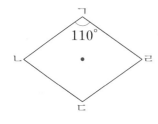

풀이

❶

❷

답 _____

실전 **2-2** 점대칭도형에서 각 ㄴㄱㄹ은 몇 도인지 풀이 과정을 쓰고 답을 구하세요.

풀이

❶

❷

답 _____

나를 따라 해

연습 **3** 오른쪽 도형은 점 ㅇ을 대칭의 중심으로 하는 점대칭도형입니다. 선분 ㄴㅁ은 몇 cm인지 풀이 과정을 쓰고 답을 구하세요.

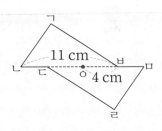

풀이 ❶ (선분 ㄷㅇ)=(선분 ㅂㅇ)=□cm

❷ (변 ㅂㅁ)=(변 ㄷㄴ)=11−4−4=□(cm)

❸ (선분 ㄴㅁ)=(선분 ㄴㅂ)+(변 ㅂㅁ)=11+□=□(cm)

답 _____

내가 써 볼게 🦉 가이드 | 문제에서 핵심이 되는 말에 표시하고, 위의 풀이를 따라 풀어 보자.

실전 **3-1** 점 ㅇ을 대칭의 중심으로 하는 점대칭도형입니다. 선분 ㄷㅂ은 몇 cm인지 풀이 과정을 쓰고 답을 구하세요.

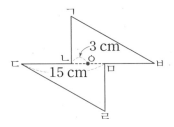

풀이

❶

❷

❸

답 _____

실전 **3-2** 점 ㅇ을 대칭의 중심으로 하는 점대칭도형입니다. 선분 ㅂㄹ은 몇 cm인지 풀이 과정을 쓰고 답을 구하세요.

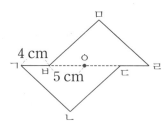

풀이

❶

❷

❸

답 _____

나를 따라 해

 4 직선 ㄱㄴ을 대칭축으로 하는 선대칭도형을 완성하려고 합니다. 완성한 선대칭도형의 넓이는 몇 cm²인지 풀이 과정을 쓰고 답을 구하세요.

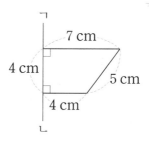

풀이 ❶ 선대칭도형을 완성하면 윗변이 14 cm, 아랫변이 ☐ cm, 높이가 ☐ cm인 사다리꼴이 됩니다.

❷ (완성한 선대칭도형의 넓이)=(14+☐)×4÷☐=☐ (cm²)

답 _____

내가 써 볼게　💬 **가이드** | 문제에서 핵심이 되는 말에 표시하고, 위의 풀이를 따라 풀어 보자.

 4-1 직선 ㄱㄴ을 대칭축으로 하는 선대칭도형을 완성하려고 합니다. 완성한 선대칭도형의 넓이는 몇 cm²인지 풀이 과정을 쓰고 답을 구하세요.

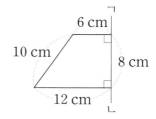

풀이

❶

❷

답 _____

 4-2 직선 ㄱㄴ을 대칭축으로 하는 선대칭도형을 완성하려고 합니다. 완성한 선대칭도형의 넓이는 몇 cm²인지 풀이 과정을 쓰고 답을 구하세요.

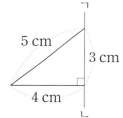

풀이

❶

❷

답 _____

↩ 개념 확인: BOOK① 84쪽

1 (1보다 작은 소수) × (자연수)

1 나타내는 수가 나머지와 <u>다른</u> 하나를 찾아 ○표 하세요.

0.7+0.7	2.1	0.7×2

(   )   (   )   (   )

2 두 수의 곱을 구하세요.

0.94	8

(   )

3 크기가 더 큰 것의 기호를 쓰세요.

㉠ 0.48×6	㉡ 3.2

(   )

4 혜지는 매일 우유를 0.4 L씩 마십니다. 혜지가 일주일 동안 마시는 우유는 몇 L인가요?

식 _____

 답 _____

↩ 개념 확인: BOOK① 86쪽

2 (1보다 큰 소수) × (자연수)

5 보기와 같은 방법으로 계산해 보세요.

> 보기
> $1.6×2=1.6+1.6=3.2$

$3.4×3$ _____

6 계산해 보세요.

1.5×4

(   )

7 빈 곳에 두 수의 곱을 써넣으세요.

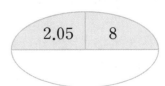

2.05	8

8 설명하는 수를 구하세요.

5.49의 4배인 수

(   )

9 크기를 비교하여 ○ 안에 >, =, <를 알맞게 써 넣으세요.

(1) 5.7×8 ◯ 46

(2) 39 ◯ 4.3×9

10 선물 상자 1개를 포장하는 데 리본 1.7 m가 필요합니다. 선물 상자 5개를 포장하는 데 필요한 리본의 길이는 몇 m인가요?

( )

🏅 서술형 中수 문제 해결의 전략 을 보면서 풀어 보자.

11 장난감 한 개의 무게는 1.4 kg입니다. 똑같은 장난감 3개가 들어 있는 상자의 무게가 5 kg일 때 빈 상자의 무게는 몇 kg인가요?

전략 (장난감 한 개의 무게)×(장난감 수)

❶ (장난감 3개의 무게)
= ▢ ×3= ▢ (kg)

전략 (장난감 3개가 들어 있는 상자의 무게)−(장난감 3개의 무게)

❷ (빈 상자의 무게)
=5− ▢ = ▢ (kg)

답 _____

↻ 개념 확인: BOOK❶ 90쪽

③ **(자연수)×(1보다 작은 소수)**

12 계산해 보세요.

(1) 54×0.9

(2)
```
    3 7
×  0.6
```

13 빈 곳에 알맞은 수를 써넣으세요.

| 49 | × | 0.05 | = | |

14 바르게 계산한 사람의 이름을 쓰세요.

17×0.4=6.8   7×0.8=0.56

건우   서아

( )

15 영하의 몸무게는 45 kg이고 유빈이의 몸무게는 영하 몸무게의 0.85배입니다. 유빈이의 몸무게는 몇 kg인가요?

식 _____

답 _____

4

소수의 곱셈

35

↻ 개념 확인: BOOK❶ 92쪽

4 (자연수)×(1보다 큰 소수)

1 계산해 보세요.

(1) 2×1.6

(2) 8×1.37

2 분수의 곱셈으로 계산한 것입니다. ㉠과 ㉡에 알맞은 수를 각각 구하세요.

$$4 \times 2.3 = 4 \times \frac{\boxed{㉠}}{10} = \frac{92}{10} = \boxed{㉡}$$

㉠ (   )

㉡ (   )

3 계산 결과를 찾아 이어 보세요.

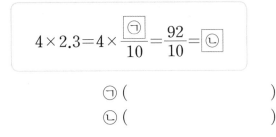

6×1.8 •

7×1.4 •

• 8.8

• 9.8

• 10.8

4 어림하여 계산 결과가 18보다 큰 것의 기호를 쓰세요.

㉠ 6×2.97 ㉡ 3×6.3

(   )

5 빈칸에 알맞은 수를 써넣으세요.

25	1.7	
16	1.42	

6 가장 큰 수와 가장 작은 수의 곱을 구하세요.

26	1.2	35

(   )

7 □ 안에 들어갈 수 있는 가장 큰 자연수를 구하세요.

$$\boxed{} < 9 \times 2.2$$

(   )

8 시연이네 가족이 어제 마신 물은 7 L이고, 오늘 마신 물은 어제 마신 물의 양의 1.25배만큼입니다. 시연이네 가족이 오늘 마신 물은 몇 L인가요?

(   )

소수의 곱셈

▶ 정답과 해설 **46**쪽

↪ 개념 확인: BOOK❶ **96**쪽

5 (1보다 작은 소수)×(1보다 작은 소수)

9 보기와 같은 방법으로 계산해 보세요.

> 보기
>
> $$0.4 \times 0.03 = \frac{4}{10} \times \frac{3}{100} = \frac{12}{1000} = 0.012$$

(1) 0.7×0.06 _____

(2) 0.8×0.16 _____

10 두 수의 곱을 구하세요.

(1)   0.92   0.8

(   )

(2)   0.2   0.47

(   )

11 0.45×0.54의 값이 얼마인지 어림해서 구한 값을 찾아 기호를 쓰세요.

> ㉠ 2.43   ㉡ 0.243   ㉢ 0.0243

(   )

12 크기를 비교하여 ○ 안에 >, =, <를 알맞게 써넣으세요.

$$0.5 \times 0.38 \bigcirc 0.2$$

13 평행사변형의 넓이는 몇 m²인가요?

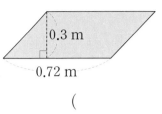

(   )

14 0.6 kg짜리 빵가루 한 봉지의 0.87만큼이 탄수화물 성분입니다. 탄수화물 성분은 몇 kg인가요?

식 _____

답 _____

🏅 서술형 **中수**   문제 해결의 **전략**을 보면서 풀어 보자.

15 문구점에서 학교까지의 거리는 서아네 집에서 문구점까지의 거리의 0.4배입니다. 서아네 집에서 문구점을 지나 학교까지 가는 거리는 몇 km인가요?

전략 (서아네 집에서 문구점까지의 거리)×0.4

❶ (문구점에서 학교까지의 거리)
   $= 0.35 \times \boxed{} = \boxed{}$ (km)

전략 (서아네 집에서 문구점까지의 거리)
   +(문구점에서 학교까지의 거리)

❷ (서아네 집에서 문구점을 지나 학교까지 가는 거리)
   $= 0.35 + \boxed{} = \boxed{}$ (km)

답 _____

개념 확인: **BOOK①** 98쪽

6 (1보다 큰 소수)×(1보다 큰 소수)

1 계산해 보세요.

(1)　　3.8
　　×1.2

(2)　　1.2 8
　　×　2.9

2 빈칸에 알맞은 수를 써넣으세요.

(1)

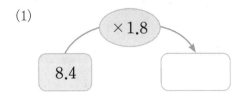

8.4　×1.8

(2)

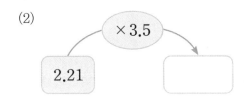

2.21　×3.5

3 은우가 말한 수를 구하세요.

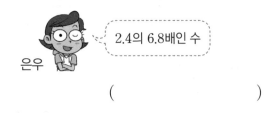

2.4의 6.8배인 수

은우

(　　　　　　　)

4 같은 모양에 쓰여 있는 두 수의 곱을 구하세요.

| 7.3 | 3.45 | 1.22 |

(　　　　　　　)

5 가장 큰 수와 가장 작은 수의 곱을 구하세요.

| 9.6 | 83.4 | 1.45 | 12.72 |

(　　　　　　　)

6 1 m의 무게가 1.58 kg인 굵기가 일정한 나무 막대가 있습니다. 이 나무 막대 3.4 m의 무게는 몇 kg인가요?

식 _____

답 _____

🏅 서술형 中수　문제 해결의 전략을 보면서 풀어 보자.

7 예빈이는 자전거를 타고 한 시간 동안 7.5 km를 달렸습니다. 같은 빠르기로 1시간 30분 동안 달린 거리는 몇 km인가요?

전략　1시간 30분은 몇 시간인지 소수로 나타내자.

❶ 1시간 30분=$1\dfrac{\boxed{}}{60}$시간=$1\dfrac{\boxed{}}{10}$시간

　　　　=$\boxed{}$시간

전략　(한 시간 동안 달리는 거리)×(달리는 시간)

❷ (1시간 30분 동안 달리는 거리)

　　=7.5×$\boxed{}$=$\boxed{}$(km)

답 _____

개념 확인: BOOK① 100쪽

7 곱의 소수점의 위치

8 □ 안에 알맞은 수를 써넣으세요.

$$5.42 \times 10 = \boxed{}$$

$$5.42 \times 100 = \boxed{}$$

$$5.42 \times 1000 = \boxed{}$$

9 곱의 소수점의 위치로 알맞은 곳을 찾아 기호를 쓰세요.

$$437 \times 1.06 = 4 \; 6 \; 3 \; 2 \; 2$$
$$\uparrow \quad \uparrow \quad \uparrow \quad \uparrow \quad \uparrow$$
$$㉠ \quad ㉡ \quad ㉢ \quad ㉣ \quad ㉤$$

( )

10 다음 식을 이용하여 관계있는 것끼리 이어 보세요.

$$21 \times 67 = 1407$$

21 × 6.7 •

· 1.407

· 14.07

2.1 × 0.67 •

· 140.7

11 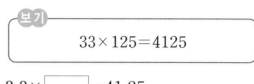 를 이용하여 식을 완성해 보세요.

보기
$$33 \times 125 = 4125$$

(1) $3.3 \times \boxed{} = 41.25$

(2) $\boxed{} \times 1250 = 412.5$

12 □ 안에 알맞은 수를 구하세요.

$$12.93 \times \boxed{} = 1.293$$

( )

13 포도 주스 1병의 무게는 0.573 kg입니다. 포도 주스 100병의 무게는 몇 kg인가요?

( )

14 계산 결과가 큰 것부터 차례로 기호를 쓰세요.

㉠ 0.037 × 1000   ㉡ 0.291 × 100
㉢ 460 × 0.001   ㉣ 58 × 0.01

( )

4

소수의 곱셈

나를 따라 해

연습 **1** ■ 안에 들어갈 수 있는 자연수는 모두 몇 개인지 풀이 과정을 쓰고 답을 구하세요.

$$7.3 \times 15 < ■ < 27 \times 4.2$$

풀이 ❶ $7.3 \times 15 = \boxed{}$, $27 \times 4.2 = \boxed{}$

❷ $\boxed{} < ■ < \boxed{}$ 이므로 ■ 안에 들어갈 수 있는 자연수는

$\boxed{}$, $\boxed{}$, $\boxed{}$, $\boxed{}$ 입니다.

❸ 따라서 ■ 안에 들어갈 수 있는 자연수는 모두 $\boxed{}$ 개입니다.

답 _____

내가 써 볼게 ✿ 가이드 | 문제에서 핵심이 되는 말에 표시하고, 위의 풀이를 따라 풀어 보자.

실전 **1-1** □ 안에 들어갈 수 있는 자연수는 모두 몇 개인지 풀이 과정을 쓰고 답을 구하세요.

$$3.7 \times 13 < □ < 19 \times 2.8$$

풀이

❶

❷

❸

답 _____

실전 **1-2** □ 안에 들어갈 수 있는 자연수는 모두 몇 개인지 풀이 과정을 쓰고 답을 구하세요.

$$5.8 \times 21 < □ < 16 \times 8.1$$

풀이

❶

❷

❸

답 _____

나를 따라 해

 2 어떤 수에 0.8을 곱해야 할 것을 잘못하여 더했더니 3.8이 되었습니다. 바르게 계산하면 얼마인지 풀이 과정을 쓰고 답을 구하세요.

풀이 ❶ 어떤 수를 ■라 하면 ■＋0.8＝ [　　] 이고,

❷ ■＝ [　　] －0.8＝ [　　] 입니다.

❸ 따라서 바르게 계산한 값은 [　　] ×0.8＝ [　　] 입니다.

답 _____

4

소수의 곱셈

내가 써 볼게 🔎 **가이드** | 문제에서 핵심이 되는 말에 표시하고, 위의 풀이를 따라 풀어 보자.

실전 2-1 어떤 수에 0.25를 곱해야 할 것을 잘못하여 더했더니 8.25가 되었습니다. 바르게 계산하면 얼마인지 풀이 과정을 쓰고 답을 구하세요.

풀이

❶

❷

❸

답 _____

실전 2-2 어떤 수에 5.6을 곱해야 할 것을 잘못하여 더했더니 11.6이 되었습니다. 바르게 계산하면 얼마인지 풀이 과정을 쓰고 답을 구하세요.

풀이

❶

❷

❸

답 _____

41

나를 따라 해

연습 **3** 한 봉지의 무게가 0.17 kg인 젤리와 한 봉지의 무게가 0.26 kg인 초콜릿이 있습니다. 젤리 8봉지와 초콜릿 12봉지의 무게의 합은 몇 kg인지 풀이 과정을 쓰고 답을 구하세요.

풀이 ❶ (젤리 8봉지의 무게)$= 0.17 \times 8 =$ ◻ (kg)

❷ (초콜릿 12봉지의 무게)$= 0.26 \times 12 =$ ◻ (kg)

❸ (젤리 8봉지와 초콜릿 12봉지의 무게의 합)

$=$ ◻ $+$ ◻ $=$ ◻ (kg)

답 _____

내가 써 볼게

🈯 **가이드** | 문제에서 핵심이 되는 말에 표시하고, 위의 풀이를 따라 풀어 보자.

실전 **3-1** 한 개에 0.45 kg인 축구공과 한 개에 0.6 kg인 농구공이 있습니다. 축구공 7개와 농구공 8개의 무게의 합은 몇 kg인지 풀이 과정을 쓰고 답을 구하세요.

풀이
❶

❷

❸

답 _____

실전 **3-2** 지훈이는 1 m의 무게가 0.16 kg인 철사를 25 m 가지고 있고, 승연이는 1 m의 무게가 0.11 kg인 철사를 50 m 가지고 있습니다. 지훈이와 승연이가 가지고 있는 철사의 무게의 합은 몇 kg인지 풀이 과정을 쓰고 답을 구하세요.

풀이
❶

❷

❸

답 _____

나를 따라 해

연습 **4** 그림과 같이 길이가 10.5 cm인 색 테이프 3장을 2.5 cm씩 겹치게 하여 한 줄로 길게 이어 붙였습니다. 이어 붙인 색 테이프의 전체 길이는 몇 cm인지 풀이 과정을 쓰고 답을 구하세요.

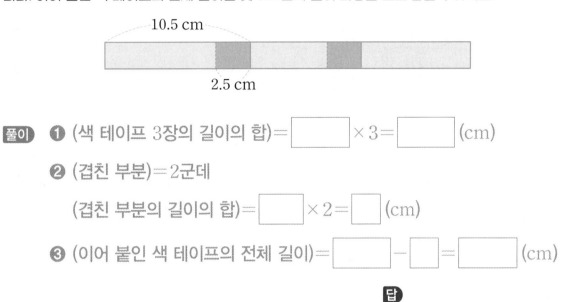

10.5 cm

2.5 cm

풀이 ❶ (색 테이프 3장의 길이의 합)= $\boxed{}$ ×3= $\boxed{}$ (cm)

❷ (겹친 부분)=2군데

(겹친 부분의 길이의 합)= $\boxed{}$ ×2= $\boxed{}$ (cm)

❸ (이어 붙인 색 테이프의 전체 길이)= $\boxed{}$ − $\boxed{}$ = $\boxed{}$ (cm)

답 _____

4

소수의 곱셈

내가 써 볼게 🌀 **가이드** | 문제에서 핵심이 되는 말에 표시하고, 위의 풀이를 따라 풀어 보자.

실전 **4-1** 그림과 같이 길이가 9.3 cm인 색 테이프 3장을 1.7 cm씩 겹치게 하여 한 줄로 길게 이어 붙였습니다. 이어 붙인 색 테이프의 전체 길이는 몇 cm인지 풀이 과정을 쓰고 답을 구하세요.

9.3 cm

1.7 cm

풀이

❶

❷

❸

답 _____

실전 **4-2** 그림과 같이 길이가 12.5 cm인 색 테이프 7장을 1.2 cm씩 겹치게 하여 한 줄로 길게 이어 붙였습니다. 이어 붙인 색 테이프의 전체 길이는 몇 cm인지 풀이 과정을 쓰고 답을 구하세요.

12.5 cm

1.2 cm

풀이

❶

❷

❸

답 _____

43

↻ 개념 확인: **BOOK①** 110쪽

1 직육면체

1 직육면체를 모두 찾아 기호를 쓰세요.

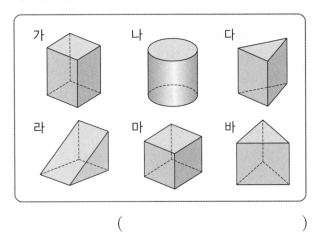

(   )

2 직육면체에서 면과 면이 만나는 선분은 몇 개인가요?

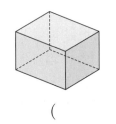

(   )

3 직육면체에서 면 가를 본 뜬 모양을 모눈종이에 그려 보세요.

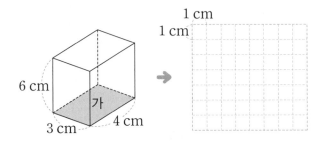

4 직육면체를 보고 설명이 틀린 것을 모두 찾아 기호를 쓰세요.

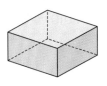

> ㉠ 모서리와 모서리가 만나는 점은 꼭짓점입니다.
> ㉡ 직사각형 6개로 둘러싸여 있습니다.
> ㉢ 선분으로 둘러싸인 부분은 8개입니다.
> ㉣ 면의 크기가 모두 같습니다.

(   )

🖉 서술형

5 가방의 모양이 직육면체가 아닌 까닭을 쓰세요.

까닭 _____

_____

_____

6 직육면체의 꼭짓점의 수를 ㉠, 면의 수를 ㉡, 모서리의 수를 ㉢이라 할 때 다음을 계산한 값을 구하세요.

㉠ + ㉡ − ㉢

(   )

↺ 개념 확인 : BOOK❶ 112쪽

② 정육면체

7 정육면체를 가지고 있는 사람은 누구인가요?

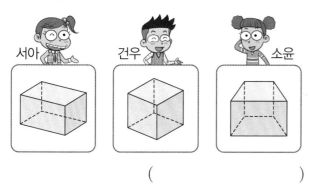

( )

8 정육면체 모양의 물건을 모두 찾아 기호를 쓰세요.

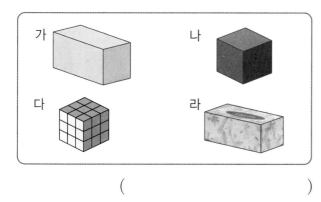

( )

9 ☐ 안에 알맞은 수를 써넣으세요.

- 정육면체의 면은 ☐개입니다.
- 정육면체의 꼭짓점은 ☐개입니다.

10 정육면체를 보고 ☐ 안에 알맞은 수를 써넣으세요.

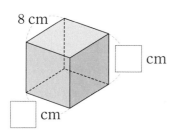

11 알맞은 말에 ◯표 하세요.

(1) 직육면체와 정육면체는 면, 모서리, 꼭짓점의 수가 각각 (같습니다 , 다릅니다).

(2) 직육면체는 길이가 같은 모서리가 4개씩 있고, 정육면체는 모든 모서리의 길이가 (같습니다 , 다릅니다).

12 정육면체에 대한 설명으로 <u>틀린</u> 것을 찾아 기호를 쓰세요.

> ㉠ 면의 크기가 모두 같습니다.
> ㉡ 직육면체라고 할 수 없습니다.
> ㉢ 정사각형 6개로 둘러싸여 있습니다.

( )

🏅 서술형 中今 문제 해결의 전략을 보면서 풀어 보자.

13 오른쪽 도형은 한 면의 네 모서리의 길이의 합이 32 cm인 정육면체입니다. 이 정육면체의 모든 모서리의 길이의 합은 몇 cm인지 구하세요.

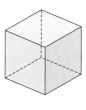

❶ (정육면체의 한 모서리의 길이)

= 32 ÷ ☐ = ☐ (cm)

전략 (한 모서리의 길이)×(모서리의 수)

❷ 정육면체의 모서리는 ☐개이므로

(정육면체의 모든 모서리의 길이의 합)

= ☐ × ☐ = ☐ (cm)

답

5

직육면체

45

↩ 개념 확인: **BOOK①** 116쪽

3 직육면체의 겨냥도

1 직육면체의 겨냥도를 바르게 그린 것을 찾아 기호를 쓰세요.

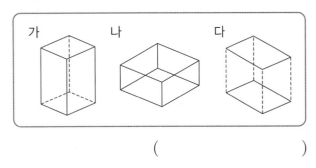

가   나   다

(   )

2 직육면체를 보고 겨냥도를 그리려고 합니다. 점선으로 그려야 하는 모서리는 몇 개인가요?

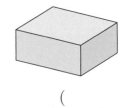

(   )

3 직육면체의 겨냥도를 보고 표를 완성해 보세요.

보이지 않는 면의 수(개)	
보이지 않는 모서리의 수(개)	
보이지 않는 꼭짓점의 수(개)	

4 직육면체의 겨냥도를 그린 것입니다. 그림에서 빠진 부분을 그려 넣어 겨냥도를 완성해 보세요.

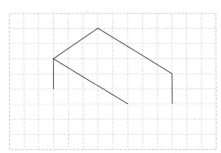

5 직육면체의 겨냥도에 대해 <u>잘못</u> 말한 친구의 이름을 쓰고, 바르게 고쳐 보세요.

보이는 모서리는 실선으로 그려.   직육면체를 보이지 않는 부분까지 나타낸 그림이야.   보이지 않는 모서리도 실선으로 그려야 해.

민재   지안   유찬

이름 _____

바르게 고치기 _____

_____

6 직육면체에서 보이는 모서리의 길이의 합은 몇 cm인지 구하세요.

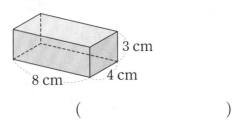

3 cm
8 cm   4 cm

(   )

🔄 개념 확인: BOOK**1** 118쪽

4 **직육면체의 성질**

7 직육면체에서 색칠한 면과 평행한 면을 찾아 색칠해 보세요.

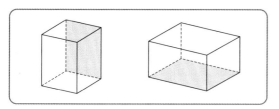

8 직육면체에서 서로 평행한 면은 모두 몇 쌍인가요?

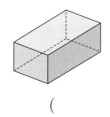

( )

[9~10] 직육면체를 보고 물음에 답하세요.

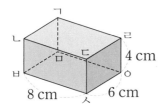

9 꼭짓점 ㄴ에서 만나는 면을 모두 찾아 쓰세요.

( )

10 모서리 ㄴㄷ과 길이가 같은 모서리를 모두 찾아 쓰세요.

( )

11 직육면체의 성질에 대해 잘못 설명한 사람은 누구인가요?

> 윤수: 서로 평행한 면은 모두 3쌍이야.
> 승기: 한 면과 수직으로 만나는 면은 3개야.
> 호준: 한 모서리에서 만나는 두 면은 서로 수직이야.

( )

12 직육면체에서 면 ㄷㅅㅇㄹ과 평행한 면의 모서리의 길이의 합은 몇 cm인지 구하세요.

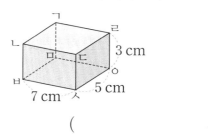

( )

🏅 서술형 **中**수 문제 해결의 전략 을 보면서 풀어 보자.

13 오른쪽 직육면체에서 면 ㄱㄴㄷㄹ과 수직이면서 면 ㄴㅂㅅㄷ과도 수직인 면을 모두 찾아 쓰세요.

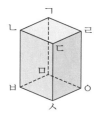

전략 직육면체에서 한 면과 수직인 면은 4개이다.

❶ 면 ㄱㄴㄷㄹ과 수직인 면: 면 ㄴㅂㅅㄷ, 면 ☐, 면 ☐, 면 ☐

❷ 면 ㄴㅂㅅㄷ과 수직인 면: 면 ㄱㄴㄷㄹ, 면 ☐, 면 ☐, 면 ☐

전략 ❶과 ❷에서 공통된 면을 찾자.

❸ 면 ㄱㄴㄷㄹ과 수직이면서 면 ㄴㅂㅅㄷ과도 수직인 면: 면 ☐, 면 ☐

답 _____

↩ 개념 확인: **BOOK①** 122쪽

5 정육면체의 전개도

[1~2] 전개도를 접어서 정육면체를 만들었습니다. 물음에 답하세요.

			가
나	다	라	마
			바

1 면 나와 평행한 면을 찾아 쓰세요.

( )

2 면 나와 수직인 면을 모두 찾아 쓰세요.

( )

3 정육면체의 모서리를 잘라서 정육면체의 전개도를 만들었습니다. □ 안에 기호를 알맞게 써넣으세요.

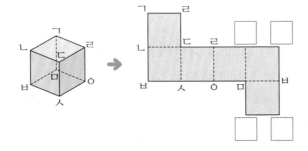

4 전개도를 접어서 정육면체를 만들었습니다. 주어진 선분과 맞닿는 선분을 각각 찾아 쓰세요.

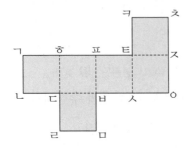

선분 ㄱㄴ과 선분 ( )
선분 ㄹㅁ과 선분 ( )

5 그림은 잘못 그려진 정육면체의 전개도입니다. 면 1개를 옮겨서 정육면체의 전개도가 될 수 있도록 그려 보세요.

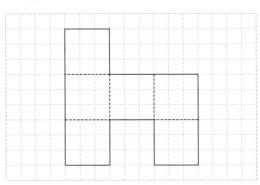

6 한 모서리의 길이가 4 cm인 정육면체의 전개도를 그려 보세요.

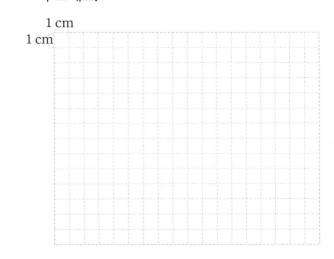

7 보기 와 같이 무늬(◉) 3개가 그려져 있는 정육면체를 만들 수 있도록 아래의 전개도에 무늬(◉) 1개를 그려 넣으세요.

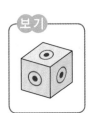
보기

(1)　　　　　　　　(2)

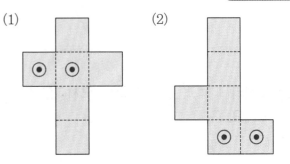

개념 확인: **BOOK①** 124쪽

❻ 직육면체의 전개도

[8~9] 전개도를 접어서 직육면체를 만들었습니다. 물음에 답하세요.

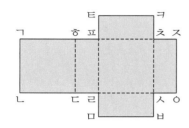

8 점 ㅎ과 만나는 점을 찾아 쓰세요.

(   )

9 선분 ㅁㅂ과 맞닿는 선분을 찾아 쓰세요.

(   )

10 직육면체의 전개도를 찾아 기호를 쓰세요.

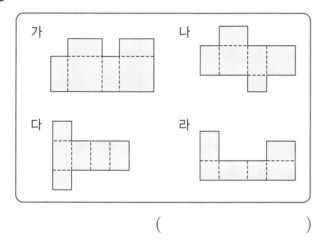

(   )

11 오른쪽 직육면체의 전개도를 그린 것입니다. □ 안에 알맞은 수를 써넣으세요.

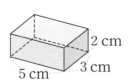

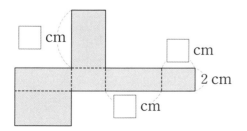

12 오른쪽 직육면체의 서로 다른 모양의 전개도를 2가지 그려 보세요.

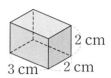

서술형 **中수** 문제 해결의 **전략**을 보면서 풀어 보자.

13 전개도를 접었을 때 직육면체에 나타나는 선을 그으려고 합니다. 선을 긋는 방법을 쓰고, 직육면체에 선을 그어 보세요.

전략 전개도를 접었을 때의 각 점을 찾아 선을 긋는다.

❶ 선분 ㄷㅂ: 직육면체에서 점 ㄷ과 점 □ 을 찾아 선을 긋습니다.

❷ 선분 ㄷㅇ: 직육면체에서 점 □과 점 □을 찾아 선을 긋습니다.

5 직육면체

나를 **따라 해**

연습 1 오른쪽 정육면체의 모든 모서리의 길이의 합은 72 cm입니다. 보이지 않는 모서리의 길이의 합은 몇 cm인지 풀이 과정을 쓰고 답을 구하세요.

풀이 ❶ 정육면체의 모서리는 ☐ 개이고 모든 모서리의 길이가 같으므로

(한 모서리의 길이)=72÷ ☐ = ☐ (cm)

❷ 정육면체에서 보이지 않는 모서리는 ☐ 개이므로

(보이지 않는 모서리의 길이의 합)= ☐ × ☐ = ☐ (cm)

답 _____

내가 **써 볼게**   🌱 **가이드** | 문제에서 핵심이 되는 말에 표시하고, 위의 풀이를 따라 풀어 보자.

실전 1-1 오른쪽 정육면체의 모든 모서리의 길이의 합은 96 cm입니다. 보이지 않는 모서리의 길이의 합은 몇 cm인지 풀이 과정을 쓰고 답을 구하세요.

풀이

❶

❷

답 _____

실전 1-2 오른쪽 정육면체의 모든 모서리의 길이의 합은 144 cm입니다. 보이는 모서리의 길이의 합은 몇 cm인지 풀이 과정을 쓰고 답을 구하세요.

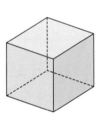

풀이

❶

❷

답 _____

나를 따라 해

연습 **2** 오른쪽 전개도를 접어서 직육면체를 만들었을 때 면 가와 수직인 면을 모두 찾아 빗금을 치고, 빗금 친 각 면의 가로의 길이의 합은 몇 cm인지 풀이 과정을 쓰고 답을 구하세요.

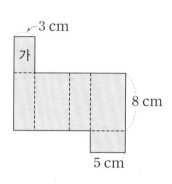

풀이 ❶ 빗금 친 각 면의 가로의 길이는 왼쪽부터 차례로

3 cm, 5 cm, ☐ cm, ☐ cm입니다.

❷ (빗금 친 각 면의 가로의 길이의 합)=3+5+☐+☐=☐ (cm)

답 _____

5

직육면체

내가 써 볼게 💬 **가이드** | 문제에서 핵심이 되는 말에 표시하고, 위의 풀이를 따라 풀어 보자.

51

실전 **2-1** 전개도를 접어서 직육면체를 만들었을 때 면 가와 수직인 면을 모두 찾아 빗금을 치고, 빗금 친 각 면의 가로의 길이의 합은 몇 cm인지 풀이 과정을 쓰고 답을 구하세요.

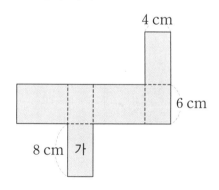

풀이

❶

❷

답 _____

실전 **2-2** 전개도를 접어서 직육면체를 만들었을 때 면 가와 수직인 면을 모두 찾아 빗금을 치고, 빗금 친 각 면의 가로의 길이의 합은 몇 cm인지 풀이 과정을 쓰고 답을 구하세요.

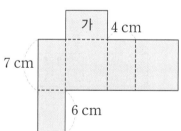

풀이

❶

❷

답 _____

나를 따라 해

연습 3 오른쪽 전개도로 주사위를 만들려고 합니다. 주사위의 마주 보는 면의 눈의 수의 합은 7입니다. 전개도의 면 가, 면 나, 면 다에 알맞은 눈의 수를 구하는 풀이 과정을 쓰고 답을 구하세요.

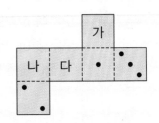

풀이 ❶ 면 가와 마주 보는 면의 눈의 수는 2이므로 면 가의 눈의 수는 ☐

❷ 면 나와 마주 보는 면의 눈의 수는 ☐ 이므로 면 나의 눈의 수는 ☐

❸ 면 다와 마주 보는 면의 눈의 수는 ☐ 이므로 면 다의 눈의 수는 ☐

답 면 가: _____ , 면 나: _____ , 면 다: _____

5

직육면체

내가 써 볼게 🔍**가이드** | 문제에서 핵심이 되는 말에 표시하고, 위의 풀이를 따라 풀어 보자.

실전 3-1 전개도로 주사위를 만들려고 합니다. 주사위의 마주 보는 면의 눈의 수의 합은 7입니다. 전개도의 면 가, 면 나, 면 다에 알맞은 눈의 수를 구하는 풀이 과정을 쓰고 답을 구하세요.

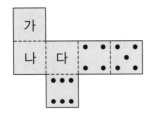

풀이

❶

❷

❸

답 면 가: _____ , 면 나: _____ , 면 다: _____

실전 3-2 전개도로 주사위를 만들려고 합니다. 주사위의 마주 보는 면의 눈의 수의 합은 7입니다. 전개도의 면 가, 면 나, 면 다에 알맞은 눈의 수를 구하는 풀이 과정을 쓰고 답을 구하세요.

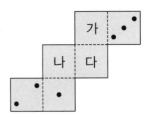

풀이

❶

❷

❸

답 면 가: _____ , 면 나: _____ , 면 다: _____

나를 따라 해

4 오른쪽 직육면체 모양의 상자에 선물을 담아 포장하였습니다. 리본을 묶는 데 사용한 끈의 길이가 25 cm라면 상자를 포장하는 데 사용한 끈의 길이는 모두 몇 cm인지 풀이 과정을 쓰고 답을 구하세요.

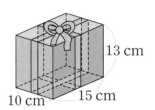

13 cm
10 cm   15 cm

풀이 ❶ 끈을 10 cm씩 2번, 15 cm씩 2번, 13 cm씩 ☐ 번 사용하였으므로

그 길이는 $10 \times 2 + 15 \times 2 + 13 \times$ ☐ $=$ ☐ (cm)입니다.

❷ 리본을 묶는 데 사용한 끈의 길이는 25 cm이므로

(사용한 전체 끈의 길이)$=$ ☐ $+25=$ ☐ (cm)

답 _____

내가 써 볼게   **가이드** | 문제에서 핵심이 되는 말에 표시하고, 위의 풀이를 따라 풀어 보자.

4-1 직육면체 모양의 상자에 선물을 담아 포장하였습니다. 리본을 묶는 데 사용한 끈의 길이가 20 cm라면 상자를 포장하는 데 사용한 끈의 길이는 모두 몇 cm인지 풀이 과정을 쓰고 답을 구하세요.

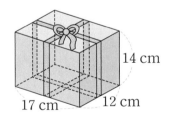

14 cm
17 cm   12 cm

풀이

❶

❷

답 _____

4-2 직육면체 모양의 상자에 선물을 담아 포장하였습니다. 리본을 묶는 데 사용한 끈의 길이가 22 cm라면 상자를 포장하는 데 사용한 끈의 길이는 모두 몇 cm인지 풀이 과정을 쓰고 답을 구하세요.

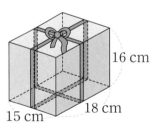

16 cm
15 cm   18 cm

풀이

❶

❷

답 _____

6
평균과 가능성

54

① 평균

개념 확인: BOOK① 136쪽

1 지아네 모둠의 이번 달 봉사 활동을 한 시간을 나타낸 표입니다. 한 사람당 봉사 활동을 한 시간을 정하는 방법을 옳게 말한 친구의 이름을 쓰세요.

지아네 모둠의 봉사 활동 시간

이름	지아	은정	채령	주완
시간(시간)	8	9	10	9

> 민재: 봉사 활동 시간 8, 9, 10, 9 중 가장 큰 수인 10으로 정할 수 있어.
> 서아: 봉사 활동 시간 8, 9, 10, 9를 고르게 하면 9, 9, 9, 9이므로 9로 정할 수 있어.

( )

[2~3] 미라네 모둠과 진표네 모둠이 투호에 넣은 화살 수를 나타낸 표입니다. 물음에 답하세요.

미라네 모둠이 넣은 화살 수

이름	넣은 화살 수(개)
미라	9
소연	5
창희	7

진표네 모둠이 넣은 화살 수

이름	넣은 화살 수(개)
진표	5
강우	10
현미	8
주하	9

2 미라네 모둠과 진표네 모둠이 넣은 화살은 각각 모두 몇 개인가요?

미라네 모둠 ( )
진표네 모둠 ( )

서술형

3 어느 모둠이 더 잘했는지 알아보기 위해 어떻게 비교하면 좋을지 쓰세요.

_____

_____

② 평균 구하기

개념 확인: BOOK① 138쪽

[4~5] 지난주 월요일부터 금요일까지 어느 도시의 최저 기온을 나타낸 표입니다. 물음에 답하세요.

요일별 최저 기온

요일	월	화	수	목	금
기온(℃)	6	10	9	8	7

4 막대의 높이를 고르게 해 보세요.

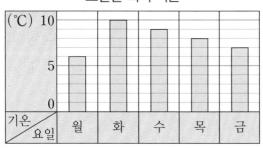

5 지난주 요일별 최저 기온의 평균은 몇 ℃인가요?

( )

[6~7] 현주네 모둠의 하루 독서 시간을 나타낸 표입니다. 물음에 답하세요.

현주네 모둠의 하루 독서 시간

이름	현주	지수	은희	민주	예은
시간(분)	45	46	50	55	54

6 수를 짝 지어 하루 독서 시간의 평균을 구하세요.

> 평균을 [ ]분으로 예상한 후 (45, [ ]), (46, [ ]), ([ ])(으)로 수를 짝 지어 자료의 값을 고르게 하면 평균은 [ ]분입니다.

7 식을 세워 하루 독서 시간의 평균을 구하세요.

( )

▶ 정답과 해설 **52쪽**

8 두 종이테이프를 겹치지 않게 잇고, 이은 종이테이프를 반으로 접은 것입니다. 두 종이테이프 길이의 평균을 구하세요.

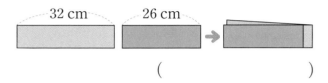

(   )

9 인호네 모둠의 팔 굽혀 펴기 기록을 나타낸 표입니다. 인호네 모둠의 팔 굽혀 펴기 기록의 평균을 여러 가지 방법으로 구하세요.

인호네 모둠의 팔 굽혀 펴기 기록

이름	인호	송이	주영	태민	현정
기록(회)	16	10	13	15	11

방법 **1**

예상한 평균 (   )회

방법 **2**

10 지윤이네 동네 분식집 다섯 곳의 떡볶이 1인분 가격을 나타낸 표입니다. 분식집 다섯 곳의 떡볶이 1인분 가격의 평균을 구하세요.

떡볶이 1인분 가격

분식집	가	나	다	라	마
가격(원)	3000	2500	3500	4000	3500

(   )

[11~12] 보경이의 과목별 단원평가 점수를 나타낸 표입니다. 물음에 답하세요.

과목별 단원평가 점수

과목	국어	수학	사회	과학	영어
점수(점)	90	95	85	80	75

11 보경이의 단원평가 점수의 평균은 몇 점인가요?

(   )

12 평균 점수와 같은 점수를 받은 과목을 찾아 쓰세요.

(   )

🏅 서술형 中수 문제 해결의 전략을 보면서 풀어 보자.

13 민호의 줄넘기 기록을 나타낸 표입니다. 민호가 5일 동안 줄넘기를 한 기록의 평균이 4일 동안 줄넘기를 한 기록의 평균보다 높으려면 5일에는 줄넘기를 몇 번보다 더 많이 해야 하는지 구하세요.

민호의 줄넘기 기록

날짜	1일	2일	3일	4일
기록(번)	82	68	74	80

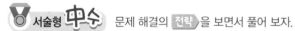 4일 동안의 줄넘기 기록의 평균을 구하자.

❶ (4일 동안의 줄넘기 기록의 평균)

= (82+68+☐+☐)÷☐

= ☐ (번)

전략 5일에는 4일 동안의 줄넘기 기록의 평균보다 높게 해야 한다.

❷ 5일에는 줄넘기를 ☐번보다 더 많이 해야 합니다.

답 _____

↻ 개념 확인: **BOOK❶** 140쪽

3 평균 이용하기

[1~2] 선영이네 모둠과 재형이네 모둠의 수학 점수를 나타낸 표입니다. 물음에 답하세요.

선영이네 모둠의 수학 점수

이름	선영	준호	혜인	수빈
점수(점)	90	80	70	100

재형이네 모둠의 수학 점수

이름	재형	희재	민선
점수(점)	85	90	95

1 선영이네 모둠과 재형이네 모둠의 수학 점수의 평균은 각각 몇 점인지 구하세요.

선영이네 모둠 (   )

재형이네 모둠 (   )

2 수학 점수의 평균이 더 높은 모둠은 어느 모둠인가요?

(   )

[3~4] 건희네 모둠의 앉은키를 나타낸 표입니다. 앉은키의 평균이 75 cm일 때 물음에 답하세요.

건희네 모둠의 앉은키

이름	건희	지우	동균	진섭
앉은키(cm)		69	73	81

3 네 사람의 앉은키의 합은 몇 cm인가요?

(   )

4 건희의 앉은키는 몇 cm인가요?

(   )

[5~6] 희수와 은지네 학교 5학년 학급별 학생 수의 평균이 같을 때 물음에 답하세요.

희수네 학교 5학년 학급별 학생 수

학급(반)	1	2	3	4
학생 수(명)	25	33	24	30

은지네 학교 5학년 학급별 학생 수

학급(반)	1	2	3	4	5
학생 수(명)	22	26		30	29

5 희수네 학교 5학년 학급별 학생 수는 평균 몇 명인가요?

(   )

6 은지네 학교 5학년 3반 학생 수는 몇 명인가요?

(   )

🏅 서술형 中수   문제 해결의 전략 을 보면서 풀어 보자.

7 지선이의 100 m 달리기 기록을 나타낸 표입니다. 5회까지 기록의 평균이 20초 이하여야 본선 대회에 나갈 수 있다면 5회의 기록은 몇 초 이하여야 지선이가 본선 대회에 나갈 수 있는지 구하세요.

100 m 달리기 기록

회	1회	2회	3회	4회
기록(초)	23	19	18	21

전략 (자료 값의 합)=(평균)×(자료의 수)

❶ (5회까지 기록의 평균이 20초일 때 기록의 합)=20× ☐ = ☐ (초)

전략 (❶에서 구한 값)−(4회까지의 기록의 합)

❷ 5회의 기록은

☐ −(23+19+ ☐ + ☐)

= ☐ (초) 이하여야 합니다.

답 _____

평균과 가능성

↩ 개념 확인: BOOK❶ 144쪽

4 일이 일어날 가능성을 말로 표현하기

[8~9] 일이 일어날 가능성을 생각해 보고, 알맞게 표현한 곳에 ○표 하세요.

8

> 오늘은 수요일이니까 내일은 목요일일 것입니다.

불가능하다	~아닐 것 같다	반반이다	~일 것 같다	확실하다

9

> 고객센터에서 뽑은 대기 번호표의 번호는 홀수일 것입니다.

불가능하다	~아닐 것 같다	반반이다	~일 것 같다	확실하다

10 일이 일어날 가능성을 생각해 보고, 알맞게 표현한 것에 이어 보세요.

> 내년에는 가을이 여름보다 빨리 올 것입니다.

> 계산기에 '5 + 5 = '을 누르면 10이 나올 것입니다.

· ·

· · ·

확실하다   반반이다   불가능하다

11 상자에 1부터 10까지 적혀 있는 공이 들어 있습니다. 상자에서 공을 한 개 꺼낼 때 15가 적혀 있는 공을 꺼낼 가능성을 말로 표현해 보세요.

말 _____

🖋 서술형

12 일이 일어날 가능성을 <u>잘못</u> 말한 친구의 이름을 쓰고, 그 까닭을 쓰세요.

> 주사위 한 개를 굴리면 주사위 눈의 수가 짝수일 가능성은 반반이야.

> 지금이 오후 3시이니까 1시간 후에는 오후 5시가 될 가능성은 확실해.

지안   유찬

이름 _____

까닭 _____

_____

13 일이 일어날 가능성을 나타낼 수 있는 상황을 주변에서 찾아 쓰세요.

일이 일어날 가능성	상황
확실하다	
불가능하다	

6

평균과 가능성

57

↻ 개념 확인: BOOK❶ 146쪽

5 일이 일어날 가능성을 비교하기

[1~3] 회전판 돌리기를 하고 있습니다. 일이 일어날 가능성을 비교해 보고, 물음에 답하세요.

가　　　나　　　다

1 화살이 초록색에 멈출 가능성이 가장 높은 회전판의 기호를 쓰세요.

(　　　　　　　　)

2 회전판 가와 나 중 화살이 초록색에 멈출 가능성이 더 높은 회전판의 기호를 쓰세요.

(　　　　　　　　)

3 화살이 초록색에 멈출 가능성이 높은 순서대로 기호를 쓰세요.

(　　　,　　　,　　　)

4 상자에 1부터 4까지의 수가 적힌 카드가 들어 있습니다. 상자에서 카드 한 장을 꺼낼 때 일이 일어날 가능성이 가장 낮은 것을 찾아 기호를 쓰세요.

> ㉠ 3이 나올 가능성
> ㉡ 짝수가 나올 가능성
> ㉢ 5보다 작은 수가 나올 가능성

(　　　　　　　　)

[5~7] 친구들이 말한 일이 일어날 가능성을 비교해 보세요.

 현서 　내년에는 6월이 30일까지 있을 거야.

 서아 　노란색 공 4개와 흰색 공 1개가 들어 있는 상자에서 공 한 개를 꺼내면 노란색일 거야.

 소윤 　동전 한 개를 던지면 그림 면이 나올 거야.

 건우 　내일 낮은 밤보다 깜깜할 거야.

지안 　주사위 한 개를 굴리면 주사위 눈의 수는 4일 거야.

5 친구들이 말한 일이 일어날 가능성을 판단하여 해당하는 칸에 친구의 이름을 쓰세요.

불가능 하다	~아닐 것 같다	반반 이다	~일 것 같다	확실 하다

6 일이 일어날 가능성이 높은 순서대로 이름을 쓰세요.

(　　，　　，　　，　　，　　)

7 일이 일어날 가능성이 '불가능하다'인 경우를 일이 일어날 가능성이 '확실하다'가 되도록 친구의 말을 바꿔 보세요.

_____

_____

↻ 개념 확인: BOOK❶ 148쪽

6 일이 일어날 가능성을 수로 표현하기

[8~10] 회전판 돌리기를 하고 있습니다. 일이 일어날 가능성이 '불가능하다'이면 0, '반반이다'이면 $\frac{1}{2}$, '확실하다'이면 1로 표현할 때, 물음에 답하세요.

 가 나  다

8 회전판 가를 돌릴 때 화살이 빨간색에 멈출 가능성을 ↓로 나타내 보세요.

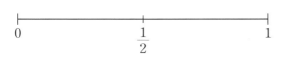

9 회전판 나를 돌릴 때 화살이 파란색에 멈출 가능성을 ↓로 나타내 보세요.

10 회전판 다를 돌릴 때 화살이 빨간색에 멈출 가능성을 ↓로 나타내 보세요.

0     $\frac{1}{2}$ 1

11 검은색 바둑돌만 4개 들어 있는 주머니에서 바둑돌을 1개 꺼냈습니다. 꺼낸 바둑돌이 흰색일 가능성을 말과 수로 표현해 보세요.

말 _____

수 _____

12 수 카드 중에서 한 장을 뽑을 때 뽑은 수 카드에 적힌 수가 홀수일 가능성을 말과 수로 표현해 보세요.

3   5   9   11   13   15

말 _____

수 _____

13 동전 2개를 동시에 던질 때 두 동전이 각각 그림 면과 숫자 면이 나올 가능성을 수로 표현해 보세요.

수 _____

🏅 서술형 中수   문제 해결의 전략을 보면서 풀어 보자.

14 상자 안에 제비가 6개 있습니다. 그중 당첨 제비는 3개입니다. 제비 1개를 뽑을 때 뽑은 제비가 당첨 제비가 아닐 가능성을 수로 표현해 보세요.

전략 (전체 제비의 수)−(당첨 제비의 수)

❶ (당첨 제비가 아닌 제비의 수)

=6−☐=☐(개)

❷ 뽑은 제비가 당첨 제비가 아닐 가능성을 말로 표현하기: ☐

전략 ❷에 구한 가능성을 수로 표현하기

❸ 뽑은 제비가 당첨 제비가 아닐 가능성을 수로 표현하기: ☐

답 _____

나를 따라 해

연습 1 하은이네 모둠의 몸무게를 나타낸 표입니다. 몸무게가 평균보다 가벼운 학생의 이름을 모두 쓰려고 합니다. 풀이 과정을 쓰고 답을 구하세요.

하은이네 모둠의 몸무게

이름	하은	진희	연서	은경
몸무게(kg)	37	43	40	36

풀이 ❶ (하은이네 모둠의 몸무게의 평균)=(37+43+40+36)÷☐

$$= \boxed{} ÷ \boxed{} = \boxed{} \text{(kg)}$$

❷ 몸무게가 평균보다 가벼운 학생은 ☐ , ☐ 입니다.

답 _____

내가 써 볼게

🐙 **가이드** | 문제에서 핵심이 되는 말에 표시하고, 위의 풀이를 따라 풀어 보자.

60

실전 1-1 현석이네 모둠의 멀리 뛰기 기록을 나타낸 표입니다. 멀리 뛰기 기록이 평균보다 낮은 학생의 이름을 모두 쓰려고 합니다. 풀이 과정을 쓰고 답을 구하세요.

현석이네 모둠의 멀리 뛰기 기록

이름	현석	지민	아영	준영	나래
기록(cm)	102	96	106	112	99

풀이

❶

❷

답 _____

실전 1-2 지후네 모둠의 신발 길이를 나타낸 표입니다. 신발 길이가 평균보다 긴 학생의 이름을 모두 쓰려고 합니다. 풀이 과정을 쓰고 답을 구하세요.

지후네 모둠의 신발 길이

이름	지후	수민	석주	장우	희찬
신발 길이(mm)	230	220	220	225	230

풀이

❶

❷

답 _____

나를 따라 해

연습 2 일이 일어날 가능성이 높은 순서대로 기호를 쓰려고 합니다. 풀이 과정을 쓰고 답을 구하세요.

> ㉠ 검은색 공 3개만 들어 있는 주머니에서 공을 1개 꺼낼 때 꺼낸 공은 검은색일 것입니다.
> ㉡ 흰색 공 4개만 들어 있는 주머니에서 공을 1개 꺼낼 때 꺼낸 공은 검은색일 것입니다.
> ㉢ 흰색 공 2개와 검은색 공 2개가 들어 있는 주머니에서 공을 1개 꺼낼 때 꺼낸 공은 검은색일 것입니다.

풀이 ❶ 각각의 가능성을 말로 표현하면 ㉠ '확실하다', ㉡ '_____',

㉢ '_____'입니다.

❷ 일이 일어날 가능성이 높은 순서대로 기호를 쓰면 ㉠, ☐, ☐입니다.

답 _____ , _____ , _____

6

평균과 가능성

내가 써 볼게 💡**가이드** | 문제에서 핵심이 되는 말에 표시하고, 위의 풀이를 따라 풀어 보자.

실전 2-1 일이 일어날 가능성이 높은 순서대로 기호를 쓰려고 합니다. 풀이 과정을 쓰고 답을 구하세요.

> ㉠ 3과 4를 곱하면 7이 될 것입니다.
> ㉡ 내년 7월에는 10월보다 비가 자주 올 것입니다.
> ㉢ 빨간색과 파란색이 반반인 회전판을 돌리면 화살이 빨간색에 멈출 것입니다.

풀이

❶

❷

답 _____ , _____ , _____

실전 2-2 주사위 한 개를 굴릴 때 일이 일어날 가능성이 낮은 순서대로 기호를 쓰려고 합니다. 풀이 과정을 쓰고 답을 구하세요.

> ㉠ 눈의 수가 4 이상일 가능성
> ㉡ 눈의 수가 10보다 큰 수일 가능성
> ㉢ 눈의 수가 1 이상 6 이하일 가능성

풀이

❶

❷

답 _____ , _____ , _____

나를 따라 해

연습 **3** 주사위 한 개를 굴릴 때 주사위 눈의 수가 2의 배수일 가능성과 회전판을 돌릴 때 화살이 파란색에 멈출 가능성이 같도록 풀이 과정을 쓰고 회전판을 색칠해 보세요.

풀이 ❶ 주사위 눈의 수가 2의 배수일 경우는 2, ☐, ☐의 ☐가지입니다.

❷ 주사위 눈의 수가 2의 배수일 가능성은 '☐'이므로 수로

표현하면 ☐입니다.

❸ 회전판에서 ☐칸을 파란색으로 색칠하면 주사위 눈의 수가 2의 배수일

가능성과 회전판을 돌릴 때 화살이 파란색에 멈출 가능성이 같습니다.

내가 써 볼게   💬 **가이드** | 문제에서 핵심이 되는 말에 표시하고, 위의 풀이를 따라 풀어 보자.

실전 **3-1** 1부터 5까지의 수가 적힌 수 카드 중에서 한 장을 뽑을 때 수 카드에 적힌 수가 5 이하일 가능성과 회전판을 돌릴 때 화살이 노란색에 멈출 가능성이 같도록 풀이 과정을 쓰고 회전판을 색칠해 보세요.

풀이
❶

❷

❸

실전 **3-2** 구슬 8개가 들어 있는 주머니에서 손에 잡히는 대로 구슬을 1개 이상 꺼냈습니다. 꺼낸 구슬의 수가 홀수일 가능성과 회전판을 돌릴 때 화살이 초록색에 멈출 가능성이 같도록 풀이 과정을 쓰고 회전판을 색칠해 보세요.

풀이
❶

❷

❸

나를 따라 해

연습 **4** 윤기네 모둠 남학생과 여학생이 딴 사과 무게의 평균을 각각 나타낸 표입니다. 윤기네 모둠이 딴 사과 무게의 평균은 몇 kg인지 풀이 과정을 쓰고 답을 구하세요.

사과 무게의 평균

남학생 5명	39 kg
여학생 3명	31 kg

풀이 ❶ (남학생 5명이 딴 사과 무게의 합)=39×5=□ (kg)

❷ (여학생 3명이 딴 사과 무게의 합)=31×3=□ (kg)

❸ (윤기네 모둠이 딴 사과 무게의 합)=□+□=□ (kg)

➡ 윤기네 모둠이 딴 사과 무게의 평균은

□÷(5+3)=□ (kg)입니다.

답 _____

6

평균과 가능성

내가 써 볼게 🔎 **가이드** | 문제에서 핵심이 되는 말에 표시하고, 위의 풀이를 따라 풀어 보자.

실전 **4-1** 축구 동아리 회원의 남자 나이와 여자 나이의 평균을 각각 나타낸 표입니다. 축구 동아리 회원 나이의 평균은 몇 살인지 풀이 과정을 쓰고 답을 구하세요.

축구 동아리 회원 나이의 평균

남자 4명	20살	여자 2명	17살

풀이

❶

❷

❸

답 _____

실전 **4-2** 재희네 반 남학생과 여학생이 한 오래 매달리기 기록의 평균을 각각 나타낸 표입니다. 재희네 반의 오래 매달리기 기록의 평균은 몇 초인지 풀이 과정을 쓰고 답을 구하세요.

오래 매달리기 기록의 평균

남학생 10명	34초	여학생 8명	25초

풀이

❶

❷

❸

답 _____

63

단원
평가

점선대로 잘라서 파이널 테스트지로 활용하세요.

1 10 초과인 수에 모두 ○표 하세요.

| 9 22.5 6 18.7 10 |

2 알맞은 수에 ○표 하세요.

3871을 올림하여 백의 자리까지 나타내면
(3900 , 4000)입니다.

[3~4] 학생들의 키를 나타낸 표를 보고 물음에 답하세요.

학생들의 키

이름	상혁	수영	형균	원미
키(cm)	141	148	134.5	139

3 키가 139 cm 초과 148 cm 이하인 학생의 이름을 모두 써 보세요.

( )

4 키가 141 cm 미만인 학생은 모두 몇 명인가요?

( )

5 수직선에 나타낸 수의 범위를 보고 □ 안에 알맞은 말을 써넣으세요.

25 26 27 28 29 30 31

27 □ 인 수

6 버림하여 천의 자리까지 나타내어 보세요.

4985

( )

7 37 이상 55 미만인 수는 모두 몇 개인가요?

| 32.9 51 53 49 |
| 55 37 62 50.3 |

( )

8 반올림하여 소수 둘째 자리까지 나타내어 보세요.

6.153

( )

9 다음을 수직선에 나타내어 보세요.

33 초과 37 이하인 수

31 32 33 34 35 36 37 38

10 반에서 키가 150 cm 이상인 사람을 반 대표 농구 선수로 뽑는다고 합니다. 농구 선수로 뽑힐 수 있는 키의 범위를 수직선 위에 나타내어 보세요.

147 148 149 150 151 152 153 (cm)

11 올림, 버림, 반올림하여 백의 자리까지 나타내어 보세요.

수	올림	버림	반올림
8246			

12 필기 시험과 실기 시험의 점수 합계가 20점 초과일 때 합격이라고 합니다. 소진이는 합격인가요, 불합격인가요?

소진이의 시험 점수

시험	필기	실기
점수(점)	13	7

( )

13 수직선에 나타낸 수의 범위를 써 보세요.

50 51 52 53 54 55 56 57

( )

14 올림하여 만의 자리까지 나타낸 수가 40000이 <u>아닌</u> 수는 어느 것인가요? ···················· ( )

① 40000 ② 39098 ③ 31475
④ 36423 ⑤ 40010

15 지구의 둘레를 40120 km라고 할 때, 지구의 둘레를 반올림하여 백의 자리까지 나타내면 몇 km인가요?

( )

16 수직선에 나타낸 수의 범위에 공통으로 들어가는 자연수는 모두 몇 개인가요?

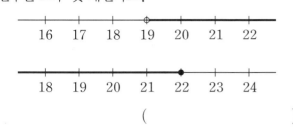

16 17 18 19 20 21 22

18 19 20 21 22 23 24

( )

17 동전 6900원을 1000원짜리 지폐로만 바꾸려고 합니다. 1000원짜리 지폐 몇 장까지 바꿀 수 있나요?

( )

18 수를 반올림하여 백의 자리까지 나타내면 5500입니다. □ 안에 들어갈 수 있는 숫자를 찾아 기호를 써 보세요.

| 55□8 | ㉠ 7 ㉡ 5 ㉢ 4 |

( )

19 슬기가 처음에 생각한 자연수는 무엇인지 구해 보세요.

준호: 네가 생각한 자연수에 8을 곱해서 나온 수를 버림하여 십의 자리까지 나타내면 얼마야?

슬기: 70이야.

( )

20 반올림하여 만의 자리까지 나타냈을 때 40000이 되는 가장 작은 자연수를 구해 보세요.

( )

1 40 이하인 수를 모두 찾아 써 보세요.

| 56 | 19 | 40 | 73 |

(   )

2 수직선에 나타내어 보세요.

16 이하인 수

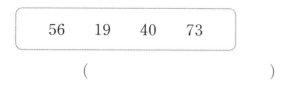

12   13   14   15   16   17

3 대한민국에서 투표할 수 있는 나이는 만 18세 이상입니다. 우리 가족 중에서 투표할 수 있는 사람을 모두 써 보세요.

우리 가족의 만 나이

가족	누나	아버지	어머니	나
만 나이(세)	18	47	45	12

(   )

4 수직선에 나타낸 수의 범위에 맞게 □ 안에 알맞은 수를 써넣으세요.

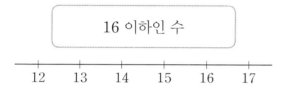

27   28   29   30   31   32

□ 미만인 수

5 은정이네 모둠 학생들이 어제 한 훌라후프 횟수입니다. 훌라후프를 70회 초과해서 한 학생의 이름을 모두 써 보세요.

은정이네 모둠 학생들이 한 훌라후프 횟수

이름	은정	민호	형주	지아
횟수(회)	50	79	42	156

(   )

6 수직선에 나타낸 수의 범위에 속하는 수를 찾아 기호를 써 보세요.

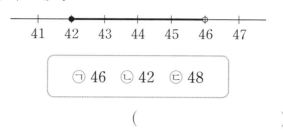

41   42   43   44   45   46   47

| ㉠ 46 | ㉡ 42 | ㉢ 48 |

(   )

7 수를 보고 범위에 맞게 □ 안에 알맞은 말을 써넣으세요.

| 23 | 27 | 30 | 29 |

23 □ 30 □ 인 수

8 75를 포함하는 수의 범위를 찾아 기호를 써 보세요.

㉠ 72 이상 75 미만인 수
㉡ 74 초과 78 이하인 수

(   )

9 34 이상 38 이하인 자연수는 모두 몇 개인지 구해 보세요.

(   )

10 올림하여 주어진 자리까지 나타내어 보세요.

수	십의 자리까지	백의 자리까지
541		

11 다음 네 자리 수를 올림하여 백의 자리까지 나타내면 1200입니다. □ 안에 알맞은 숫자를 써넣으세요.

□□39

12 다음 수를 올림하여 천의 자리까지 나타낸 수와 올림하여 십의 자리까지 나타낸 수의 차를 구해 보세요.

5376

(   )

13 주어진 수를 버림하여 백의 자리까지 나타낸 수에 ○표 하세요.

3128 ➡ (3000 , 3100 , 3200)

14 버림하여 백의 자리까지 나타내면 4500이 되는 자연수 중에서 가장 큰 수를 써 보세요.

(   )

15 리본 1개를 만드는 데 색 테이프가 10 cm 필요합니다. 색 테이프 4 m 22 cm로는 리본을 몇 개까지 만들 수 있나요?

(   )

16 지우개의 길이는 몇 cm인지 반올림하여 일의 자리까지 나타내어 보세요.

(   )

17 다음 네 자리 수를 반올림하여 십의 자리까지 나타내면 8240입니다. □ 안에 들어갈 수 있는 숫자를 모두 구해 보세요.

823□

(   )

18 수 카드 4장을 한 번씩만 사용하여 만들 수 있는 가장 큰 네 자리 수를 반올림하여 백의 자리까지 나타내어 보세요.

5 3 2 7

(   )

19 사과 523상자를 트럭에 모두 실으려고 합니다. 트럭 한 대에 100상자씩 실을 수 있을 때 트럭은 최소 몇 대 필요한가요?

(   )

20 공장에서 과자를 2437봉지 만들었습니다. 한 상자에 10봉지씩 담아서 판다면 팔 수 있는 과자는 최대 몇 상자인가요?

(   )

1 그림을 보고 □ 안에 알맞은 수를 써넣으세요.

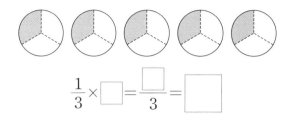

$$\frac{1}{3} \times \boxed{} = \frac{\boxed{}}{3} = \boxed{}$$

[2~3] □ 안에 알맞은 수를 써넣으세요.

2 $9 \times 2\frac{5}{8} = (9 \times 2) + \left(9 \times \frac{\boxed{}}{8}\right)$

$$= 18 + \frac{\boxed{}}{8}$$

$$= 18 + \boxed{}\frac{\boxed{}}{8} = \boxed{}$$

3 $4 \times 3\frac{4}{5} = 4 \times \frac{\boxed{}}{5} = \frac{\boxed{}}{5} = \boxed{}$

[4~5] 계산해 보세요.

4 $\frac{1}{7} \times \frac{1}{12}$

5 $4 \times 5\frac{1}{8}$

6 보기 와 같은 방법으로 계산해 보세요.

보기
$$\frac{5}{7} \times \frac{14}{25} = \frac{\overset{1}{\cancel{5}} \times \overset{2}{\cancel{14}}}{\underset{1}{\cancel{7}} \times \underset{5}{\cancel{25}}} = \frac{2}{5}$$

$$\frac{9}{16} \times \frac{28}{45}$$

7 빈칸에 알맞은 수를 써넣으세요.

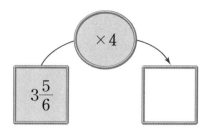

$3\frac{5}{6}$ ×4

8 대분수를 가분수로 고쳐서 계산해 보세요.

$$3\frac{5}{9} \times 2\frac{7}{10}$$

9 계산 결과가 2보다 큰 식에 ○표, 2보다 작은 식에 △표 하세요.

$$2 \times 1\frac{1}{3} \qquad 2 \times \frac{1}{2} \qquad 2 \times \frac{7}{8}$$

10 $\frac{5}{9} \times 4$와 <u>다른</u> 하나를 찾아 기호를 써 보세요.

ㄱ $\frac{20}{9}$ ㄴ $\frac{5}{9} + \frac{5}{9} + \frac{5}{9}$

ㄷ $\frac{5 \times 4}{9}$ ㄹ $2\frac{2}{9}$

(   )

11 다음을 식으로 나타내고 계산해 보세요.

$$2\frac{2}{5}의\ 7배$$

→ _____

12 잘못 말한 친구는 누구인가요?

> 인영: 1시간의 $\frac{1}{3}$은 20분이야.
>
> 진수: 1 L의 $\frac{1}{2}$은 200 mL야.

( )

13 한 명이 피자 한 판의 $\frac{2}{5}$씩 먹으려고 합니다. 25명이 먹으려면 피자는 모두 몇 판 필요한가요?

식 [식] _____

답 [답] _____

14 빈 곳에 알맞은 수를 써넣으세요.

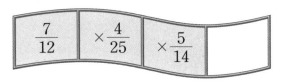

15 그림과 같은 직사각형 모양의 연못이 있습니다. 이 연못의 넓이는 몇 m²인가요?

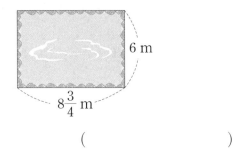

( )

16 은서는 길이가 $\frac{3}{8}$ m인 색 테이프의 $\frac{1}{5}$을 동생에게 주었습니다. 은서가 동생에게 준 색 테이프의 길이는 몇 m인가요?

식 [식] _____

답 [답] _____

17 가장 큰 수와 가장 작은 수의 곱을 구해 보세요.

> $3\frac{1}{3}$ $1\frac{7}{10}$ $1\frac{3}{5}$

( )

18 계산 결과를 자연수로 나타낼 수 있는 것을 찾아 기호를 써 보세요.

> ㉠ $6 \times \frac{7}{15} \times 3\frac{1}{8}$ ㉡ $\frac{9}{10} \times 3\frac{1}{3} \times 4$

( )

19 한 변의 길이가 1 m인 정사각형 모양의 종이를 오른쪽과 같이 가로를 똑같이 넷으로, 세로를 똑같이 셋으로 나누었습니다. 나누어진 한 칸의 넓이는 몇 m²인가요?

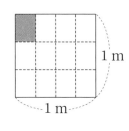

( )

20 유아는 집에서 $1\frac{3}{10}$ km 떨어진 영화관에 갔습니다. 유아는 전체 거리의 $\frac{9}{13}$는 버스를 탔고 나머지 거리는 걸어갔습니다. 유아가 걸어간 거리는 몇 km인가요?

( )

1 계산해 보세요.

$$\frac{7}{10} \times 15$$

2 두 수의 곱을 구해 보세요.

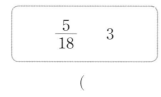

( )

3 빈칸에 알맞은 수를 써넣으세요.

4 정삼각형의 둘레는 몇 cm인지 구해 보세요.

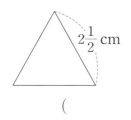

$2\frac{1}{2}$ cm

( )

5 계산 결과를 찾아 이어 보세요.

$$2\frac{3}{4} \times 8$$ $$3\frac{1}{2} \times 6$$

·   ·

·   ·   ·

20   21   22

6 <u>잘못</u> 계산한 곳을 찾아 옳게 고쳐 보세요.

$$8 \times \frac{3}{14} = \frac{8+3}{14} = \frac{11}{14}$$

$8 \times \frac{3}{14}$ _____

7 영준이는 일정한 빠르기로 한 시간에 4 km씩 걷습니다. 같은 빠르기로 영준이가 45분 동안 걸은 거리는 몇 km인가요?

( )

8 □ 안에 알맞은 수를 써넣으세요.

$$7 \times 1\frac{3}{8} = (7 \times 1) + \left(7 \times \frac{\square}{8}\right)$$

$$= 7 + \frac{\square}{8}$$

$$= 7 + \square\frac{\square}{8} = \square$$

9 크기를 비교하여 ○ 안에 >, =, <를 알맞게 써넣으세요.

$$24 \times 1\frac{5}{8} \bigcirc 36$$

10 ★에 알맞은 수를 구해 보세요.

$$\frac{1}{9} \times \frac{1}{7} = \frac{1}{★}$$

( )

11 지효는 책을 어제는 전체의 $\frac{1}{3}$만큼 읽었고 오늘은 어제 읽은 양의 $\frac{1}{4}$만큼 읽었습니다. 지효가 오늘 읽은 양은 전체의 얼마인가요?

식 _____

답 _____

12 수 카드 두 장을 골라 한 번씩만 사용하여 계산 결과가 가장 작은 곱셈을 만들어 보세요.

$\boxed{4}$ $\boxed{5}$ $\boxed{6}$ $\boxed{7}$ $\boxed{8}$ $\boxed{9}$

식 _____

13 계산 결과가 $\frac{3}{11}$보다 작은 것에 모두 ○표 하세요.

$$\frac{3}{11} \times 1\frac{1}{2} \qquad \frac{3}{11} \times \frac{7}{8} \qquad \frac{3}{11} \times \frac{2}{9}$$

14 ㉠과 ㉡을 계산한 값의 차를 구해 보세요.

$$㉠ \ \frac{6}{7} \times \frac{7}{16} \qquad ㉡ \ \frac{5}{8} \times \frac{3}{10}$$

( )

15 보기 와 같은 방법으로 계산해 보세요.

보기
$$1\frac{2}{5} \times 1\frac{5}{7} = \frac{7}{5} \times \frac{12}{7} = \frac{12}{5} = 2\frac{2}{5}$$

$$1\frac{1}{6} \times 2\frac{2}{5}$$ _____

16 두께가 일정한 철근 1 m의 무게가 $5\frac{1}{5}$ kg일 때 철근 $3\frac{1}{8}$ m의 무게는 몇 kg인가요?

식 _____

답 _____

17 □ 안에 들어갈 수 있는 자연수를 모두 구해 보세요.

$$1\frac{2}{7} \times 1\frac{8}{9} > \square\frac{1}{7}$$

( )

18 ㉮×㉯×㉰를 구해 보세요.

$$㉮ \ \frac{4}{7} \qquad ㉯ \ 1\frac{13}{20} \qquad ㉰ \ \frac{14}{15}$$

( )

19 색칠한 부분은 정사각형 전체 넓이의 $\frac{1}{4}$입니다. 색칠한 부분의 넓이는 몇 cm²인가요?

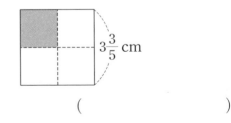

$3\frac{3}{5}$ cm

( )

20 49 cm 높이에서 공을 떨어뜨렸습니다. 공은 땅에 닿으면 떨어진 높이의 $\frac{4}{7}$만큼 튀어 오릅니다. 공이 땅에 두 번 닿았다가 튀어 올랐을 때의 높이는 몇 cm인가요?

( )

1 한 직선을 따라 포개었을 때 완전히 겹치는 도형에 ◯표 하세요.

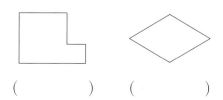

(   )   (   )

2 두 삼각형은 서로 합동입니다. ☐ 안에 알맞은 기호를 써넣으세요.

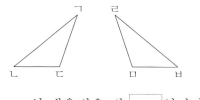

변 ㅁㅂ의 대응변은 변 ☐ 입니다.

3 왼쪽 도형과 서로 합동인 도형을 찾아 ◯표 하세요.

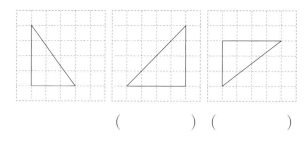

(   )   (   )

[4~5] 점대칭도형을 보고 물음에 답하세요.

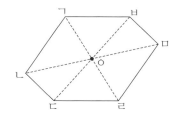

4 변 ㄴㄷ과 길이가 같은 변을 찾아 써 보세요.

(   )

5 선분 ㄱㅇ과 길이가 같은 선분을 찾아 써 보세요.

(   )

6 선대칭도형의 대칭축을 그려 보세요.

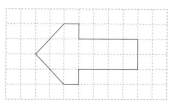

7 서로 합동인 두 도형을 찾아 기호를 써 보세요.

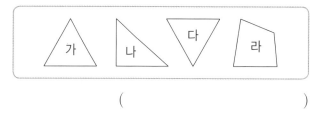

(   )

8 두 도형은 서로 합동입니다. 대응변은 몇 쌍인가요?

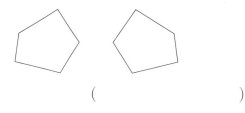

(   )

9 두 삼각형은 서로 합동입니다. 변 ㄱㄴ은 몇 cm인가요?

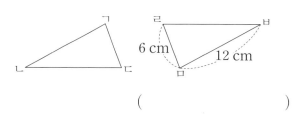

(   )

10 왼쪽 도형과 서로 합동인 도형을 그려 보세요.

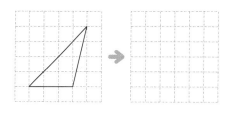

11 직선 ㄱㄴ을 대칭축으로 하는 선대칭도형입니다. □ 안에 알맞은 수를 써넣으세요.

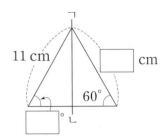

11 cm

□ cm

60°

□

12 오른쪽의 칠교판 조각을 보고 나와 합동인 조각을 찾아 기호를 써 보세요.

(   )

[13~15] 그림을 보고 물음에 답하세요.

가   나

다   라

13 선대칭도형을 모두 찾아 기호를 써 보세요.

(   )

14 점대칭도형을 모두 찾아 기호를 써 보세요.

(   )

15 선대칭도형도 되고 점대칭도형도 되는 도형을 찾아 기호를 써 보세요.

(   )

16 선분 ㄱㄴ을 대칭축으로 하는 선대칭도형을 완성해 보세요.

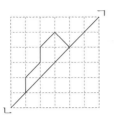

17 두 사각형은 서로 합동입니다. 사각형 ㅁㅂㅅㅇ의 둘레는 몇 cm인가요?

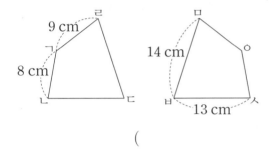

9 cm

8 cm

14 cm

13 cm

(   )

18 오른쪽은 직선 ㄱㄴ을 대칭축으로 하는 선대칭도형입니다. ㉠은 몇 도인가요?

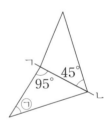

45°

95°

㉠

(   )

19 다음은 한글 자음입니다. 점대칭도형인 자음은 모두 몇 개인가요?

ㅂ ㅁ ㄱ ㅅ ㅍ ㄹ

(   )

20 사각형 ㄱㄴㄷㄹ의 둘레는 몇 m인지 구해 보세요. (단, 삼각형 ㄱㄴㅁ과 삼각형 ㄹㅁㄷ은 서로 합동입니다.)

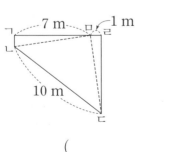

7 m   1 m

10 m

(   )

1 왼쪽 도형과 서로 합동인 도형을 찾아 기호를 써 보세요.

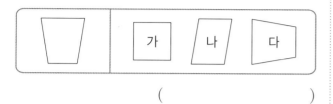

(   )

2 나머지 셋과 합동이 <u>아닌</u> 것을 찾아 기호를 써 보세요.

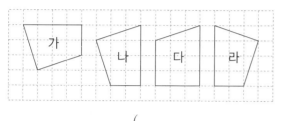

(   )

3 왼쪽 도형과 서로 합동인 도형을 그려 보세요.

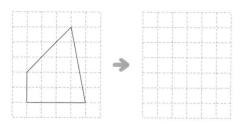

4 두 사각형은 서로 합동입니다. □ 안에 알맞은 수를 써넣으세요.

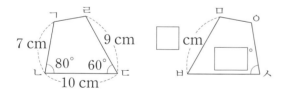

5 서로 합동인 두 삼각형에 대한 설명으로 <u>틀린</u> 것을 찾아 기호를 써 보세요.

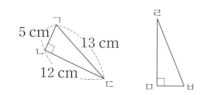

㉠ 변 ㄹㅁ의 길이는 12 cm입니다.

㉡ 각 ㄴㄷㄱ과 크기가 같은 각은 각 ㅁㅂㄹ입니다.

(   )

6 직사각형 모양의 색종이를 잘라서 서로 합동인 삼각형을 4개 만들어 보세요.

7 두 도형은 서로 합동입니다. 대응변과 대응각이 각각 몇 쌍 있는지 써 보세요.

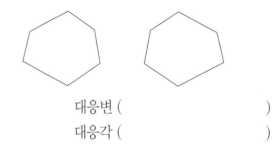

대응변 (   )

대응각 (   )

8 두 삼각형이 서로 합동일 때 각 ㄱㄴㄷ은 몇 도인가요?

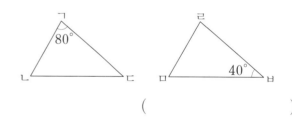

(   )

9 두 사각형은 서로 합동입니다. 사각형 ㄱㄴㄷㄹ의 둘레가 33 cm일 때 변 ㄹㄷ은 몇 cm인가요?

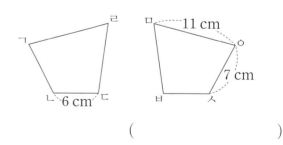

(   )

10 선대칭도형을 찾아 ◯표 하세요.

11 선대칭도형에서 대칭축이 되는 직선을 모두 찾아 써 보세요.

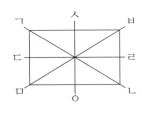

( )

12 선대칭도형이 되도록 그림을 완성해 보세요.

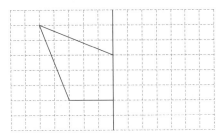

13 직선 ㄱㄴ을 대칭축으로 하는 선대칭도형입니다. □ 안에 알맞은 수를 써넣으세요.

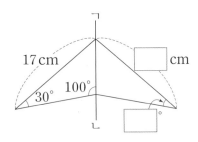

14 오른쪽은 선분 ㄱㄴ을 대칭 축으로 하는 선대칭도형입 니다. 선분 ㅁㅂ은 몇 cm 인가요?

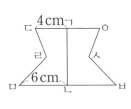

( )

15 오른쪽은 선분 ㄱㄹ을 대칭축 으로 하는 선대칭도형입니다. 각 ㄷㄱㄹ은 몇 도인가요?

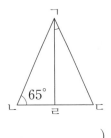

( )

16 점대칭도형은 어느 것인가요?·············( )

① ㄹ ② ㅂ ③ ㅋ ④ ㅌ

17 오른쪽은 점대칭도형입니다. 대칭 의 중심을 찾아 점 ㅇ으로 표시해 보세요.

18 점대칭도형을 그리려고 합니다. 대응점을 잘못 찍은 것을 찾아 기호를 써 보세요.

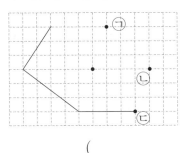

( )

19 오른쪽은 점 ㅇ을 대칭의 중심으로 하는 점대칭도형 입니다. 선분 ㄱㅇ이 5 cm일 때, 선분 ㄱㄷ은 몇 cm인가요?

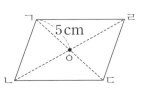

( )

20 점 ㅈ을 대칭의 중심으로 하는 점대칭도형입니다. 선분 ㅇㅈ은 몇 cm인가요?

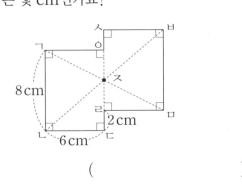

( )

1 자연수의 곱셈으로 계산하려고 합니다. □ 안에 알맞은 수를 써넣으세요.

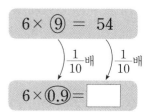

$6 \times ⑨ = 54$

$\frac{1}{10}$배 $\frac{1}{10}$배

$6 \times ⓪.9 = \boxed{}$

2 보기 와 같은 방법으로 계산해 보세요.

보기
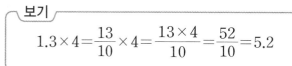
$1.3 \times 4 = \frac{13}{10} \times 4 = \frac{13 \times 4}{10} = \frac{52}{10} = 5.2$

1.5×7 _____

3 계산해 보세요.

$$\begin{array}{r} 4.8 \\ \times \quad 7 \\ \hline \end{array}$$

4 두 수의 곱을 구해 보세요.

| 0.8 | 0.4 |

(   )

5 나타내는 수가 나머지와 <u>다른</u> 하나를 찾아 ○표 하세요.

| 0.8+0.8+0.8 | 0.8×4 | 2.4 |

(   ) (   ) (   )

6 빈칸에 알맞은 수를 써넣으세요.

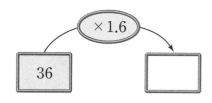

×1.6

36 → □

7 바르게 계산한 것을 찾아 기호를 써 보세요.

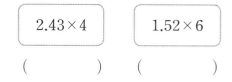
㉠ $4.4 \times 3 = 12.2$ ㉡ $1.14 \times 1.2 = 1.368$

(   )

8 계산 결과가 9.12인 것을 찾아 ○표 하세요.

| 2.43×4 | 1.52×6 |

(   ) (   )

9 빈칸에 알맞은 수를 써넣으세요.

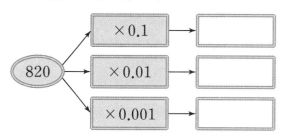

820 → ×0.1 → □
     → ×0.01 → □
     → ×0.001 → □

10 크기를 비교하여 ○ 안에 >, =, <를 알맞게 써넣으세요.

$6.3 \times 7 \bigcirc 45$

11 세 사람이 말한 수 중 가장 큰 수와 가장 작은 수의 곱을 구해 보세요.

(   )

12 보기 를 이용하여 식을 완성해 보세요.

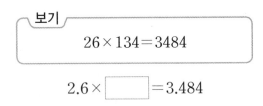

보기
$$26 \times 134 = 3484$$

$$2.6 \times \boxed{} = 3.484$$

13 ㉠은 ㉡의 몇 배인지 구해 보세요.

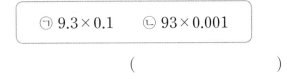

㉠ 9.3×0.1 ㉡ 93×0.001

(   )

14 직사각형의 넓이는 몇 m²인가요?

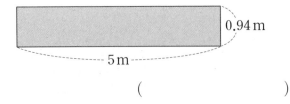

0.94 m
5 m

(   )

15 우유를 한 병에 0.8 L씩 넣었습니다. 이 우유 21병은 모두 몇 L인가요?

식 _____

답 _____

16 빈칸에 알맞은 수를 써넣으세요.

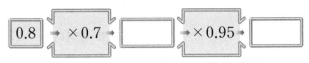

0.8 → ×0.7 → ☐ → ×0.95 → ☐

17 주희가 사용한 리본은 63 cm입니다. 지태가 사용한 리본은 주희가 사용한 리본의 1.2배일 때 지태가 사용한 리본은 몇 cm인가요?

(   )

18 나타내는 수가 가장 큰 것을 찾아 기호를 써 보세요.

㉠ 2.75×100 ㉡ 0.275×10
㉢ 275×0.1 ㉣ 2750×0.01

(   )

19 1시간에 물을 0.3 L 내뿜는 가습기가 있습니다. 이 가습기 10대를 2.5시간 동안 사용했을 때 내뿜는 물의 양은 모두 몇 L인가요?

(   )

20 한 변의 길이가 1.6 m인 정사각형 모양의 땅이 있습니다. 이 땅의 넓이의 1.5배만큼 밭을 만든다면 밭의 넓이는 몇 m²인가요?

(   )

1 분수의 곱셈으로 계산하려고 합니다. □ 안에 알맞은 수를 써넣으세요.

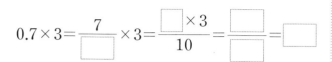

$$0.7 \times 3 = \frac{7}{\square} \times 3 = \frac{\square \times 3}{10} = \frac{\square}{\square} = \square$$

2 덧셈식으로 계산하려고 합니다. □ 안에 알맞은 수를 써넣으세요.

$$0.8 + 0.8 + 0.8 + 0.8 + 0.8 + 0.8$$

➡ $0.8 \times \square = \square$

3 빈 곳에 알맞은 수를 써넣으세요.

| 2.5 | ×7 | |

4 곱이 더 큰 것에 ◯표 하세요.

| 1.6×7 | 1.5×9 |

(   ) (   )

5 한 개의 무게가 7.2 g인 공깃돌이 5개 있습니다. 이 공깃돌 5개의 무게는 모두 몇 g인가요?

식 _____

답 _____

6 계산이 <u>잘못된</u> 부분을 찾아 바르게 계산해 보세요.

$$\begin{array}{r} 2\ 4 \\ \times\ 0.0\ 9 \\ \hline 2\ 1.6 \end{array} \Rightarrow \begin{array}{r} 2\ 4 \\ \times\ 0.0\ 9 \\ \hline \end{array}$$

7 가장 큰 수와 가장 작은 수의 곱을 구해 보세요.

| 0.8 | 0.19 | 7 |

(   )

8 빈칸에 알맞은 수를 써넣으세요.

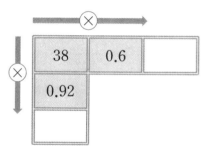

38	0.6	
0.92		

9 두 수의 곱을 구해 보세요.

| 6 | 1.08 |

(   )

10 하영이의 몸무게는 40 kg입니다. 언니의 몸무게는 하영이의 몸무게의 1.2배입니다. 언니의 몸무게는 몇 kg인가요?

(   )

11 보기 와 같은 방법으로 계산해 보세요.

보기
$$0.3 \times 0.17 = \frac{3}{10} \times \frac{17}{100} = \frac{51}{1000} = 0.051$$

0.4×0.62 _____

12 빈칸에 알맞은 수를 써넣으세요.

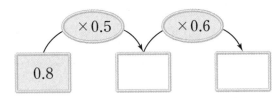

13 어떤 수는 0.02와 8의 곱과 같습니다. 어떤 수의 0.6배는 얼마인가요?

(   )

14 ㉠과 ㉡의 곱을 구해 보세요.

㉠ 7.3	㉡ 1.2

(   )

15 건우가 나타내는 수를 구해 보세요.

6.4의 1.5배

건우

(   )

16 1 m의 무게가 1.65 kg인 굵기가 일정한 철근이 있습니다. 이 철근 4.8 m의 무게는 몇 kg인가요?

식 _____

답 _____

17 가로가 0.6 m, 세로가 0.5 m인 직사각형 모양의 종이 18장 반을 게시판에 겹치지 않게 붙였습니다. 게시판에 붙인 종이의 넓이는 모두 몇 m²인가요?

(   )

18 ☐ 안에 알맞은 소수를 구해 보세요.

$$63.4 \times \boxed{} = 0.634$$

(   )

19 ㉠과 ㉡에 알맞은 수를 각각 구해 보세요.

$$0.09 \times 5.2 = 9 \times \boxed{㉠}$$
$$4.6 \times 3.2 = 0.46 \times \boxed{㉡}$$

㉠ (   )

㉡ (   )

20 우진이의 키는 1.54 m이고 진희의 키는 149 cm입니다. 누구의 키가 더 큰가요?

(   )

4
단원평가
B

1 그림을 보고 □ 안에 알맞은 말을 써넣으세요.

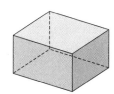

직사각형 6개로 둘러싸인 도형을
□라고 합니다.

2 정육면체에 ○표 하세요.

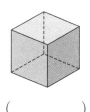 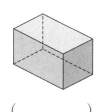

( ) ( )

[**3**~**4**] 직육면체에서 색칠한 면과 평행한 면을 찾아 색칠해 보세요.

3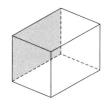

4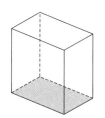

5 직육면체 모양의 물건을 가지고 있는 사람은 누구인지 이름을 써 보세요.

재석   서윤   지우

( )

6 그림에서 빠진 부분을 그려 넣어 직육면체의 겨냥도를 완성해 보세요.

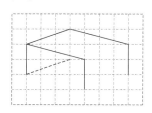

7 직육면체의 전개도를 그린 것입니다. □ 안에 알맞은 수를 써넣으세요.

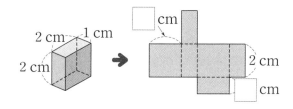

[**8**~**10**] 직육면체와 정육면체에 대한 설명입니다. 옳은 것은 ○표, 틀린 것은 ×표 하세요.

8 정육면체는 모서리의 길이가 모두 같습니다.

( )

9 직육면체는 정육면체라고 말할 수 있습니다.

( )

10 직육면체의 면은 모두 정사각형입니다.

( )

11 오른쪽 직육면체에서 서로 평행한 면은 모두 몇 쌍인가요?

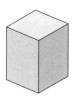

( )

12 직육면체의 전개도가 <u>아닌</u> 것을 찾아 기호를 써 보세요.

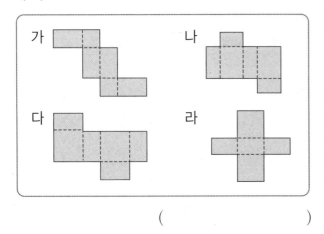

( )

13 오른쪽 정육면체의 전개도를 접었을 때 면 ㉡와 평행한 면을 찾아 써 보세요.

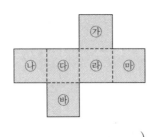

( )

14 왼쪽의 <u>잘못</u> 그린 겨냥도를 바르게 그려 보세요.

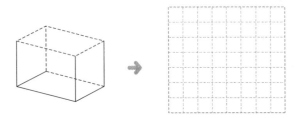

15 오른쪽 직육면체의 전개도를 그려 보세요.

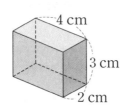

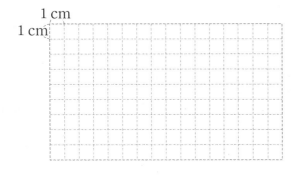

16 오른쪽 직육면체를 보고 서로 평행한 면이 <u>잘못</u> 짝 지어진 것을 찾아 기호를 써 보세요.

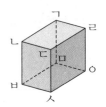

㉠ 면 ㄴㅂㅁㄱ과 면 ㄷㅅㅇㄹ
㉡ 면 ㄱㅁㅇㄹ과 면 ㄴㅂㅅㄷ
㉢ 면 ㄱㄴㄷㄹ과 면 ㄱㅁㅇㄹ

( )

17 직육면체의 전개도가 <u>아닌</u> 이유를 써 보세요.

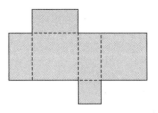

이유

18 직육면체에서 색칠한 두 면을 전개도에 나타내려고 합니다. 알맞게 색칠해 보세요.

19 한 모서리의 길이가 9 cm인 정육면체가 있습니다. 이 정육면체의 모든 모서리의 길이의 합은 몇 cm인가요?

( )

20 오른쪽 직육면체의 모든 모서리의 길이의 합은 몇 cm인가요?

( )

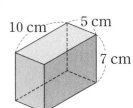

5. 직육면체

날짜 . . 점수

5학년 이름:

1 직육면체의 각 부분의 이름을 □ 안에 알맞게 써넣으세요.

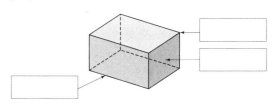

2 직육면체를 찾아 ○표 하세요.

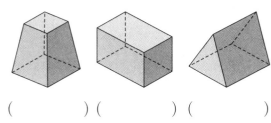

( ) ( ) ( )

3 □ 안에 알맞은 말을 써넣으세요.

직사각형 6개로 둘러싸인 도형을 [ ],
정사각형 6개로 둘러싸인 도형을 [ ]
라고 합니다.

4 보이는 꼭짓점을 모두 찾아 •으로 표시하세요.

5 오른쪽 정육면체를 보고 빈칸에 알맞은 수를 써넣으세요.

면의 수(개)	모서리의 수(개)	꼭짓점의 수(개)

6 모든 모서리의 길이의 합이 60 cm인 정육면체가 있습니다. 정육면체의 한 모서리의 길이는 몇 cm 인가요?

( )

[7～8] 오른쪽 직육면체를 보고 물음에 답하세요.

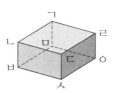

7 면 ㄱㄴㅂㅁ과 평행한 면을 찾아 써 보세요.

( )

8 면 ㄴㅂㅅㄷ과 수직인 면을 모두 찾아 써 보세요.

( )

9 다음 설명이 옳으면 ○표, 틀리면 ×표 하세요.

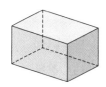

직육면체에서 면과 면이 만나는 선분을
꼭짓점이라고 합니다.

( )

10 겨냥도를 바르게 그린 것을 찾아 기호를 써 보세요.

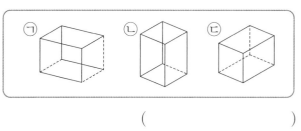

( )

11 그림에서 빠진 부분을 그려 넣어 직육면체의 겨냥도를 완성해 보세요.

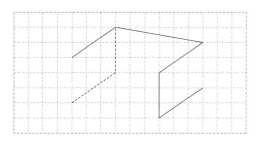

12 오른쪽은 겨냥도를 잘못 그린 것입니다. 잘못 그린 이유를 써 보세요.

이유 _____
_____

13 직육면체의 한 면을 본뜬 것입니다. 본뜬 면이 될 수 있는 면을 겨냥도에서 모두 찾아 써 보세요.

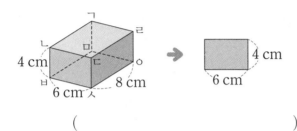

(   )

[14~15] 오른쪽 정육면체의 전개도를 보고 물음에 답하세요.

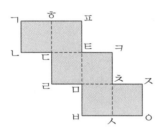

14 전개도를 접었을 때 선분 ㄹㅁ과 맞닿는 선분을 찾아 써 보세요.

(   )

15 전개도를 접었을 때 면 ㅎㄷㅌㅍ과 평행한 면을 찾아 써 보세요.

(   )

16 전개도로 주사위를 만들려고 합니다. 주사위의 마주 보는 면의 눈의 수의 합은 7입니다. 정육면체의 전개도의 ㉠에 들어갈 주사위의 눈의 수를 구해 보세요.

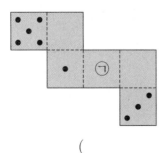

(   )

17 직육면체의 전개도를 그리는 방법을 잘못 설명한 것을 찾아 기호를 써 보세요.

> ㉠ 전개도를 접었을 때 만나는 모서리의 길이가 같게 그립니다.
> ㉡ 잘리지 않는 모서리는 실선으로 표시합니다.

(   )

18 오른쪽 직육면체의 전개도를 완성해 보세요.

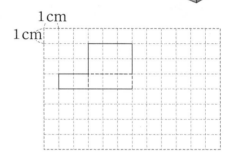

19 한 변의 길이가 10 cm인 정사각형 모양의 종이가 있습니다. 색칠한 부분을 오려 내고 접어서 직육면체를 만들려고 합니다. 전개도를 완성해 보세요.

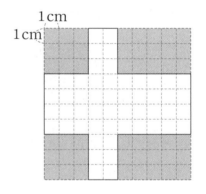

20 왼쪽과 같이 직육면체의 면에 선을 그었습니다. 이 직육면체의 전개도가 오른쪽과 같을 때 전개도에 나타나는 선을 그어 보세요.

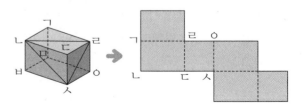

6. 평균과 가능성

날짜 　.　 점수

5학년　이름:

[1~2] 알맞은 말에 ○표 하세요.

1 한 명의 아이가 태어날 때 남자 아이일 가능성은 '(확실하다 , 반반이다 , 불가능하다)'입니다.

2 내일 아침 남쪽에서 해가 뜰 가능성은 '(확실하다 , 반반이다 , 불가능하다)'입니다.

[3~4] 윗몸 말아 올리기 기록의 평균을 두 가지 방법으로 구하려고 합니다. 물음에 답하세요.

윗몸 말아 올리기 기록

이름	선영	정훈	미선	동민
기록(회)	40	35	45	40

3 윗몸 말아 올리기 기록을 고르게 하여 평균을 구하려고 합니다. □ 안에 알맞은 수를 써넣으세요.

평균을 40회로 예상한 후 (35, □), (□ , 40)으로 옮기고 짝 지어 자료의 값을 고르게 하면 평균은 □ 회입니다.

4 자료 전체를 더한 값을 자료의 수로 나누어 평균을 구해 보세요.

(　　　　　　)

5 미주가 4일 동안 마신 주스 양의 평균을 구해 보세요.

미주가 마신 주스 양

요일	월	화	수	목
주스 양(mL)	270	200	300	230

(　　　　　　)

6 혁수가 투호에 넣은 화살 수의 평균을 구해 보세요.

혁수가 투호에 넣은 화살 수

회	1회	2회	3회	4회
화살 수(개)	5	8	7	4

(　　　　　　)

[7~8] 일이 일어날 가능성을 생각해 보고, 알맞게 표현한 곳에 ○표 하세요.

7

내일 날씨는 덥다고 했으므로 친구들은 긴팔보다 반팔을 입고 올 것입니다.

불가능하다	~아닐 것 같다	반반이다	~일 것 같다	확실하다

8

5월에서 두 달 후에는 7월이 될 것입니다.

불가능하다	~아닐 것 같다	반반이다	~일 것 같다	확실하다

[9~10] 윤지와 호준이가 볼링 핀을 쓰러뜨린 기록입니다. 물음에 답하세요.

윤지가 쓰러뜨린 볼링 핀 수

회	볼링 핀 수(개)
1회	4
2회	5
3회	7
4회	0

호준이가 쓰러뜨린 볼링 핀 수

회	볼링 핀 수(개)
1회	8
2회	2
3회	5

9 윤지와 호준이가 쓰러뜨린 볼링 핀 수의 평균은 각각 몇 개인가요?

윤지 (　　　　), 호준 (　　　　)

10 누가 볼링을 더 잘했다고 볼 수 있나요?

(　　　　　　)

11 수희가 ○× 문제를 풀고 있습니다. ×라고 답했을 때, 정답을 맞혔을 가능성을 말과 수로 표현해 보세요.

말 _____

수 _____

12 수현이네 모둠 학생 4명이 가지고 있는 연필 수의 평균은 7자루입니다. 수현이네 모둠 학생들이 가지고 있는 연필은 모두 몇 자루인가요?

( )

13 오른쪽 회전판을 돌릴 때 화살이 색칠한 부분에 멈출 가능성을 ↓로 나타내어 보세요.

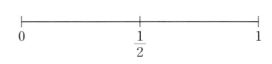

14 서윤이가 하루에 한 공부 시간은 평균 몇 분인가요?

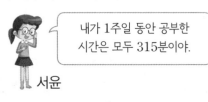

내가 1주일 동안 공부한 시간은 모두 315분이야.

서윤

( )

15 각 주머니에서 공을 한 개 꺼낼 때 일이 일어날 가능성이 가장 높은 것을 찾아 기호를 써 보세요.

> ㉠ 흰색 공 3개와 검은색 공 1개가 있는 주머니에서 꺼낸 공이 흰색입니다.
> ㉡ 검은색 공 4개가 있는 주머니에서 꺼낸 공이 검은색입니다.
> ㉢ 흰색 공 2개와 검은색 공 2개가 있는 주머니에서 꺼낸 공이 검은색입니다.

( )

16 동전을 던졌을 때 그림 면이 나올 가능성을 수로 표현해 보세요.

( )

17 두 사람이 한 줄넘기 기록입니다. 줄넘기 기록의 평균이 더 많은 사람은 누구인가요? (단위: 번)

| 지원: 38, 29, 40, 21 | 경민: 27, 42, 24 |

( )

18 조건에 알맞은 회전판이 되도록 색칠해 보세요.

〈조건〉
• 화살이 노란색에 멈출 가능성이 가장 높습니다.
• 화살이 파란색에 멈출 가능성은 빨간색에 멈출 가능성의 3배입니다.

19 나영이네 학교 학년별 학생 수의 평균이 130명일 때 5학년 학생 수는 몇 명인가요?

나영이네 학교 학년별 학생 수

학년	1	2	3	4	5	6
학생 수(명)	122	135	118	127		132

( )

20 태현이의 중간고사 점수를 나타낸 표입니다. 태현이가 기말고사에서는 중간고사보다 평균이 5점 올랐다면 태현이의 기말고사 점수의 평균은 몇 점인가요?

과목별 중간고사 점수

과목	국어	수학	사회	과학
점수(점)	83	79	91	87

( )

1 희수와 재천이가 바둑돌을 똑같이 나누어 가지려고 합니다. □ 안에 알맞은 수를 써넣으세요.

희수 ● ● ● ● ●
재천 ● ● ● ● ● ● ● ● ●

5와 9의 평균은 □이므로 재천이가 희수에게

바둑돌을 □개 주면 됩니다.

[2~4] 찬수네 모둠과 연주네 모둠의 훌라후프 기록을 나타낸 표입니다. 물음에 답하세요.

찬수네 모둠의 훌라후프 기록

이름	훌라후프 기록(개)
찬수	32
은미	48
연호	55

연주네 모둠의 훌라후프 기록

이름	훌라후프 기록(개)
연주	34
유리	52
은호	50
희진	56

2 찬수네 모둠의 훌라후프 기록의 평균은 몇 개인가요?

( )

3 연주네 모둠의 훌라후프 기록의 평균은 몇 개인가요?

( )

4 어느 모둠이 더 잘했다고 볼 수 있나요?

( )

5 현수네 모둠이 한 윗몸 말아 올리기 기록입니다. 현수네 모둠의 윗몸 말아 올리기 기록의 평균을 구해 보세요.

학생별 윗몸 말아 올리기 기록

이름	현수	민호	도현	은혜
기록(회)	20	16	24	20

( )

[6~7] 해서네 반에서는 과녁 맞히기 놀이를 하였습니다. 다음은 해서의 과녁 맞히기 점수입니다. 물음에 답하세요. (단위: 점)

9	10	7	10	9

6 평균 8점 이상이 되어야 상품을 받을 수 있습니다. 해서는 상품을 받을 수 있나요, 없나요?

( )

7 해서가 6번째 맞힌 점수가 평균을 1점 높였다면 6번째 기록은 몇 점인가요?

( )

8 지영이의 타자 속도는 1분에 평균 197타입니다. 지영이는 한 시간 동안 타자를 몇 타 치나요?

( )

9 위인전을 영호는 2주일 동안 504쪽 읽었고 미주는 12일 동안 468쪽 읽었습니다. 누가 하루에 평균 몇 쪽 더 많이 읽은 셈인가요?

( ), ( )

10 영수가 넘은 줄넘기 기록을 나타낸 표입니다. 줄넘기 기록의 평균이 91번일 때 빈칸에 알맞은 수를 써넣으세요.

회별 줄넘기 기록

회	1회	2회	3회	4회	5회	6회
기록(번)	97	93	91	89	90	

11 □ 안에 일이 일어날 가능성의 정도를 알맞게 써넣으세요.

← 일이 일어날 가능성이 낮습니다.   일이 일어날 가능성이 높습니다. →

	~일 것 같다

불가능하다   반반이다

12 일이 일어날 가능성을 생각해 보고, '불가능하다'인 것에 ◯표 하세요.

검은색 공만 들어 있는 주머니에서 공을 한 개 꺼낼 때 꺼낸 공은 검은색입니다.	
토끼는 알을 낳을 것입니다.	

13 1부터 5까지 쓰여진 수 카드를 뒤집어 놓았습니다. 한 장을 뒤집을 때 7이 쓰여진 수 카드가 뒤집혀질 가능성을 말로 표현해 보세요.

_____

_____

[14~15] 준서와 친구들이 말한 일이 일어날 가능성을 비교하려고 합니다. 물음에 답하세요.

매머드가 우리 집에 놀러 올 거야.   지금 오후 5시니까 1시간 후에는 오후 6시가 될 거야.   주사위를 굴려서 나온 주사위 눈의 수는 홀수일 거야.

준서   지민   도현

14 일이 일어날 가능성이 '불가능하다'인 경우를 말한 친구는 누구인가요?

(   )

15 일이 일어날 가능성이 높은 순서대로 친구의 이름을 써 보세요.

(   )

16 일이 일어날 가능성을 나타내는 수를 찾아 이어 보세요.

불가능하다 •   • $\frac{1}{2}$

확실하다 •   • 0

반반이다 •   • 1

17 파란색 공 3개, 노란색 공 1개가 있는 주머니에서 공 1개를 꺼낼 때 꺼낸 공이 초록색 공일 가능성을 ↓로 나타내어 보세요.

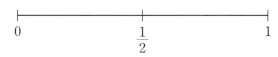

0          $\frac{1}{2}$ 1

18 오른쪽 과녁판에 화살을 던져서 색칠한 부분을 맞힐 가능성을 ↓로 나타내어 보세요.

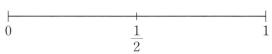

0          $\frac{1}{2}$ 1

19 주머니 속에 흰색 바둑돌이 4개 있습니다. 주머니에서 바둑돌 1개를 꺼낼 때 꺼낸 바둑돌이 흰색일 가능성을 말과 수로 표현해 보세요.

말 _____

수 _____

20 5부터 8까지 쓰여 있는 4장의 수 카드 중에서 한 장을 뽑을 때 짝수를 뽑을 가능성을 수로 표현해 보세요.

수 _____

수학 성취도 평가

5학년 2학기 과정을 모두 끝내셨나요?

한 학기 성취도를 확인해 볼 수 있도록 25문항으로 구성된 평가지입니다.

1학기 내용을 얼마나 이해했는지 평가해 보세요.

차세대 리더

반 .... 이름 ....

1 □ 안에 알맞은 수를 써넣으세요.

$$0.9 \times 3 = \frac{\boxed{}}{10} \times 3 = \frac{\boxed{} \times \boxed{}}{10}$$

$$= \frac{\boxed{}}{10} = \boxed{}$$

2 정육면체에 ○표 하세요.

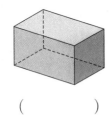   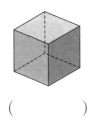

(   )   (   )

3 네 수의 평균을 구해 보세요.

29	16	18	13

(평균)$= (29 + \boxed{} + 18 + \boxed{}) \div 4 = \boxed{}$

4 36 이상인 수에 모두 ○표 하세요.

42	30	9	36

5 사건이 일어날 가능성을 생각해 보고, 알맞게 표현한 곳에 ○표 하세요.

사건	불가능하다	반반이다	확실하다
주사위를 던졌을 때 홀수의 눈이 나올 것입니다.			
계산기에 '1＋1＝'을 누르면 2가 나올 것입니다.			

6 빈 곳에 두 수의 곱을 써넣으세요.

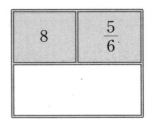

7 점대칭도형에서 대칭의 중심을 찾아 표시해 보세요.

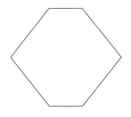

8 빈칸에 알맞은 수를 써넣으세요.

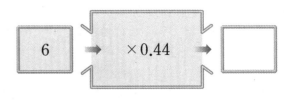

9 그림에서 빠진 부분을 그려 넣어 직육면체의 겨냥도를 완성해 보세요.

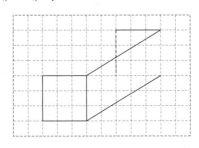

10 두 삼각형은 서로 합동입니다. 변 ㄹㅂ은 몇 cm인 가요?

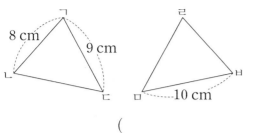

(   )

11 보기 를 이용하여 식을 완성해 보세요.

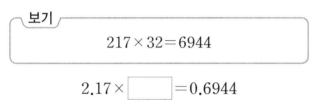

12 수직선에 나타내어 보세요.

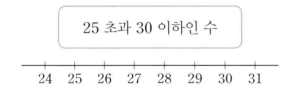

13 선대칭도형이 <u>아닌</u> 것을 찾아 기호를 써 보세요.

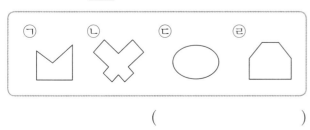

(   )

14 당첨 제비만 4개 들어 있는 제비뽑기 상자에서 제비 1개를 뽑았습니다. 뽑은 제비가 당첨 제비일 가능성을 수로 표현해 보세요.

(   )

15 두 수의 크기를 비교하여 ○ 안에 >, =, <를 알맞게 써넣으세요.

$$\frac{1}{9} \; \bigcirc \; \frac{1}{9} \times \frac{1}{3}$$

16 주머니 속에 파란색 구슬 1개와 초록색 구슬 1개가 있습니다. 그중에서 1개를 꺼낼 때 꺼낸 구슬이 초록색일 가능성을 수로 표현해 보세요.

(   )

17 왼쪽 직육면체의 전개도를 그린 것입니다. ㉠과 ㉡의 길이는 각각 몇 cm인지 구해 보세요.

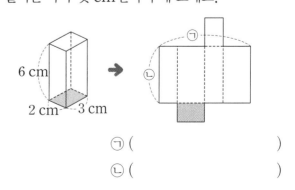

㉠ (   )

㉡ (   )

18 직육면체의 꼭짓점과 면의 수의 차는 몇 개인가요?

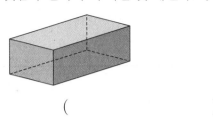

(   )

19 가장 큰 수와 가장 작은 수의 곱을 구해 보세요.

| 8.5 | 52.7 | 0.64 | 17.26 |

(   )

서술형

20 민규는 일정한 빠르기로 한 시간에 6 km를 달립니다. 같은 빠르기로 1시간 45분 동안 달린다면 민규가 달린 거리는 몇 km인지 풀이 과정을 쓰고 답을 구해 보세요.

풀이

답 _____

21 한 변의 길이가 $6\frac{2}{5}$ cm인 정사각형의 둘레는 몇 cm인지 구해 보세요.

식 _____

답 _____

22 버림하여 백의 자리까지 나타내면 2700이 되는 자연수 중에서 가장 큰 수를 써 보세요.

(   )

23 지은이는 서점에서 9700원짜리 문제집 한 권과 7500원짜리 동화책 한 권을 샀습니다. 1000원짜리 지폐로만 책값을 낸다면 최소 얼마를 내야 하는지 구해 보세요.

(   )

24 선분 ㄱㅂ을 대칭축으로 하는 선대칭도형입니다. 각 ㄴㄷㅂ은 몇 도인가요?

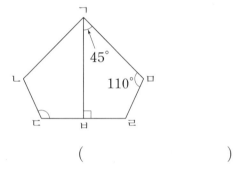

(   )

서술형

25 은지는 어제 책을 사서 책 한 권의 $\frac{1}{3}$을 읽었습니다. 그리고 오늘은 어제 읽고 난 나머지의 $\frac{2}{5}$를 읽었습니다. 책 한 권이 150쪽일 때 어제와 오늘 읽은 책은 몇 쪽인지 풀이 과정을 쓰고 답을 구해 보세요.

풀이

답 _____

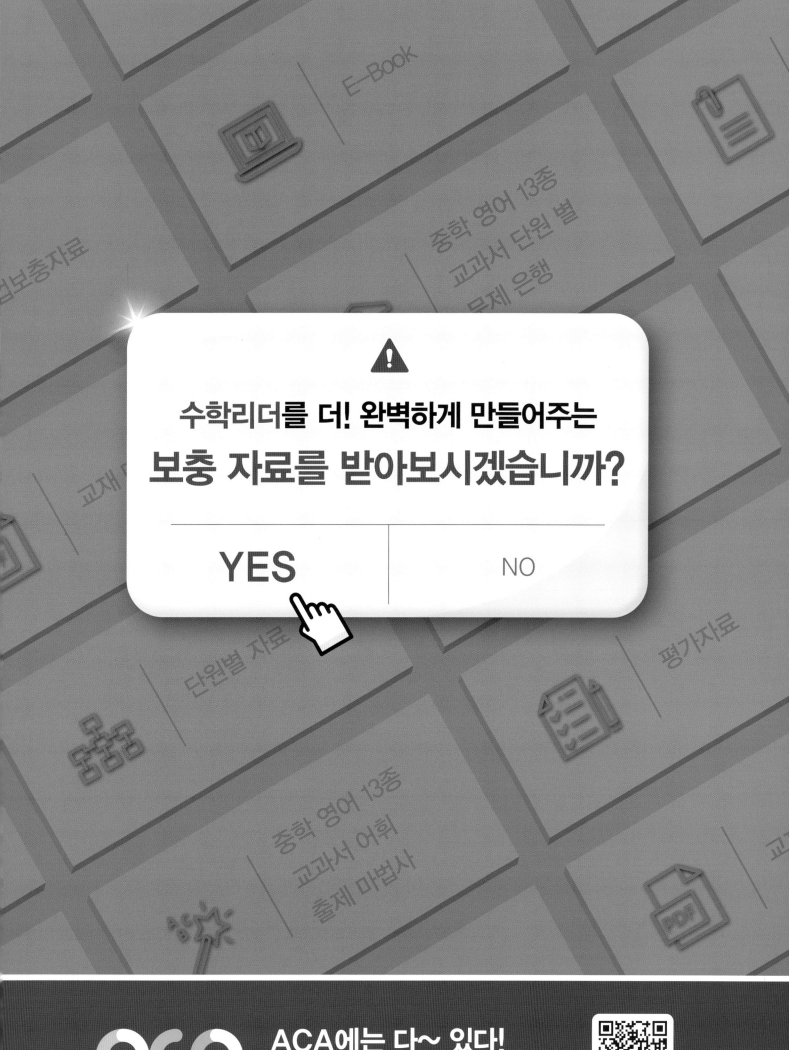

수학리더를 더! 완벽하게 만들어주는
보충 자료를 받아보시겠습니까?

| YES | NO |

 ACA에는 다~ 있다!
https://aca.chunjae.co.kr/

book.chunjae.co.kr

교재 내용 문의 ················· 교재 홈페이지 ▶ 초등 ▶ 교재상담
교재 내용 외 문의 ············· 교재 홈페이지 ▶ 고객센터 ▶ 1:1문의
발간 후 발견되는 오류 ········· 교재 홈페이지 ▶ 초등 ▶ 학습지원 ▶ 학습자료실

수학의 자신감을 키워 주는 **초등 수학 교재**

난이도 한눈에 보기!

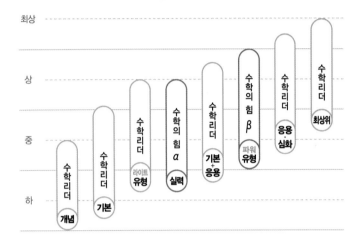

● **수학리더 연산** [계산 연습]
연산 드릴과 문장 읽고 식 세우기 연습이 필요할 때

● **수학리더 유형** [라이트 유형서]
응용·심화 단계로 가기 전
다양한 유형 문제로 실력을 탄탄히 다지고 싶을 때

● **수학리더 기본+응용** [실력서]
기본 단계를 끝낸 후
기본부터 응용까지 한 권으로 끝내고 싶을 때

● **수학리더 최상위** [고난도]
응용·심화 단계를 끝낸 후
고난도 문제로 최상위권으로 도약하고 싶을 때

차세대 리더

수학리더 기본

해법 첫걸음

리더가 되기 위한
공부 비법

BOOK 3

5-2

BOOK **1**
지피지기
교과서 개념
+서술형 학습 시스템

BOOK **2**
백전백승
익힘책 유형
+서술형+단원평가

천재교육

해법전략
포인트 3가지

▶ 혼자서도 이해할 수 있는 친절한 문제 풀이

▶ 참고, 주의 등 자세한 풀이 제시

▶ 다른 풀이를 제시하여 다양한 방법으로 문제 풀이 가능

1 수의 범위와 어림하기

확인 문제

1 (1) 32, 30
  (2) 이상
2 28, 40, 39에 ○표
3 이상
4 ┼┼┼┼┼●┼┼┼┼┼
   30 31 32 33 34 35 36 37 38
5 (1) 작은에 ○표
  (2) 민호, 준서

한번 더! 확인

6 (1) 18, 16, 17
  (2) 이하
7 17, 19.3
8 56 이하인 수
9 ┼┼┼┼●┼┼┼┼
   24 25 26 27 28 29 30 31 32
10 많은에 ○표,
   민서, 지환
   답 민서, 지환

2 40 이하인 수는 40과 같거나 작은 수입니다.
  ➡ 28, 40, 39

3 17에 ●으로 표시하고 17의 오른쪽으로 선을 그었으므로 17 이상인 수입니다.

4 33에 ●으로 표시하고 33의 왼쪽으로 선을 긋습니다.

7 16 이상인 수는 16과 같거나 큰 수입니다.
  ➡ 17, 19.3

8 56에 ●으로 표시하고 56의 왼쪽으로 선을 그었으므로 56 이하인 수입니다.

9 28에 ●으로 표시하고 28의 오른쪽으로 선을 긋습니다.

확인 문제

1 (1) 30, 27
  (2) 초과
2 29, 16, 31에 ○표
3 ×
4 ┼┼┼┼●┼┼┼┼
   61 62 63 64 65 66 67 68 69
5 (1) 낮은에 ○표
  (2) 서아, 연아

한번 더! 확인

6 (1) 42, 39
  (2) 미만
7 ②, ④
8 미만에 ○표
9 ┼┼┼●┼┼┼┼┼
   20 21 22 23 24 25 26 27 28
10 많은에 ○표,
   태준, 준호
   답 태준, 준호

2 32 미만인 수는 32보다 작은 수입니다.
  ➡ 29, 16, 31

4 65에 ○으로 표시하고 65의 오른쪽으로 선을 긋습니다.

5 (2) 90점보다 낮은 학생의 점수는 84점, 88점입니다.

7 38 초과인 수는 38보다 큰 수입니다. ➡ 47.6, 39.4

주의
38 초과인 수에는 38이 포함되지 않습니다.

8 46은 50보다 작으므로 50 미만인 수입니다.

9 23에 ○으로 표시하고 23의 왼쪽으로 선을 긋습니다.

확인 문제

1 14, 17, 18에 ○표
2 이상, 미만
3 ┼┼○┼┼┼┼●┼
   9 10 11 12 13 14 15 16 17
4 2명
5 (1) 140, 150
  (2) 145

한번 더! 확인

6 32, 34에 ○표
7 초과, 이하
8 ┼┼●┼┼┼○┼┼
   22 23 24 25 26 27 28 29 30
9 3명
10 50, 53, 미들급
   답 미들급

2 15에는 ●으로, 19에는 ○으로 표시하고 두 점을 선으로 이었으므로 15 이상 19 미만인 수입니다.

참고
●은 이상과 이하를, ○은 초과와 미만을 나타냅니다.

3 11에는 ○으로, 15에는 ●으로 표시하고 두 점을 선으로 잇습니다.

4 타자 기록이 170타보다 많고 180타보다 적은 학생은 은수, 민주로 모두 2명입니다.

6 30 초과 35 미만인 수는 30보다 크고 35보다 작은 수이므로 32, 34입니다.

8 24에는 ●으로, 28에는 ○으로 표시하고 두 점을 선으로 잇습니다.

9 키가 140 cm와 같거나 크고 150 cm보다 작은 학생은 현준, 민호, 유라로 모두 3명입니다.

10~11쪽 2단계 익힘책 바로 풀기

1 (1) 72, 81 (2) 59, 56

2 ~~39~~ ⑤0 42 ~~38~~ ⑤2 ~~40~~ ⑤1

3 (1)
```
 75 76 77 78 79 80 81 82 83
```
(2)
```
 37 38 39 40 41 42 43 44 45
```

4 3개   **5** 90

6
```
 20 21 22 23 24 25 26 27 28 (°C)
```

7 38 초과 42 이하인 수   **8** 민채

9 46, 47, 48, 49   **10** ( )(○)( )

11 ㉢   **12** 가, 다

13 10000, 8000

14 ❶ 6, 7 ❷ 3, 4 ❸ 6.3, 6.4, 7.3, 7.4 / 4
답 4개

4 25 초과 32 이하인 수는 25보다 크고 32와 같거나 작은 수이므로 30, 29, 32로 모두 3개입니다.

5 ● 이상인 수는 ●와 같거나 큰 수이므로 □ 안에 들어갈 수 있는 자연수는 90과 같거나 작은 수입니다. 따라서 가장 큰 수는 90입니다.

6 21에는 ●으로, 25에는 ○으로 표시하고 두 점을 선으로 잇습니다.

8 수학 점수가 85점과 같거나 높고 90점보다 낮은 학생은 88점인 민채입니다.

10 배의 무게가 340 g, 400 g, 350 g입니다.
➡ 무게가 350 g 초과인 배는 가운데에 있는 배입니다.

11 ㉠ 58보다 크고 63과 같거나 작은 수의 범위이므로 58이 포함되지 않습니다.
㉡ 54와 같거나 크고 57과 같거나 작은 수의 범위이므로 58이 포함되지 않습니다.
㉢ 57보다 크고 62보다 작은 수의 범위이므로 58이 포함됩니다.

12 50 km 이상의 속도로 운행한 자동차는 나, 라, 마이므로 속도를 위반한 자동차는 가, 다입니다.

13 • 20 kg이 속한 무게의 범위는 10 kg 초과 20 kg 이하이므로 택배 요금은 10000원입니다.
• 7 kg이 속한 무게의 범위는 5 kg 초과 10 kg 이하이므로 택배 요금은 8000원입니다.

12~13쪽 1단계 교과서 바로 알기

확인 문제

1 410에 ○표

2 (1) 900 (2) 2400

3 6800, 7000

4 (1) 1.4 (2) 6.9

5 3699에 ○표

6 (1) 10, 십
(2) 420자루

한번 더! 확인

7 3.5에 ○표

8 (1) 8000 (2) 11000

9 270, 300

10 (1) 0.93 (2) 5.75

11 5287에 ○표

12 올림, 만, 30000
답 30000원

2 (1) 8<u>15</u> ➡ 900
       ↓
      100
(2) 2400 ➡ 2400
    ‾‾

주의
올림을 할 때 구하려는 자리 아래 수가 모두 0이면 원래 수를 그대로 써야 합니다.

4 소수 첫째 자리 아래 수를 올려서 나타냅니다.
(1) 1.<u>39</u> ➡ 1.4
      ↓
     0.1
(2) 6.<u>851</u> ➡ 6.9
      ↓
     0.1

5 백의 자리 아래 수를 올려서 나타냅니다.
35<u>99</u> ➡ 3600, 37<u>01</u> ➡ 3800, 36<u>99</u> ➡ 3700
  ↓   ↓   ↓
 100   100   100

10 소수 둘째 자리 아래 수를 올려서 나타냅니다.
(1) 0.9<u>26</u> ➡ 0.93
       ↓
      0.01
(2) 5.7<u>42</u> ➡ 5.75
       ↓
      0.01

11 천의 자리 아래 수를 올려서 나타냅니다.
5<u>287</u> ➡ 6000, 4<u>954</u> ➡ 5000, 6<u>003</u> ➡ 7000
  ↓   ↓   ↓
 1000   1000   1000

14~15쪽 1단계 교과서 바로 알기

확인 문제

1 800에 ○표

2 (1) 920 (2) 1500

3 3900, 3000

4 (1) 5.3 (2) 2.6

5 5843, 5849에 ○표

6 (1) 버림, 천
(2) 13000원

한번 더! 확인

7 4000에 ○표

8 (1) × (2) ○

9 2410, 2400

10 (1) 1.72 (2) 4.59

11 ·‾‾‾·
      ╲╱
      ╱╲
     ·‾‾‾·

12 514, 백, 500
답 500송이

2 (1) 925 ➡ 920 (2) 1509 ➡ 1500

3 · 백의 자리까지: 3978 ➡ 3900
   · 천의 자리까지: 3978 ➡ 3000

5 십의 자리 아래 수를 버려서 나타냅니다.
   · 5837 ➡ 5830 · 5843 ➡ 5840 · 5849 ➡ 5840

8 (1) 4.16 ➡ 4.1 (2) 2.857 ➡ 2.8

9 · 십의 자리까지: 2410 ➡ 2410
   · 백의 자리까지: 2410 ➡ 2400

주의
버림을 할 때 구하려는 자리 아래 수가 모두 0이면 원래 수를 그대로 써야 합니다.

10 소수 둘째 자리 아래 수를 버려서 나타냅니다.
   (1) 1.725 ➡ 1.72 (2) 4.596 ➡ 4.59

11 백의 자리 아래 수를 버려서 나타냅니다.
   · 398 ➡ 300 · 403 ➡ 400

16~17쪽 **단계** 🖋 **익힘책** 바로 풀기

1 (1) 2620에 ○표 (2) 6500에 ○표
2 4720, 4700, 4000 **3** 3.26, 3.25
4 (   )
   (○)
5 예 천의 자리까지 나타내면 10000입니다.
6 572, 600 **7** 7.298, 7.211에 ○표
8 4400개, 4300개 **9** ㉠, ㉣
10 280개 **11** 600 cm
12 소윤 **13** 0
14 700
15 ❶ 60, 69 ❷ 63 ❸ 63, 7 답 7

1 (1) 2613 ➡ 2620 (2) 6594 ➡ 6500
   올립니다.   버립니다.

---

2 · 십의 자리까지: 4725 ➡ 4720
      버립니다.
   · 백의 자리까지: 4725 ➡ 4700
      버립니다.
   · 천의 자리까지: 4725 ➡ 4000
      버립니다.

3 · 올림: 3.258 ➡ 3.26
      올립니다.
   · 버림: 3.258 ➡ 3.25
      버립니다.

4 · 올림하여 십의 자리까지: 8427 ➡ 8430
         올립니다.
   · 버림하여 백의 자리까지: 8427 ➡ 8400
         버립니다.

5 9055 ➡ 10000
   올립니다.

6 · 610 ➡ 700   · 495 ➡ 500
      올립니다.   올립니다.
   · 572 ➡ 600   · 600 ➡ 600
      올립니다.

주의
올림을 할 때 구하려는 자리 아래 수가 모두 0이면 원래 수를 그대로 써야 합니다.
600 ➡ 700 (×), 600 ➡ 600 (○)

7 · 7.298 ➡ 7.2   · 7.301 ➡ 7.3
      버립니다.   버립니다.
   · 7.211 ➡ 7.2   · 7.199 ➡ 7.1
      버립니다.   버립니다.

8 · 올림: 4371 ➡ 4400   · 버림: 4371 ➡ 4300
      올립니다.   버립니다.

9 ㉠ 2899 ➡ 2800   ㉡ 2902 ➡ 2900
      버립니다.   버립니다.
   ㉢ 2786 ➡ 2700   ㉣ 2847 ➡ 2800
      버립니다.   버립니다.

10 필요한 머리끈은 274개입니다.
   머리끈을 10개씩 묶음으로만 팔고 있으므로 274개를 올림하여 십의 자리까지 나타냅니다.
   274 ➡ 280
   올립니다.

11 1 m=100 cm보다 짧은 끈으로는 장식용 리본을 만들 수 없으므로 635 cm를 버림하여 백의 자리까지 나타냅니다.
   635 ➡ 600
   버립니다.

12 • 현서: 6592를 올림하여 백의 자리까지 나타내면

6592 ➔ 6600
올립니다.

• 소윤: 6748을 버림하여 천의 자리까지 나타내면

6748 ➔ 6000
버립니다.

➔ 6600＞6000이므로 더 작은 수를 말한 사람은 소윤입니다.

13 올림하여 십의 자리까지 나타내면 140이 되는 세 자리 수는 131부터 140까지의 세 자리 수입니다.

➔ □ 안에 들어갈 수 있는 숫자는 0입니다.

14 7＞6＞3이므로 만들 수 있는 가장 큰 세 자리 수는 763입니다.

763 ➔ 700
버립니다.

단계 ① 교과서 바로 알기 (18~19쪽)

확인 문제

1 330
2 4400
3 (1) 3.6 (2) 7.2
4 ○
5 3924에 ○표
6 4.8 kg

한번 더! 확인

7 2800
8 6000
9 (1) 5.73 (2) 9.18
10 예 백의 자리까지 나타내면 400입니다.
11 1726에 ○표
12 240 mm

---

2 4391 ➔ 4400
십의 자리 숫자가 9이므로 올립니다.
100

3 (1) 3.58 ➔ 3.6
소수 둘째 자리 숫자가 8이므로 올립니다.
0.1

(2) 7.219 ➔ 7.2
소수 둘째 자리 숫자가 1이므로 버립니다.
0

4 3052 ➔ 3000
백의 자리 숫자가 0이므로 버립니다.
0

5 • 3930 ➔ 3930 • 3925 ➔ 3930 • 3924 ➔ 3920
버립니다. 올립니다. 버립니다.

6 4.82 ➔ 4.8
소수 둘째 자리 숫자가 2이므로 버립니다.
0

---

8 6254 ➔ 6000
백의 자리 숫자가 2이므로 버립니다.
0

9 (1) 5.734 ➔ 5.73
소수 셋째 자리 숫자가 4이므로 버립니다.
0

(2) 9.175 ➔ 9.18
소수 셋째 자리 숫자가 5이므로 올립니다.
0.01

10 449 ➔ 400
십의 자리 숫자가 4이므로 버립니다.
0

11 • 1726 ➔ 1700 • 1751 ➔ 1800 • 1804 ➔ 1800
버립니다. 올립니다. 버립니다.

12 237 ➔ 240
일의 자리 숫자가 7이므로 올립니다.
10

단계 ① 교과서 바로 알기 (20~21쪽)

확인 문제

1 (1) 버림에 ○표
(2) 올림에 ○표
2 올림에 ○표, 4
3 145, 139
4 (1) 버림에 ○표, 50에 ○표
(2) 5개

한번 더! 확인

5 (1) 반올림
(2) 버림
6 버림에 ○표, 72
7 18.3, 21.8
8 올림, 43, 43
답 43장

---

1 (1) 100 cm가 안 되는 끈으로는 상자를 묶을 수 없으므로 버림을 이용합니다.

(2) 구슬을 상자에 모두 담아야 하므로 올림을 이용합니다.

2 트럭 한 대에 감을 100상자까지 실을 수 있고 감을 남김없이 실어야 하므로 318상자를 올림하여 백의 자리까지 나타낸 400상자로 생각합니다.

➔ 트럭은 최소 400÷100＝4(대) 필요합니다.

3 • 윤진: 144.8 ➔ 145
올립니다.

• 민우: 139.4 ➔ 139
버립니다.

4 ⑴ 칭찬 붙임딱지가 10장이 안 되면 음료수로 바꿀 수 없으므로 56장을 버림하여 십의 자리까지 나타냅니다.

⑵ 50÷10=5(개)

5 ⑴ 가까운 쪽의 눈금을 읽은 값을 구하려면 반올림을 이용합니다.

⑵ 10장이 안 되는 색종이는 팔 수 없으므로 버림을 이용합니다.

6 떡이 100개가 안 되면 포장할 수 없으므로 7296개를 버림하여 백의 자리까지 나타낸 7200개로 생각합니다.

➡ 포장할 수 있는 떡은 최대 7200÷100=72(봉지)입니다.

7 • 서아: 18.2<u>5</u> ➡ 18.3
　　　　　올립니다.

• 건우: 21.8<u>2</u> ➡ 21.8
　　　　　버립니다.

8 운동화값을 모자라지 않게 1000원짜리 지폐로만 내야 하므로 42500원을 올림하여 천의 자리까지 나타냅니다.

3 • 올림: 5.12<u>9</u> ➡ 5.13
　　　　　　올립니다.

• 버림: 5.12<u>9</u> ➡ 5.12
　　　　　　버립니다.

• 반올림: 5.12<u>9</u> ➡ 5.13
　　　　　　　9이므로 올립니다.

4 • 건우: 136<u>2</u> ➡ 1360
　　　　　　버립니다.

• 서아: 581<u>4</u> ➡ 5810
　　　　　　버립니다.

5 • 버림: 58<u>6</u>81 ➡ 58600
　　　　　버립니다.

• 반올림: 58<u>6</u>81 ➡ 58700
　　　　　　십의 자리 숫자가 8이므로 올립니다.

6 ⑴ 1 m=100 cm가 안 되는 끈으로는 포장할 수 없으므로 729 cm를 버림하여 백의 자리까지 나타냅니다.

⑵ 700÷100=7(개)

7 반올림하여 백의 자리까지 나타낸 수가 1300이 되는 자연수는 1250부터 1349까지의 수입니다.

8 크레파스의 길이는 6.3 cm입니다.

6.<u>3</u> cm ➡ 6 cm
　소수 첫째 자리 숫자가 3이므로 버립니다.

9 ㉠ 3<u>0</u>56 ➡ 3000
　백의 자리 숫자가 0이므로 버립니다.

㉡ 30<u>5</u>6 ➡ 3100
　십의 자리 숫자가 5이므로 올립니다.

㉢ 305<u>6</u> ➡ 3060
　일의 자리 숫자가 6이므로 올립니다.

10 트럭 한 대에 쌀을 100포대까지 실을 수 있고 쌀을 남김없이 모두 실어야 하므로 쌀 827포대를 올림하여 백의 자리까지 나타낸 900포대로 생각합니다.

➡ 트럭은 최소 900÷100=9(대) 필요합니다.

11 • 지안: 버림의 방법을 이용하였습니다.

• 민재: 반올림의 방법을 이용하였습니다.

12 주어진 수의 십의 자리 숫자가 6인데 반올림하여 십의 자리까지 나타낸 수는 8470으로 십의 자리 숫자가 7이 되었으므로 일의 자리 숫자는 5, 6, 7, 8, 9가 될 수 있습니다.

〈다른 풀이〉
반올림하여 십의 자리까지 나타내면 8470이 되는 네 자리 수는 8465부터 8474까지의 수입니다.
➡ □ 안에 들어갈 수 있는 숫자는 5, 6, 7, 8, 9입니다.

〈참고〉
846□의 □ 안에 0, 1, 2, 3, 4가 들어가면 반올림하여 십의 자리까지 나타낸 수가 8460이 됩니다.

13 반올림하여 백의 자리까지 나타내면 200이 되는 자연수는 150부터 249까지의 자연수입니다.
➡ 가장 작은 수: 150, 가장 큰 수: 249

정답과 해설

5

24~25쪽 🎯 단계 실력 바로 쌓기

1-1 ❶ 16, 17, 18, 19, 20, 21, 22
　　 ❷ 19, 20, 21, 22, 23, 24
　　 ❸ 19, 20, 21, 22 / 4
　　 답 4개
1-2 답 2개
2-1 ❶ 4000 ❷ 3130 ❸ 4000−3130=870
　　 답 870
2-2 답 600
3-1 ❶ 8, 14, 5000 ❷ 14, 8000
　　 ❸ 5000, 8000, 13000 답 13000원
3-2 답 18000원
4-1 ❶ 버림, 250 ❷ 25 ❸ 25, 500000
　　 답 500000원
4-2 답 105000원

1-2 ❶ 39 초과 43 이하인 자연수는 40, 41, 42, 43입니다.
　　 ❷ 35 이상 42 미만인 자연수는 35, 36, 37, 38, 39, 40, 41입니다.
　　 ❸ 두 수의 범위에 공통으로 들어가는 자연수는 40, 41로 모두 2개입니다.

2-2 ❶ 8695를 버림하여 백의 자리까지 나타낸 수: 8600
　　 ❷ 8695를 버림하여 천의 자리까지 나타낸 수: 8000
　　 ❸ 차: 8600−8000=600

3-2 ❶ 쌀의 무게 10 kg은 5 kg 초과 10 kg 이하에 속하므로 택배 요금은 8000원입니다.
　　 ❷ 김치의 무게 16 kg은 10 kg 초과 20 kg 이하에 속하므로 택배 요금은 10000원입니다.
　　 ❸ (택배 요금의 합)
　　　 =8000+10000=18000(원)

주의

10 kg이 속한 무게의 범위는 5 kg 초과 10 kg 이하입니다. 10 kg 초과 20 kg 이하의 범위에는 10 kg이 포함되지 않습니다.

4-2 ❶ 팔 수 있는 귤은 783개를 버림하여 백의 자리까지 나타내면 최대 700개입니다.
　　 ❷ 팔 수 있는 귤은 최대 7상자입니다.
　　 ❸ (귤을 팔아서 받을 수 있는 최대 금액)
　　　 =15000×7=105000(원)

26~28쪽 TEST 단원 마무리 하기

1 이상, 이하, 초과, 미만 **2** 4300에 ○표
3 45 이상 53 미만인 수 **4** (1) 2700 (2) 8000
5 18.5, 13, 19 **6** (1) 2.8 (2) 7.06
7 (1) 승준, 유리 (2) 3명
8

```
├──┼──⊕──┼──┼──●──┼──┼──┤
51 52 53 54 55 56 57 58 59
```

9 ②, ③ **10** ㉠, ㉡
11 62400명 **12** 9개
13 윤석
14

```
├──┼──●──┼──┼──┼──⊕──┼──┤
10  20  30  40  50  60  70  80 (kg)
```

15 수빈
16

```
├┼┼┼┼┼●┼┼┼┼┼┼┼┼┼⊕┼┼┼┼┤
   620      630      640
```

17 8694 **18** 14000원
19 예 ❶ 자연수 부분이 될 수 있는 수:
　　　 3 이상 6 미만이므로 3, 4, 5
　　 ❷ 소수 첫째 자리 수가 될 수 있는 수:
　　　 5 초과 8 미만이므로 6, 7
　　 ❸ 만들 수 있는 소수 한 자리 수:
　　　 3.6, 3.7, 4.6, 4.7, 5.6, 5.7
　　 답 3.6, 3.7, 4.6, 4.7, 5.6, 5.7
20 예 ❶ 사야 하는 색종이는 3152장을 올림하여 백의 자리까지 나타내면 최소 3200장입니다.
　　 ❷ 사야 하는 색종이는 최소 32묶음입니다.
　　 ❸ (색종이를 사는 데 필요한 최소 금액)
　　　 =9000×32=288000(원)
　　 답 288000원

---

6 (1) 2.83 ➡ 2.8
　　 소수 둘째 자리 숫자가 3이므로 버립니다.
　 (2) 7.056 ➡ 7.06
　　 소수 셋째 자리 숫자가 6이므로 올립니다.

7 (2) 145 cm 이하인 학생: 현서, 경석, 재훈 ➡ 3명

8 53에는 ○으로, 56에는 ●으로 표시하고 두 점을 선으로 잇습니다.

9 올림하여 천의 자리까지 나타냅니다.
　 ① 4000 ➡ 4000　② 4080 ➡ 5000
　 ③ 5000 ➡ 5000　④ 5008 ➡ 6000
　 ⑤ 6000 ➡ 6000

다른 풀이

올림하여 천의 자리까지 나타내면 5000이 되는 자연수는 4001부터 5000까지의 자연수입니다. 따라서 ②, ③입니다.

정답과 해설

10 ㉠ 75와 같거나 큰 수의 범위이므로 76이 포함됩니다.
㉡ 80보다 작은 수의 범위이므로 76이 포함됩니다.
㉢ 76보다 큰 수의 범위이므로 76이 포함되지 않습니다.

11 62419 → 62400
십의 자리 숫자가 1이므로 버립니다.

12 30보다 크고 40보다 작은 자연수는 31, 32, 33, 34, 35, 36, 37, 38, 39로 모두 9개입니다.

13 6세 이상은 6세와 같거나 많은 나이이므로 요금을 내는 어린이는 슬기, 성민, 예은, 수지입니다.
따라서 요금을 내지 않아도 되는 어린이는 윤석입니다.

14 놀이 기구를 이용할 수 있으려면 30 kg과 같거나 무겁고 60 kg보다 가벼워야 하므로 몸무게의 범위는 30 kg 이상 60 kg 미만입니다.

15 준영, 민혁: 모두 버림을 이용합니다.
수빈: 반올림을 이용합니다.
➡ 어림하는 방법이 다른 사람은 수빈입니다.

16 반올림하여 십의 자리까지 나타내었을 때 630이 되는 수는 625와 같거나 크고 635보다 작은 수입니다.
➡ 625 이상 635 미만인 수

17 버림하여 백의 자리까지 나타내면 8600이 되는 네 자리 수는 86□□입니다.
따라서 사물함 자물쇠의 비밀번호는 8694입니다.

18 서정이는 7세 이상 13세 미만에 속하므로 2000원, 아버지, 어머니는 19세 이상 64세 미만에 속하므로 각각 6000원씩 내고 동생과 할머니는 무료입니다.
➡ (서정이네 가족의 입장료)
＝2000＋6000×2＝14000(원)

19

채점 기준		
❶ 자연수 부분이 될 수 있는 수를 구함.	1점	
❷ 소수 첫째 자리 수가 될 수 있는 수를 구함.	1점	5점
❸ 만들 수 있는 소수 한 자리 수를 모두 구함.	3점	

20

채점 기준		
❶ 사야 하는 최소 색종이의 수를 구함.	1점	
❷ 사야 하는 최소 색종이의 묶음 수를 구함.	2점	5점
❸ 색종이를 사는 데 필요한 최소 금액을 구함.	2점	

② 분수의 곱셈

단계 ① 교과서 바로 알기

30~31쪽

확인 문제

1 3, 9, 1
2 5, 5, 2
3 (1) $5\frac{1}{3}$ (2) $3\frac{1}{2}$
4 풀이 참고
5 $1\frac{5}{7}$
6 (1) 8, $2\frac{1}{2}$
(2) $2\frac{1}{2}$ L

한번 더! 확인

7 2, 12, 5
8 3, 3, 21, 1
9 ×
10 풀이 참고
11 $7\frac{1}{2}$
12 식 $\frac{9}{10}×5=4\frac{1}{2}$
답 $4\frac{1}{2}$ m²

3 (1) $\frac{8}{\underset{3}{9}}×\overset{2}{6}=\frac{8×2}{3}=\frac{16}{3}=5\frac{1}{3}$

(2) $\frac{7}{\underset{2}{16}}×\overset{1}{8}=\frac{7}{2}=3\frac{1}{2}$

4 $\frac{3}{8}×20=\frac{3×20}{8}=\frac{\overset{15}{60}}{\underset{2}{8}}=\frac{15}{2}=7\frac{1}{2}$

9 $\frac{5}{9}×10=\frac{5×10}{9}=\frac{50}{9}=5\frac{5}{9}$

주의
분자와 자연수를 약분하지 않도록 주의합니다.

10 방법 1 예 $\frac{3}{10}×4=\frac{3×4}{10}=\frac{\overset{6}{12}}{\underset{5}{10}}=\frac{6}{5}=1\frac{1}{5}$

방법 2 예 $\frac{3}{\underset{5}{10}}×\overset{2}{4}=\frac{3×2}{5}=\frac{6}{5}=1\frac{1}{5}$

11 $\frac{5}{\underset{2}{14}}×\overset{3}{21}=\frac{5×3}{2}=\frac{15}{2}=7\frac{1}{2}$

12 (페인트 한 통으로 칠할 수 있는 벽의 넓이)
×(페인트 통의 수)
$=\frac{9}{\underset{2}{10}}×\overset{1}{5}=\frac{9}{2}=4\frac{1}{2}$ (m²)

정답과 해설

7

32~33쪽 1단계 교과서 바로 알기

확인 문제

1 $5, 5, 15, 3\frac{3}{4}$

2 $4, 1, 3, 1, 9\frac{1}{2}$

3 (1) $9\frac{1}{5}$ (2) $8\frac{1}{3}$

4 예 $1\frac{2}{5} \times 10$
$= \frac{7}{5} \times \overset{2}{\cancel{10}} = 14$

5 (1) $5, 10\frac{1}{2}$
(2) $10\frac{1}{2}$ kg

한번 더! 확인

6 $\frac{1}{5}, 2, 5, 2\frac{2}{5}$

7 $9, 2 / 27, 13\frac{1}{2}$

8 풀이 참고

9 (○) ( )

10 식 $1\frac{3}{8} \times 6 = 8\frac{1}{4}$
답 $8\frac{1}{4}$ km

---

3 (1) $2\frac{3}{10} \times 4 = \frac{23}{10} \times \overset{2}{\cancel{4}} = \frac{23 \times 2}{5} = \frac{46}{5} = 9\frac{1}{5}$

(2) $4\frac{1}{6} \times 2 = \frac{25}{\cancel{6}} \times \overset{1}{\cancel{2}} = \frac{25}{3} = 8\frac{1}{3}$

4 대분수를 가분수로 나타낸 후 약분하여 계산합니다.

5 (딸기 한 상자의 무게)×(상자의 수)
$= 2\frac{1}{10} \times 5 = \frac{21}{\cancel{10}} \times \overset{1}{\cancel{5}} = \frac{21}{2} = 10\frac{1}{2}$ (kg)

8 예 $5\frac{5}{6} \times 3 = (5 \times 3) + \left(\frac{5}{\cancel{6}} \times \overset{1}{\cancel{3}}\right)$
$= 15 + \frac{5}{2} = 15 + 2\frac{1}{2} = 17\frac{1}{2}$

9 $\cdot 2\frac{5}{9} \times 3 = \frac{23}{\cancel{9}} \times \overset{1}{\cancel{3}} = \frac{23}{3} = 7\frac{2}{3}$
$\cdot 3\frac{2}{9} \times 3 = \frac{29}{\cancel{9}} \times \overset{1}{\cancel{3}} = \frac{29}{3} = 9\frac{2}{3}$

10 (하루에 걸은 거리)×(걸은 날수)
$= 1\frac{3}{8} \times 6 = \frac{11}{\cancel{8}} \times \overset{3}{\cancel{6}} = \frac{33}{4} = 8\frac{1}{4}$ (km)

34~35쪽 2단계 익힘책 바로 풀기

1 3

2 (1) $6\frac{3}{7}$ (2) $32\frac{1}{2}$

3 $\frac{7}{\cancel{12}} \times \overset{4}{\cancel{16}} = \frac{7 \times 4}{3} = \frac{28}{3} = 9\frac{1}{3}$

4 $3\frac{1}{4}$

5 ✕ (선 연결)

6 ㉢

7 >

8 식 $2\frac{7}{8} \times 6 = 17\frac{1}{4}$ 답 $17\frac{1}{4}$ kg

9 명현 / 예 $\frac{2}{15} \times 4 = \frac{2 \times 4}{15} = \frac{8}{15}$

10 식 $5\frac{1}{9} \times 3 = 15\frac{1}{3}$ 답 $15\frac{1}{3}$ cm

11 $3\frac{3}{7}$

12 식 예 $\frac{1}{5} \times 10 = 2$

13 $22\frac{1}{2}$ L

14 ❶ $23, 2, 46, 5, 1$ ❷ $5, 1 / 1, 2, 3, 4 / 4$
답 4개

---

4 $1\frac{5}{8} \times 2 = \frac{13}{\cancel{8}} \times \overset{1}{\cancel{2}} = \frac{13}{4} = 3\frac{1}{4}$

5 $\cdot \frac{9}{\cancel{14}} \times \overset{1}{\cancel{7}} = \frac{9}{2} = 4\frac{1}{2}$ $\cdot \frac{10}{\cancel{27}} \times \overset{2}{\cancel{6}} = \frac{20}{9} = 2\frac{2}{9}$

7 $\frac{8}{\cancel{9}} \times \overset{2}{\cancel{6}} = \frac{16}{3} = 5\frac{1}{3}$, $\frac{5}{\cancel{12}} \times \overset{5}{\cancel{10}} = \frac{25}{6} = 4\frac{1}{6}$
$\rightarrow 5\frac{1}{3} > 4\frac{1}{6}$

8 (과자 한 상자의 무게)×(상자의 수)
$= 2\frac{7}{8} \times 6 = \frac{23}{\cancel{8}} \times \overset{3}{\cancel{6}} = \frac{69}{4} = 17\frac{1}{4}$ (kg)

10 (정삼각형의 둘레)
$= 5\frac{1}{9} \times 3 = \frac{46}{\cancel{9}} \times \overset{1}{\cancel{3}} = \frac{46}{3} = 15\frac{1}{3}$ (cm)

11 $\frac{2}{7} \times 3 = \frac{6}{7}$ $\rightarrow$ ㉠ $\frac{6}{7} \times 4 = \frac{24}{7} = 3\frac{3}{7}$

12 자연수가 단위분수의 분모의 2배가 되는 식을 씁니다.
예 $\frac{1}{2} \times 4 = 2$, $\frac{1}{4} \times 8 = 2$, …

13 6월은 30일까지 있습니다.

(6월 한 달 동안 마신 물의 양)

$$= \frac{3}{\overset{}{\underset{2}{4}}} \times \overset{15}{30} = \frac{45}{2} = 22\frac{1}{2} \text{ (L)}$$

 단계 교과서 바로 알기 36~37쪽

확인 문제	한번 더! 확인
1 0 1 2 3 4 5 6 7 8 9 / 6	**7** 3, 9, $2\frac{1}{4}$
2 4, 4, 16	**8** 7, 7, 35, $8\frac{3}{4}$
3 풀이 참고	**9** (1), (2) 풀이 참고
4 ㉠	**10** ㉢
5 식 $4 \times \frac{1}{6} = \frac{2}{3}$	**11** 식 $8 \times \frac{11}{36} = 2\frac{4}{9}$
6 (1) $\frac{3}{4}$, 6	**12** 식 $22 \times \frac{7}{10} = 15\frac{2}{5}$
(2) 6 m	답 $15\frac{2}{5}$ L

3 $\overset{2}{\underset{3}{8}} \times \frac{7}{12} = \frac{2 \times 7}{3} = \frac{14}{3} = 4\frac{2}{3}$

4 $3 \times \frac{8}{15} = \frac{3 \times 8}{15}$

㉠ $\frac{8}{15} \times 3 = \frac{8 \times 3}{15}$ ㉡ $15 \times \frac{8}{3} = \frac{15 \times 8}{3}$

➡ $3 \times \frac{8}{15}$과 계산 결과가 같은 것은 ㉠입니다.

9 (1) 예 $9 \times \frac{7}{27} = \frac{9 \times 7}{27} = \frac{\overset{7}{63}}{\underset{3}{27}} = \frac{7}{3} = 2\frac{1}{3}$

(2) 예 $10 \times \frac{5}{6} = \frac{10 \times 5}{6} = \frac{\overset{25}{50}}{\underset{3}{6}} = \frac{25}{3} = 8\frac{1}{3}$

10 ㉠ $7 \times \frac{11}{21} = \frac{7 \times 11}{21}$

㉡ $\frac{11}{21} \times 7 = \frac{11 \times 7}{21}$

㉢ $21 \times \frac{7}{11} = \frac{21 \times 7}{11}$

➡ 계산 결과가 다른 하나는 ㉢입니다.

12 (받은 물의 양) $\times \frac{7}{10} = \overset{11}{22} \times \frac{7}{\underset{5}{10}} = \frac{77}{5} = 15\frac{2}{5}$ (L)

단계 교과서 바로 알기 38~39쪽

확인 문제	한번 더! 확인
1 5, 5, 5, $2\frac{1}{2}$	**7** 2, 10, 12
2 2, 8, 2, 2, $6\frac{2}{3}$	**8** 5, 15, $7\frac{1}{2}$
3 (1) $4\frac{1}{4}$ (2) 24	**9** $6\frac{4}{5}$
4 ㉡	**10** 풀이 참고
5 >	**11** >
6 (1) $5\frac{1}{4}$, $31\frac{1}{2}$	**12** 식 $42 \times 1\frac{1}{6} = 49$
(2) $31\frac{1}{2}$ m²	답 49 kg

3 (1) $3 \times 1\frac{5}{12} = \overset{1}{3} \times \frac{17}{\underset{4}{12}} = \frac{17}{4} = 4\frac{1}{4}$

(2) $14 \times 1\frac{5}{7} = \overset{2}{14} \times \frac{12}{\underset{1}{7}} = 24$

4 ㉡ $5 \times \frac{25}{8} = \frac{5 \times 25}{8} = \frac{125}{8} = 15\frac{5}{8}$

5 $4 \times 3\frac{1}{5} = (4 \times 3) + \left(4 \times \frac{1}{5}\right) = 12 + \frac{4}{5} = 12\frac{4}{5}$

➡ $12\frac{4}{5} > 12$

다른 풀이

$4 \times 3 = 12$이므로 $4 \times 3\frac{1}{5}$의 계산 결과는 12보다 큽니다.

6 (가로) × (세로) $= 6 \times 5\frac{1}{4} = \overset{3}{6} \times \frac{21}{\underset{2}{4}} = \frac{63}{2} = 31\frac{1}{2}$ (m²)

9 $2 \times 3\frac{2}{5} = 2 \times \frac{17}{5} = \frac{34}{5} = 6\frac{4}{5}$

10 예 $9 \times 1\frac{4}{15} = \overset{3}{9} \times \frac{19}{\underset{5}{15}} = \frac{3 \times 19}{5} = \frac{57}{5} = 11\frac{2}{5}$

11 $8 \times 2\frac{2}{3} = 8 \times \frac{8}{3} = \frac{64}{3} = 21\frac{1}{3}$ ➡ $21\frac{1}{3} > 8$

참고

1보다 큰 수를 곱하면 계산 결과가 원래의 수보다 커집니다.

12 (효주의 몸무게) $\times 1\frac{1}{6} = 42 \times 1\frac{1}{6} = \overset{7}{42} \times \frac{7}{\underset{1}{6}} = 49$ (kg)

1 $1, 4, 24, 4, 4, 10\frac{4}{5}$

2 (1) $8 \times 1\frac{3}{10} = \overset{4}{8} \times \frac{13}{\underset{5}{10}} = \frac{52}{5} = 10\frac{2}{5}$

(2) $4 \times 1\frac{3}{8} = \overset{1}{4} \times \frac{11}{\underset{2}{8}} = \frac{11}{2} = 5\frac{1}{2}$

3 $10\frac{2}{3}$ **4** 예 $6 \times \frac{3}{8} = \frac{6 \times 3}{8} = \frac{\overset{9}{18}}{\underset{4}{8}} = \frac{9}{4} = 2\frac{1}{4}$

5 $11\frac{1}{2}, 7\frac{2}{3}$ **6** 건우

7

$$\boxed{\left(6 \times 2\frac{1}{8}\right)} \quad \triangle{6 \times \frac{4}{5}} \quad 6 \times 1 \quad \boxed{\left(6 \times 1\frac{1}{3}\right)}$$

8 ㉡, $9\frac{1}{6}$ **9** 52

10 식 $45 \times \frac{4}{9} = 20$ 답 20개 **11** 110, 민우

12 $5\frac{2}{5}$ m² **13** 현서

14 ❶ 10, 1 ❷ 1, $3\frac{1}{2}$ 답 $3\frac{1}{2}$ km

---

6 $\overset{4}{12} \times \frac{2}{\underset{1}{3}} = 8$이므로 잘못 말한 사람은 건우입니다.

7 · 6에 1보다 작은 수를 곱하면 곱한 결과는 6보다 작습니다.

· 6에 1을 곱하면 곱한 결과는 그대로 6입니다.

· 6에 1보다 큰 수를 곱하면 곱한 결과는 6보다 큽니다.

8 ㉠ $\overset{4}{12} \times \frac{10}{\underset{7}{21}} = \frac{40}{7} = 5\frac{5}{7}$

㉡ $\overset{5}{15} \times \frac{11}{\underset{6}{18}} = \frac{55}{6} = 9\frac{1}{6}$

9 가장 큰 수: 9, 가장 작은 수: $5\frac{7}{9}$

➡ $9 \times 5\frac{7}{9} = \overset{1}{9} \times \frac{52}{\underset{1}{9}} = 52$

11 (준서가 가진 끈의 길이) $= \overset{10}{120} \times \frac{11}{\underset{1}{12}} = 110$ (cm)

➡ 120 > 110이므로 민우가 가진 끈의 길이가 더 깁니다.

---

12 (평행사변형의 넓이)
= (밑변의 길이) × (높이)
$= 3 \times 1\frac{4}{5} = 3 \times \frac{9}{5} = \frac{27}{5} = 5\frac{2}{5}$ (m²)

13 · 소윤: 1시간 = 60분이므로 60분의 $\frac{1}{6}$은 10분입니다.

· 현서: 1 m = 100 cm이므로 100 cm의 $\frac{3}{5}$은 60 cm 입니다.

· 민재: 1 kg = 1000 g이므로 1000 g의 $\frac{1}{4}$은 250 g입니다.

확인 문제	한번 더! 확인
1 10	**7** $\frac{5}{18}$
2 5, 6, $\frac{5}{48}$	**8** (1) 28 (2) $\frac{2}{45}$
3 $\frac{1}{40}$	**9** (선 잇기)
4 식 $\frac{1}{6} \times \frac{1}{7} = \frac{1}{42}$	**10** 식 $\frac{1}{2} \times \frac{1}{5} = \frac{1}{10}$
5 <	**11** <
6 (1) $\frac{4}{5}$, $\frac{1}{10}$	**12** 식 $\frac{1}{3} \times \frac{1}{4} = \frac{1}{12}$
(2) $\frac{1}{10}$	답 $\frac{1}{12}$

5 $\frac{1}{2}$에 1보다 작은 수를 곱하면 계산 결과가 $\frac{1}{2}$보다 작아집니다. ➡ $\frac{1}{2} \times \frac{1}{11} \enclose{circle}{<} \frac{1}{2}$

7 $\frac{5}{6} \times \frac{1}{3} = \frac{5 \times 1}{6 \times 3} = \frac{5}{18}$

9 · $\frac{1}{9} \times \frac{1}{2} = \frac{1}{9 \times 2} = \frac{1}{18}$ ➡ □ = 18

· $\frac{1}{8} \times \frac{1}{3} = \frac{1}{8 \times 3} = \frac{1}{24}$ ➡ □ = 24

11 $\frac{5}{6}$에 1보다 작은 수를 곱하면 계산 결과가 $\frac{5}{6}$보다 작아집니다. ➡ $\frac{5}{6} \times \frac{1}{6} \enclose{circle}{<} \frac{5}{6}$

44~45쪽 1단계 교과서 바로 알기

확인 문제

1 3, 4, $\dfrac{9}{20}$

2 (위에서부터)

1, 5, 3, 7 / $\dfrac{5}{42}$

3 풀이 참고

4 ○

5 $\dfrac{20}{27}$

6 (1) $\dfrac{3}{4}$, $\dfrac{5}{8}$

  (2) $\dfrac{5}{8}$ kg

한번 더! 확인

7 2, 3, $\dfrac{8}{21}$

8 (왼쪽에서부터)

2, 3 / 2, 3 / $\dfrac{2}{15}$

9 (1), (2) 풀이 참고

10 풀이 참고

11 $\dfrac{4}{45}$

12 식 $\dfrac{7}{8}\times\dfrac{4}{5}=\dfrac{7}{10}$

  답 $\dfrac{7}{10}$ km

---

3 $\dfrac{4}{9}\times\dfrac{7}{10}=\dfrac{4\times7}{9\times10}=\dfrac{\overset{14}{\cancel{28}}}{\underset{45}{\cancel{90}}}=\dfrac{14}{45}$

5 $\dfrac{\overset{4}{\cancel{8}}}{9}\times\dfrac{5}{\underset{3}{\cancel{6}}}=\dfrac{20}{27}$

6 (산 돼지고기의 무게) $\times\dfrac{5}{6}=\dfrac{\overset{1}{\cancel{3}}}{4}\times\dfrac{5}{\underset{2}{\cancel{6}}}=\dfrac{5}{8}$ (kg)

9 (1) 예 $\dfrac{3}{\underset{2}{\cancel{10}}}\times\dfrac{\overset{1}{\cancel{5}}}{8}=\dfrac{3\times1}{2\times8}=\dfrac{3}{16}$

  (2) 예 $\dfrac{\overset{1}{\cancel{7}}}{\underset{3}{\cancel{15}}}\times\dfrac{\overset{2}{\cancel{10}}}{\underset{3}{\cancel{21}}}=\dfrac{1\times2}{3\times3}=\dfrac{2}{9}$

10 예 $\dfrac{3}{8}\times\dfrac{3}{5}=\dfrac{3\times3}{8\times5}=\dfrac{9}{40}$

11 $\dfrac{1}{\underset{1}{\cancel{4}}}\times\dfrac{\overset{4}{\cancel{16}}}{\underset{5}{\cancel{25}}}\times\dfrac{\overset{1}{\cancel{5}}}{9}=\dfrac{4}{45}$

다른 풀이

앞의 두 분수의 곱을 먼저 구한 후 세 번째 분수를 곱합니다.

$\dfrac{1}{\underset{1}{\cancel{4}}}\times\dfrac{\overset{4}{\cancel{16}}}{25}=\dfrac{4}{25}$, $\dfrac{4}{\underset{5}{\cancel{25}}}\times\dfrac{\overset{1}{\cancel{5}}}{9}=\dfrac{4}{45}$

12 (원우가 걸은 거리) $\times\dfrac{4}{5}=\dfrac{7}{\underset{2}{\cancel{8}}}\times\dfrac{\overset{1}{\cancel{4}}}{5}=\dfrac{7}{10}$ (km)

46~47쪽 1단계 교과서 바로 알기

확인 문제

1 11, 22, 4$\dfrac{2}{5}$

2 $1\dfrac{2}{5}\times2\dfrac{2}{3}=\dfrac{7}{5}\times\dfrac{8}{3}$

  $=\dfrac{56}{15}=3\dfrac{11}{15}$

3 ㉠

4 7$\dfrac{3}{7}$

5 (1) 1$\dfrac{3}{5}$, 5$\dfrac{4}{5}$

  (2) 5$\dfrac{4}{5}$ kg

한번 더! 확인

6 1, 8, 1, 2, 3$\dfrac{1}{3}$

7 (1), (2) 풀이 참고

8 예 $1\dfrac{2}{7}\times2\dfrac{1}{4}=\dfrac{9}{7}\times\dfrac{9}{4}$

  $=\dfrac{81}{28}=2\dfrac{25}{28}$

9 3$\dfrac{1}{18}$, 6

10 식 $1\dfrac{1}{8}\times1\dfrac{1}{3}=1\dfrac{1}{2}$

  답 1$\dfrac{1}{2}$ m

---

3 바르게 계산하면

$4\dfrac{1}{2}\times1\dfrac{2}{9}=\dfrac{\overset{1}{\cancel{9}}}{2}\times\dfrac{11}{\underset{1}{\cancel{9}}}=\dfrac{11}{2}=5\dfrac{1}{2}$ 입니다.

4 $3\dfrac{3}{7}\times2\dfrac{1}{6}=\dfrac{\overset{4}{\cancel{24}}}{7}\times\dfrac{13}{\underset{1}{\cancel{6}}}=\dfrac{52}{7}=7\dfrac{3}{7}$

6 $1\dfrac{1}{4}$을 $1+\dfrac{1}{4}$로 생각해서 계산합니다.

7 (1) 예 $3\dfrac{1}{2}\times1\dfrac{3}{4}=\dfrac{7}{2}\times\dfrac{7}{4}=\dfrac{49}{8}=6\dfrac{1}{8}$

  (2) 예 $2\dfrac{1}{5}\times1\dfrac{1}{7}=\dfrac{11}{5}\times\dfrac{8}{7}=\dfrac{88}{35}=2\dfrac{18}{35}$

8 분자끼리 약분하지 않습니다.

9 $2\dfrac{4}{9}\times1\dfrac{1}{4}=\dfrac{\overset{11}{\cancel{22}}}{9}\times\dfrac{5}{\underset{2}{\cancel{4}}}=\dfrac{55}{18}=3\dfrac{1}{18}$,

$2\dfrac{4}{9}\times2\dfrac{5}{11}=\dfrac{\overset{2}{\cancel{22}}}{\underset{1}{\cancel{9}}}\times\dfrac{\overset{3}{\cancel{27}}}{\underset{1}{\cancel{11}}}=6$

10 (연호가 사용한 철사의 길이) $\times1\dfrac{1}{3}$

$=1\dfrac{1}{8}\times1\dfrac{1}{3}=\dfrac{\overset{3}{\cancel{9}}}{\underset{2}{\cancel{8}}}\times\dfrac{\overset{1}{\cancel{4}}}{\underset{1}{\cancel{3}}}=\dfrac{3}{2}=1\dfrac{1}{2}$ (m)

48~49쪽 **2**단계 **익힘책 바로 풀기**

1 $\dfrac{5}{24}$ **2** $3\dfrac{2}{3}\times2\dfrac{5}{8}=\dfrac{11}{3}\times\dfrac{21}{8}=\dfrac{77}{8}=9\dfrac{5}{8}$

3 (1) $\dfrac{1}{36}$ (2) $\dfrac{3}{70}$ **4** $3\dfrac{3}{20}$

5 $\dfrac{3}{8}\times\dfrac{7}{10}$, $\dfrac{3}{8}\times\dfrac{1}{9}$에 ○표

6 (위에서부터) $\dfrac{3}{10}$, $\dfrac{1}{3}$ **7** $<$

8 까닭 예 대분수를 가분수로 나타내지 않고 약분하여 계산했습니다.

9 $\dfrac{1}{25}$ m²   **10** $\dfrac{1}{15}$

11 식 $\dfrac{7}{20}\times\dfrac{5}{6}=\dfrac{7}{24}$ 답 $\dfrac{7}{24}$

12 식 $38\dfrac{3}{4}\times1\dfrac{3}{5}=62$ 답 62 kg

13 7, 9 또는 9, 7 / $\dfrac{1}{63}$

14 ❶ 1, 7 ❷ 7, 5, 14, 7 ❸ 7, 560 답 560 mL

5 $\dfrac{3}{8}$에 1보다 작은 수를 곱한 것에 모두 ○표 합니다.

7 $\dfrac{1}{3}\times\dfrac{4}{5}\times\dfrac{3}{8}=\dfrac{1}{10}$ $<$ $\dfrac{3}{10}$

8 평가 기준

대분수를 가분수로 나타내지 않고 약분했다는 말을 넣어 까닭을 바르게 썼으면 정답으로 합니다.

9 (정사각형의 넓이)=(한 변의 길이)×(한 변의 길이)

$$=\dfrac{1}{5}\times\dfrac{1}{5}=\dfrac{1}{25} \text{ (m}^2)$$

10 $\dfrac{8}{15}\times\dfrac{3}{4}\times\dfrac{1}{6}=\dfrac{1}{15}$

12 $38\dfrac{3}{4}\times1\dfrac{3}{5}=\dfrac{155}{4}\times\dfrac{8}{5}=62$ (kg)

13 $\dfrac{1}{\square}\times\dfrac{1}{\square}$에서 분모에 큰 수가 들어갈수록 계산 결과는 작아집니다. 따라서 계산 결과가 가장 작은 곱셈을 만들려면 수 카드 7과 9를 사용해야 합니다.

50~51쪽 **3**단계 **실력 바로 쌓기**

1-1 ❶ $4\dfrac{2}{3}$ ❷ $4\dfrac{2}{3}$, 1, 2, 3, 4 답 1, 2, 3, 4

1-2 답 1, 2, 3

2-1 ❶ 1, 3 ❷ 3, $\dfrac{9}{40}$ 답 $\dfrac{9}{40}$ L   **2-2** 답 $\dfrac{3}{4}$ km

3-1 ❶ $7\dfrac{3}{4}$ ❷ $7\dfrac{3}{4}$, $46\dfrac{1}{2}$ 답 $46\dfrac{1}{2}$ **3-2** 답 $17\dfrac{1}{3}$

4-1 ❶ 180, 120 ❷ 120, 80 답 80 cm

4-2 답 16 m

1-2 ❶ $2\dfrac{1}{6}\times1\dfrac{5}{7}=\dfrac{13}{6}\times\dfrac{12}{7}=\dfrac{26}{7}=3\dfrac{5}{7}$

❷ $3\dfrac{5}{7}>\square\dfrac{3}{7}$이므로 $\square$ 안에 들어갈 수 있는 자연수는 1, 2, 3입니다.

2-2 ❶ 민호가 버스를 타고 간 거리는 전체의 $1-\dfrac{1}{6}=\dfrac{5}{6}$입니다.

❷ (버스를 타고 간 거리)=$\dfrac{9}{10}\times\dfrac{5}{6}=\dfrac{3}{4}$ (km)

3-2 ❶ 만들 수 있는 가장 작은 대분수: $5\dfrac{7}{9}$

❷ $5\dfrac{7}{9}\times3=\dfrac{52}{9}\times3=\dfrac{52}{3}=17\dfrac{1}{3}$

참고

가장 작은 대분수를 만들려면 자연수 부분에 가장 작은 수를 놓아야 합니다.

4-2 ❶ (공이 땅에 한 번 닿았다가 튀어 오른 높이)

$$=25\times\dfrac{4}{5}=20 \text{ (m)}$$

❷ (공이 땅에 두 번 닿았다가 튀어 오른 높이)

$$=20\times\dfrac{4}{5}=16 \text{ (m)}$$

다른 풀이

(공이 땅에 두 번 닿았다가 튀어 오른 높이)

$$=25\times\dfrac{4}{5}\times\dfrac{4}{5}=16 \text{(m)}$$

13

52~54쪽 **TEST** 단원 마무리 **하기**

1 15, 3, 45, 9

2 (1) 11, 33, $8\frac{1}{4}$ (2) 3, 9, 1, $8\frac{1}{4}$

3 (1) $1\frac{13}{14}$ (2) $2\frac{4}{5}$ **4** $\frac{1}{16}$

5 $\frac{3}{10}$ **6** 2개

7 (그림)   **8** $\frac{1}{24}$

9 >

10 예 $\frac{8}{9} \times \frac{4}{11} = \frac{8 \times 4}{9 \times 11} = \frac{32}{99}$

／ 까닭 예 분자끼리 약분하여 계산했습니다.

11 식 $3\frac{1}{4} \times 3 = 9\frac{3}{4}$ 답 $9\frac{3}{4}$ km

12 $1\frac{1}{4}$, $3\frac{1}{3}$

13 식 $\frac{7}{8} \times \frac{2}{5} = \frac{7}{20}$ 답 $\frac{7}{20}$ L

14 식 $9 \times \frac{11}{15} = 6\frac{3}{5}$ 답 $6\frac{3}{5}$ kg

15 $8\frac{1}{4}$ cm^2 **16** 6, 200

17 $\frac{1}{5} \times \frac{1}{5}$에 ○표   **18** 15 m^2

19 예 ❶ $5 \times 2\frac{7}{10} = \overset{1}{5} \times \frac{27}{\underset{2}{10}} = \frac{27}{2} = 13\frac{1}{2}$

❷ $13\frac{1}{2} > \square$이므로 $\square$ 안에 들어갈 수 있는 자연수는 1부터 13까지입니다.

➡ 가장 큰 자연수는 13입니다.

답 13

20 예 ❶ 2시간 40분 $= 2\frac{40}{60}$시간 $= 2\frac{2}{3}$시간

❷ (2시간 40분 동안 갈 수 있는 거리)

$= 60\frac{3}{4} \times 2\frac{2}{3} = \frac{\overset{81}{243}}{\underset{1}{4}} \times \frac{\overset{2}{8}}{\underset{1}{3}} = 162$ (km)

답 162 km

---

2 (1) 대분수를 가분수로 나타내 계산합니다.

(2) 대분수를 자연수와 진분수의 합으로 나타내 계산합니다.

---

3 (1) $\frac{9}{14} \times 3 = \frac{9 \times 3}{14} = \frac{27}{14} = 1\frac{13}{14}$

(2) $4 \times \frac{7}{10} = \frac{\overset{2}{4} \times 7}{\underset{5}{10}} = \frac{14}{5} = 2\frac{4}{5}$

4 $\frac{1}{8} \times \frac{1}{2} = \frac{1}{8 \times 2} = \frac{1}{16}$

5 $\frac{\overset{1}{4}}{5} \times \frac{3}{\underset{2}{8}} = \frac{3}{10}$

6 $\frac{4}{9}$에 1보다 작은 수를 곱한 것은 $\frac{4}{9} \times \frac{2}{3}$, $\frac{4}{9} \times \frac{2}{5}$로 모두 2개입니다.

참고
· $\frac{4}{9} \times$ (1보다 큰 수) $\bigcirc$ $\frac{4}{9}$
· $\frac{4}{9} \times 1 \bigcirc \frac{4}{9}$
· $\frac{4}{9} \times$ (1보다 작은 수) $\bigcirc$ $\frac{4}{9}$

7 · $\frac{5}{\underset{2}{6}} \times \frac{\overset{1}{3}}{7} = \frac{5}{14}$ · $\frac{3}{\underset{1}{4}} \times \frac{1}{2} \times \frac{\overset{1}{4}}{7} = \frac{3}{14}$

8 $\frac{\overset{1}{7}}{\underset{4}{12}} \times \frac{\overset{1}{5}}{\underset{3}{21}} \times \frac{\overset{1}{3}}{\underset{2}{10}} = \frac{1}{24}$

9 $3 \times 1\frac{7}{12} = \overset{1}{3} \times \frac{19}{\underset{4}{12}} = \frac{19}{4} = 4\frac{3}{4}$, $\overset{2}{6} \times \frac{5}{\underset{3}{9}} = \frac{10}{3} = 3\frac{1}{3}$

➡ $4\frac{3}{4} > 3\frac{1}{3}$

10 평가 기준
분자끼리 약분했다는 말을 넣어 까닭을 바르게 썼으면 정답으로 합니다.

11 (3일 동안 뛴 거리)
= (하루에 뛰는 거리) × 3
$= 3\frac{1}{4} \times 3 = \frac{13}{4} \times 3 = \frac{39}{4} = 9\frac{3}{4}$ (km)

12 $\frac{5}{\underset{4}{8}} \times \overset{1}{2} = \frac{5}{4} = 1\frac{1}{4}$,

$1\frac{1}{4} \times 2\frac{2}{3} = \frac{5}{\underset{1}{4}} \times \frac{\overset{2}{8}}{3} = \frac{10}{3} = 3\frac{1}{3}$

13 (마신 주스의 양)=(전체 주스의 양)$\times\dfrac{2}{5}$

$=\dfrac{7}{\underset{4}{\cancel{8}}}\times\dfrac{\cancel{2}}{5}=\dfrac{7}{20}$ (L)

14 (말린 감의 무게)=(처음 감의 무게)$\times\dfrac{11}{15}$

$=\overset{3}{\cancel{9}}\times\dfrac{11}{\underset{5}{\cancel{15}}}=\dfrac{33}{5}=6\dfrac{3}{5}$ (kg)

15 (평행사변형의 넓이)

=(밑변의 길이)×(높이)

$=2\dfrac{1}{5}\times3\dfrac{3}{4}=\dfrac{11}{\underset{1}{\cancel{5}}}\times\dfrac{\overset{3}{\cancel{15}}}{4}=\dfrac{33}{4}=8\dfrac{1}{4}$ (cm²)

16 • 1분=60초이므로 60초의 $\dfrac{1}{10}$은 6초입니다.

• 1 t=1000 kg이므로 1000 kg의 $\dfrac{1}{5}$은 200 kg입니다.

17 • $\dfrac{1}{6}\times\dfrac{1}{4}=\dfrac{1}{6\times4}=\dfrac{1}{24}$

• $\dfrac{1}{5}\times\dfrac{1}{5}=\dfrac{1}{5\times5}=\dfrac{1}{25}$

• $\dfrac{1}{4}\times\dfrac{1}{3}\times\dfrac{1}{2}=\dfrac{1}{4\times3\times2}=\dfrac{1}{24}$

➜ 계산 결과가 다른 하나는 $\dfrac{1}{5}\times\dfrac{1}{5}$입니다.

18 튤립을 심고 남은 화단은 전체의 $1-\dfrac{3}{5}=\dfrac{2}{5}$입니다.

채송화를 심은 화단은 전체의 $\dfrac{\overset{1}{\cancel{2}}}{5}\times\dfrac{3}{\underset{2}{\cancel{4}}}=\dfrac{3}{10}$입니다.

➜ (채송화를 심은 화단의 넓이)=$\overset{5}{\cancel{50}}\times\dfrac{3}{\underset{1}{\cancel{10}}}=15$ (m²)

19

채점 기준		
❶ 주어진 식에서 곱셈을 하여 계산 결과를 대분수로 나타냄.	2점	5점
❷ □ 안에 들어갈 수 있는 가장 큰 자연수를 구함.	3점	

20

채점 기준		
❶ 2시간 40분은 몇 시간인지 분수로 나타냄.	2점	5점
❷ 2시간 40분 동안 갈 수 있는 거리를 구함.	3점	

③ 합동과 대칭

단계 ① 교과서 바로 알기

56~57쪽

확인 문제	한번 더! 확인
1 합동	**6** 합동
2 ( ) (○)	**7** ( ) ( ) (○)
3 바	**8** 다, 마
4 유찬	**9** ㉠
5 (1) 가와 나	**10** 라, 나
(2) 다	답 나

4 자른 도형 중 모양과 크기가 같아서 포개었을 때 완전히 겹치는 도형을 만들 수 있는 사람은 유찬입니다.

5 도형 다는 도형 가, 나와 모양과 크기가 같지 않아서 포개었을 때 완전히 겹치지 않습니다.

8 도형 가와 모양과 크기가 같아서 포개었을 때 완전히 겹치는 도형을 모두 찾으면 다, 마입니다.

9 자른 도형 중 모양과 크기가 같아서 포개었을 때 완전히 겹치는 도형은 ㉠입니다.

단계 ① 교과서 바로 알기

58~59쪽

확인 문제	한번 더! 확인
1 (1) 점 ㅁ / 점 ㅂ	**5** (1) 점 ㄹ
(2) 변 ㅁㅂ / 변 ㄹㅂ	(2) 변 ㅁㅂ
(3) 각 ㄹㅁㅂ / 각 ㅁㅂ	(3) 각 ㄱㄴㄷ
2 ( )	**6** ( )
(○)	(○)
3 (1) 변 ㄹㄷ	**7** 6 cm
(2) 15 cm	
4 (1) 각 ㅅㅂㅁ	**8** ㄹㄷㄴ, 110
(2) 120°	답 110°

2 변 ㄱㄴ의 대응변은 변 ㄹㅁ입니다.

6 각 ㄱㄴㄷ의 대응각은 각 ㅁㅇㅅ입니다.

7 합동인 두 도형에서 각각의 대응변의 길이가 서로 같습니다.

➜ (변 ㄱㄴ)=(변 ㄹㅂ)=6 cm

익힘책 바로 풀기
60~61쪽

1 ( ) ( ) (○)

2 (1) ㅅ (2) ㅇㅁ (3) ㅅㅂㅁ

3 (○) ( )
　(○) ( )

4 (위에서부터) 85, 10 　**5** (위에서부터) 50, 7, 80

6 3쌍, 3쌍 　**7**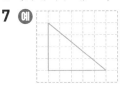

8 14 cm 　**9** 12 cm

10 소윤 　**11** 48 cm²

12 115°

13 ❶ ㅇㅅ, 12 / ㅂㅁ, 8 　❷ 12, 8, 46 　📋 46 cm

---

1 왼쪽 도형과 모양과 크기가 같아서 포개었을 때 완전히 겹치는 도형을 찾습니다.

2 (1) 두 사각형을 포개었을 때 점 ㄴ과 완전히 겹치는 점은 점 ㅅ입니다.
　(2) 두 사각형을 포개었을 때 변 ㄱㄹ과 완전히 겹치는 변은 변 ㅇㅁ입니다.
　(3) 두 사각형을 포개었을 때 각 ㄴㄷㄹ과 완전히 겹치는 각은 각 ㅅㅂㅁ입니다.

3 ① ② ③ ④

　②, ④에서 각각 만들어지는 두 도형은 모양과 크기가 같지 않아서 포개었을 때 완전히 겹치지 않습니다.

4~5 서로 합동인 두 도형에서 각각의 대응변의 길이와 대응각의 크기가 서로 같습니다.

6 삼각형은 꼭짓점이 3개, 각이 3개이므로 서로 합동인 두 삼각형에서 대응점은 3쌍, 대응각은 3쌍입니다.

7 주어진 도형의 꼭짓점과 같은 위치에 점을 찍은 후 세 점을 연결하여 그립니다.

8 변 ㄴㄷ의 대응변은 변 ㅂㅁ이므로
　(변 ㄴㄷ)=(변 ㅂㅁ)=14 cm입니다.

9 변 ㄷㄹ의 대응변은 변 ㅁㅇ이므로
　(변 ㄷㄹ)=(변 ㅁㅇ)=12 cm입니다.

---

10 소윤: (변 ㅂㅅ)=(변 ㄱㄹ)=20 cm
　건우: 각 ㅂㅅㅇ의 대응각은 각 ㄱㄹㄷ이므로
　　　　(각 ㅂㅅㅇ)=(각 ㄱㄹㄷ)=40°입니다.

11 직사각형 모양 종이의 가로와 세로는 각각 8 cm, 6 cm입니다.
　➡ (종이 한 장의 넓이)=8×6=48 (cm²)

12 각 ㄱㄴㄷ의 대응각은 각 ㅂㅅㅇ입니다.
　(각 ㅂㅅㅇ)=360°−95°−85°−65°=115°

교과서 바로 알기
62~63쪽

확인 문제	한번 더! 확인
1 선대칭도형	**6** ㄱㄴ
2 ▷에 ○표	**7** ◇에 ○표
3 ㄱ, ㄷ	**8** ㄱ
4 (1) 점 ㅂ	**9** (1) 점 ㄹ
(2) 변 ㅁㄹ	(2) 변 ㅁㄹ
(3) 각 ㅂㅁㄹ	(3) 각 ㅂㅁㄹ
5 (1)	**10** 5개
(2) 4개	

2 한 직선을 따라 접었을 때 완전히 겹치는 도형을 찾습니다.

3 직선 ㉠과 ㉢을 따라 접으면 도형이 완전히 겹칩니다.

4 직선 ㅈㅊ을 따라 접었을 때 겹치는 점, 변, 각이 각각 대응점, 대응변, 대응각입니다.

5 (1) 한 직선을 따라 접었을 때 완전히 겹치게 하는 직선을 그립니다.

참고
대칭축이 가로, 세로, 대각선 등 여러 가지 방향일 수 있으므로 다양하게 생각해 봅니다.

6 한 직선을 따라 접었을 때 완전히 겹치는 도형을 선대칭도형이라 하고 이때 그 직선을 대칭축이라고 합니다.

7 한 직선을 따라 접었을 때 완전히 겹치는 도형을 찾습니다.

8 접었을 때 도형을 완전히 겹치게 하는 직선을 바르게 나타낸 것은 ㉠입니다.

9 직선 ㅅㅇ을 따라 접었을 때 겹치는 점, 변, 각이 각각 대응점, 대응변, 대응각입니다.

10 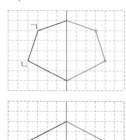 한 직선을 따라 접어서 완전히 겹치는지 확인하면서 대칭축을 그리면 대칭축은 모두 5개입니다.

참고
선대칭도형의 대칭축은 모두 한 점에서 만납니다.

1단계 교과서 바로 알기
64~65쪽

확인 문제

1 (1) ㅁㄹ,
같습니다에 ○표
(2) ㅁㄹㅇ
같습니다에 ○표
(3) 90°에 ○표

2 (1), (2)

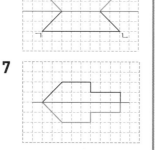

3

4 (1) ㄹㄷ, ㅁㄱㄴ
(2) 9, 70

한번 더! 확인

5 (1) ㄹㅁ,
같습니다
(2) ㄹㄷㅂ,
같습니다
(3) 수직에 ○표

6 (1), (2)

7

8 ㄴㄱ, 7, ㄱㄹㄴ, 35
답 7, 35

---

2 (1) 점 ㄱ, 점 ㄴ에서 대칭축에 수선을 긋고, 이 수선에 점 ㄱ, 점 ㄴ과 각각 같은 거리에 있도록 대응점을 찍습니다.
(2) 대칭축을 따라 접었을 때 완전히 겹치도록 그립니다.

3 각 점에서 대칭축에 수선을 그어 대응점을 찾아 표시한 다음, 찾은 대응점을 차례로 이어 선대칭도형을 완성합니다.

4 (변 ㄱㄴ)=(변 ㄹㄷ)=9 cm ➡ ㉠=9
(각 ㅁㄹㄷ)=(각 ㅁㄹㄴ)=70° ➡ ㉡=70

---

6 (1) 점 ㄱ, 점 ㄴ에서 대칭축에 수선을 긋고, 이 수선에 점 ㄱ, 점 ㄴ과 각각 같은 거리에 있도록 대응점을 찍습니다.
(2) 대칭축을 따라 접었을 때 완전히 겹치도록 그립니다.

7 각 점에서 대칭축에 수선을 그어 대응점을 찾아 표시한 다음, 찾은 대응점을 차례로 이어 선대칭도형을 완성합니다.

8 선대칭도형에서 각각의 대응변의 길이와 대응각의 크기가 서로 같습니다.

2단계 익힘책 바로 풀기
66~69쪽

1 나
2 점 ㅂ
3 변 ㅁㄹ
4 각 ㄱㅂㅁ
5 대칭축
6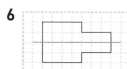
7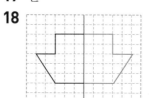
8 10 cm
9 35°
10 (위에서부터) 55, 5
11 (위에서부터) 12, 70
12 점 ㄷ
13 선분 ㅇㄴ, 선분 ㅅㄷ, 선분 ㅂㄹ
14 ❶ 1, 4 ❷ 1, 4, 5 답 5개
15 점 ㄱ, 점 ㄹ
16 각 ㅂㅁㄹ
17 변 ㄹㄷ
18
19
20 까닭 예 한 직선을 따라 접었을 때 완전히 겹치므로 선대칭도형입니다.
21 ㉠
22 현서
23 6 cm
24 12 cm
25 40 cm
26 ❶ ㄱㄴㄷ, 95 ❷ 95, 105 답 105°

---

1 한 직선을 따라 접었을 때 완전히 겹치는 도형을 찾습니다.

2 대칭축을 따라 접었을 때 겹치는 점을 찾으면 점 ㅂ입니다.

3 대칭축을 따라 접었을 때 겹치는 변을 찾으면 변 ㅁㄹ입니다.

4 대칭축을 따라 접었을 때 겹치는 각을 찾으면 각 ㄱㅂㅁ입니다.

5 도형을 완전히 겹치도록 접었을 때 접은 직선 ㄱㄴ을 대칭축이라고 합니다.

6 한 직선을 따라 접었을 때 완전히 겹치게 하는 직선을 그립니다.

7 대칭축을 따라 접었을 때 겹치는 변을 찾습니다.

8 선대칭도형에서 각각의 대응변의 길이가 서로 같습니다.
→ (변 ㄱㄴ)=(변 ㄱㄹ)=10 cm

9 선대칭도형에서 각각의 대응각의 크기가 서로 같습니다.
→ (각 ㄱㄹㄷ)=(각 ㄱㄴㄷ)=35°

10~11 선대칭도형에서 각각의 대응변의 길이와 대응각의 크기가 서로 같습니다.

12 점 ㄱ에서 대칭축에 수선을 그었을 때 점 ㄱ과 같은 거리에 있는 점을 찾습니다.

13 각각의 대응점에서 대칭축까지의 거리가 서로 같으므로 대응점끼리 이은 선분을 모두 씁니다.

14 가 △ → 1개   나 ✦ → 4개

15 직선 가를 따라 접었을 때 점 ㅂ과 겹치는 점은 점 ㄱ입니다.
직선 나를 따라 접었을 때 점 ㅂ과 겹치는 점은 점 ㄹ입니다.

16 선대칭도형에서 각각의 대응각의 크기가 서로 같습니다. 각 ㄴㄷㄹ의 대응각은 각 ㅂㅁㄹ이므로 각 ㄴㄷㄹ과 크기가 같은 각은 각 ㅂㅁㄹ입니다.

17 선대칭도형에서 각각의 대응변의 길이가 서로 같습니다. 변 ㄱㄴ의 대응변은 변 ㄹㄷ이므로 변 ㄱㄴ과 길이가 같은 변은 변 ㄹㄷ입니다.

18~19 각 점에서 대칭축에 수선을 그어 대응점을 찾아 표시한 다음, 찾은 대응점을 차례로 이어 선대칭도형을 완성합니다.

20 평가 기준
한 직선을 따라 접었을 때 완전히 겹친다는 말을 넣어 까닭을 바르게 썼으면 정답으로 합니다.

21 ㉠ 대칭축은 도형에 따라 여러 개 있을 수도 있습니다.

22 현서: 대응점인 점 ㄴ과 점 ㄷ을 이은 선분은 대칭축과 수직으로 만나므로 (각 ㅁㅂㄴ)=90°입니다.

23 선대칭도형에서 대칭축은 대응점끼리 이은 선분을 둘로 똑같이 나눕니다.
→ (선분 ㅅㄷ)=12÷2=6 (cm)

24 (변 ㄱㄷ)=(변 ㄱㄴ)=10 cm
(변 ㄴㄷ)=32-10-10=12 (cm)

25 (변 ㄴㄷ)=(변 ㄴㄱ)=4 cm
(변 ㅁㄹ)=(변 ㅁㅂ)=6 cm
(변 ㄱㅂ)=(변 ㄷㄹ)=10 cm
→ (선대칭도형의 둘레)=(4+10+6)×2=40 (cm)

70~71쪽 **1** 단계 **교과서 바로 알기**

확인 문제	한번 더! 확인
1 점대칭도형	**6** ㅇ, 대칭의 중심
2 ( ) (○) ( )	**7** ( ) (×) ( )
3 점 ㅁ	**8** ③
4 (1) 점 ㄹ	**9** (1) 점 ㅁ
(2) 변 ㅂㄱ	(2) 변 ㅁㅂ
(3) 각 ㅁㅂㄱ	(3) 각 ㄹㅁㅂ
5 (1) ㉠, ㉢	**10** ㄹ, ㅍ / 2
(2) 2개	답 2개

1 어떤 점을 중심으로 180° 돌렸을 때 처음 도형과 완전히 겹치는 도형을 점대칭도형이라고 합니다.

2 어떤 점을 중심으로 180° 돌렸을 때 처음 도형과 완전히 겹치는 도형을 찾습니다.

3 도형을 점 ㅁ을 중심으로 180° 돌렸을 때 처음 도형과 완전히 겹칩니다.

4 한 도형을 어떤 점을 중심으로 180° 돌렸을 때 겹치는 점, 변, 각이 각각 대응점, 대응변, 대응각입니다.

5 (1) 어떤 점을 중심으로 180° 돌렸을 때 처음 도형과 완전히 겹치는 도형은 ㉠, ㉢입니다.

7 어떤 점을 중심으로 180° 돌렸을 때 처음 도형과 완전히 겹치지 않는 도형을 찾습니다.

8 도형을 ③을 중심으로 180° 돌렸을 때 처음 도형과 완전히 겹칩니다.

10 어떤 점을 중심으로 180° 돌렸을 때 처음 문자와 완전히 겹치는 문자를 모두 찾습니다.

72~73쪽 **1** 단계 **교과서 바로 알기**

확인 문제

1 (1) 변 ㄹㅁ
　(2) 각 ㅁㅂㄱ
　(3) 선분 ㄹㅇ

2 (1), (2)

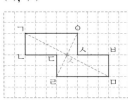

　(3) 선분 ㄹㅈ

3

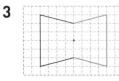

4 (1) ㄹㄷㄴ, ㄹㄱ
　(2) 70, 10

한번 더! 확인

5 (1) 변 ㅁㅂ
　(2) 각 ㄹㅁㅂ
　(3) 선분 ㅂㅇ

6 (1), (2)

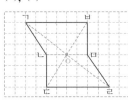

　(3) 선분 ㄹㅇ

7

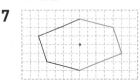

8 ㄹㄱ, 6, ㄷㄹㄱ, 65
　답 6 cm, 65°

---

1 (3) 각각의 대응점에서 대칭의 중심까지의 거리가 서로 같습니다.

2 (3) 각각의 대응점에서 대칭의 중심까지의 거리가 서로 같습니다.

3 각 점에서 대칭의 중심을 지나는 직선을 그어 대응점을 찾아 표시한 다음, 찾은 대응점을 차례로 이어 점대칭도형을 완성합니다.

4 (2) 점대칭도형에서 각각의 대응변의 길이와 대응각의 크기가 서로 같습니다.

5 (3) 각각의 대응점에서 대칭의 중심까지의 거리가 서로 같습니다.

---

6 (3) 각각의 대응점에서 대칭의 중심까지의 거리가 서로 같습니다.

7 참고
도형을 완성한 후 점대칭도형이 되는지 확인해 봅니다.

8 (변 ㄴㄷ)=(변 ㄹㄱ)=6 cm
　(각 ㄱㄴㄷ)=(각 ㄷㄹㄱ)=65°

74~77쪽 **2** 단계 **익힘책 바로 풀기**

1 가, 마
2 점 ㄴ
3 변 ㄹㄱ
4 각 ㄷㄹㄱ
5 ㉢
6 / 1개

7

8 10 cm

9 60°
10 (위에서부터) 110, 8
11 (위에서부터) 10, 60
12 유찬
13 ❶ ㄱㄴ, 11 / ㄴㄷ, 10　❷ 11, 10, 42
　답 42 cm
14

15 각 ㅁㅂㄱ
16 선분 ㅅㅈ
17

18

19 ②, ④
20 14 cm
21 민재
22 3개
23 4 cm
24 38 cm
25 ❶ 60, 80　❷ ㄷㄹㄱ, 80　답 80°

---

1 어떤 점을 중심으로 180° 돌렸을 때 처음 도형과 완전히 겹치는 도형을 찾습니다.

2 도형을 점 ㅇ을 중심으로 180° 돌렸을 때 점 ㄹ은 점 ㄴ과 겹칩니다.

3 도형을 점 ㅇ을 중심으로 180° 돌렸을 때 변 ㄴㄷ은 변 ㄹㄱ과 겹칩니다.

4 도형을 점 ㅇ을 중심으로 180° 돌렸을 때 각 ㄱㄴㄷ은 각 ㄷㄹㄱ과 겹칩니다.

5 대응점을 각각 이어 대칭의 중심을 찾을 수 있습니다.

> **참고**
> 대칭의 중심은 도형의 한가운데 위치합니다.

6 대응점을 각각 이은 후 만나는 점을 찾아 표시합니다. 점대칭도형에서 대칭의 중심은 1개뿐입니다.

7 점 ㅇ을 중심으로 180° 돌렸을 때 겹치는 변을 찾습니다.

8 점대칭도형에서 각각의 대응변의 길이가 서로 같습니다.
➡ (변 ㅁㅂ)=(변 ㄴㄷ)=10 cm

9 점대칭도형에서 각각의 대응각의 크기가 서로 같습니다.
➡ (각 ㄱㄴㄷ)=(각 ㄹㅁㅂ)=60°

10~11 점대칭도형에서 각각의 대응변의 길이와 대응각의 크기가 서로 같습니다.

12 각 알파벳을 한 점을 중심으로 180° 돌려 봅니다.

서아: M ➡ W, 유찬: H ➡ H

14 어떤 점을 중심으로 180° 돌렸을 때 처음 도형과 완전히 겹치는 도형은 첫 번째, 세 번째 도형입니다. 점대칭도형에서 대응점을 각각 이은 후 만나는 점을 찾아 점 ㅇ으로 표시합니다.

15 점대칭도형에서 각각의 대응각의 크기가 서로 같습니다. 각 ㄴㄷㄹ의 대응각은 각 ㅁㅂㄱ이므로 각 ㄴㄷㄹ과 크기가 같은 각은 각 ㅁㅂㄱ입니다.

16 각각의 대응점에서 대칭의 중심까지의 거리가 서로 같습니다.

17~18 각 점에서 대칭의 중심을 지나는 직선을 그어 대응점을 찾아 표시한 다음, 찾은 대응점을 차례로 이어 점대칭도형을 완성합니다.

19 ② (변 ㄴㄷ)=(변 ㅁㅂ)=4 cm
④ (선분 ㄱㅇ)=(선분 ㄹㅇ),
　(선분 ㄴㅇ)=(선분 ㅁㅇ)

20 (선분 ㄱㅇ)=(선분 ㄹㅇ)=7 cm
(선분 ㄴㄹ)=(선분 ㄴㅇ)+(선분 ㄹㅇ)
　　　　　=7+7=14 (cm)

21 은우: (선분 ㄹㅇ)=(선분 ㄱㄹ)÷2=18÷2=9 (cm)
민재: (선분 ㄱㅇ)=(선분 ㄹㅇ),
　　　(선분 ㄴㅇ)=(선분 ㅁㅇ)
서준: (변 ㄷㄹ)=(변 ㅂㄱ)=7 cm

22 점대칭이 되는 숫자: **1, 5, 8** ➡ 3개

23 (선분 ㄴㅇ)=(선분 ㅁㅇ)=5 cm
(변 ㅁㅂ)=14−5−5=4 (cm)

24 (변 ㄴㄷ)=(변 ㅁㅂ)=5 cm
(변 ㄹㅁ)=(변 ㄱㄴ)=4 cm
(변 ㅂㄱ)=(변 ㄷㄹ)=10 cm
➡ (점대칭도형의 둘레)=4+5+10+4+5+10
　　　　　　　　　　=38 (cm)

25 **참고**
> 각 ㄱㄴㄷ의 대응각은 각 ㄷㄹㄱ이고 각 ㄷㄹㄱ은 삼각형 ㄱㄷㄹ의 한 각이므로 삼각형의 세 각의 크기의 합은 180° 인 것과 점대칭도형에서 각각의 대응각의 크기가 서로 같음을 이용합니다.

단계 실력 바로 쌓기

78~79쪽

1-1 ❶ 가, 다 ❷ 가, 나 ❸ 가 **답** 가
1-2 **답** 다
2-1 ❶ ㄹㅁ, 3 ❷ 3, 2, 6 **답** 6 cm²
2-2 **답** 24 cm²
3-1 ❶ ㄱㄴㄷ, 120 ❷ 360, 120, 88 **답** 88°
3-2 **답** 55°
4-1 ❶ ㄷㄹㄴ, 30 ❷ 180, 30, 40 **답** 40°
4-2 **답** 35°

1-2 ❶ 선대칭도형: 나, 다
❷ 점대칭도형: 가, 다
❸ 선대칭도형도 되고 점대칭도형도 되는 도형: 다

2-2 ❶ (변 ㅁㅂ)=(변 ㄷㄹ)=6 cm
❷ (삼각형 ㄹㅁㅂ의 넓이)=6×8÷2=24 (cm²)

3-2 ❶ (각 ㄴㄹㄷ)=(각 ㄹㄴㄱ)=55°
❷ 삼각형 ㄴㄷㄹ에서
(각 ㄴㄷㄹ)=180°−70°−55°=55°

4-2 ❶ (각 ㄴㄱㄷ)=(각 ㄷㄹㄴ)=80°
❷ 삼각형 ㄱㄷㄴ에서
(각 ㄱㄷㄴ)=180°−80°−65°=35°

80~82쪽 TEST **단원 마무리 하기**

1 라   **2** 변 ㄹㅁ

3 나, 라, 마, 바   **4** 3개

5 ㉡

6 예 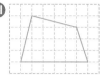   **7**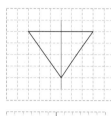

8   **9**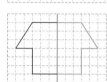

10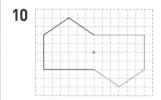

11 점 ㅂ / 변 ㄹㄷ / 각 ㄱㄴㄷ

12 (왼쪽에서부터) 5, 50   **13** (위에서부터) 75, 8

14 ㉢   **15** 6 cm

16 (1) (3) (2)   **17** 13, 25

18 54 cm²

19 예 ❶ (변 ㅁㅂ)=(변 ㄱㄹ)=8 cm
     ❷ (변 ㅅㅇ)=(변 ㄷㄴ)=5 cm
     ❸ (사각형 ㅁㅂㅅㅇ의 둘레)
         =8+3+5+5=21 (cm)
     답 21 cm

20 예 ❶ (각 ㄴㄷㄹ)=(각 ㄹㄱㄴ)=100°
     ❷ (각 ㄱㄴㄷ)+(각 ㄷㄹㄱ)
         =360°-100°-100°=160°
     ❸ (각 ㄱㄴㄷ)=(각 ㄷㄹㄱ)=160°÷2=80°
     답 80°

1 도형 가와 모양과 크기가 같아서 포개었을 때 완전히 겹치는 도형을 찾습니다.

3 한 직선을 따라 접었을 때 완전히 겹치는 도형을 모두 찾습니다.

4 어떤 점을 중심으로 180° 돌렸을 때 처음 도형과 완전히 겹치는 도형은 나, 다, 마로 모두 3개입니다.

5 ㉡에서 만들어지는 두 도형은 모양과 크기가 같지 않아서 포개었을 때 완전히 겹치지 않습니다.

7 한 직선을 따라 접었을 때 완전히 겹치게 하는 직선을 그립니다.

8 대칭의 중심은 대응점끼리 이은 선분이 만나는 점입니다.

9 각 점에서 대칭축에 수선을 그어 대응점을 찾아 표시한 다음, 찾은 대응점을 차례로 이어 선대칭도형을 완성합니다.

10 각 점에서 대칭의 중심을 지나는 직선을 그어 대응점을 찾아 표시한 다음, 찾은 대응점을 차례로 이어 점대칭도형을 완성합니다.

11 점 ㅇ을 중심으로 180° 돌렸을 때 처음 도형과 완전히 겹치는 점, 변, 각을 각각 찾습니다.

12 (변 ㄱㄴ)=(변 ㄹㅂ)=5 cm
     (각 ㄴㄱㄷ)=(각 ㅂㄹㅁ)=50°

13 점대칭도형에서 각각의 대응변의 길이와 대응각의 크기가 서로 같습니다.

14 ㉢ 대칭의 중심은 점 ㅇ입니다.

15 (선분 ㄴㅇ)=(선분 ㄹㅇ)=6 cm

16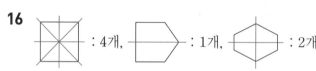

17 선대칭도형에서 각각의 대응변의 길이가 서로 같으므로 ㉠=13입니다.
선대칭도형에서 각각의 대응각의 크기가 서로 같고 삼각형의 세 각의 크기의 합은 180°이므로
180°-115°-40°=25°입니다. ➡ ㉡=25

18 (선분 ㄷㄹ)=(선분 ㄴㄹ)=9 cm
(변 ㄴㄷ)=(선분 ㄴㄹ)+(선분 ㄷㄹ)
          =9+9=18 (cm)
(각 ㄱㄴㄷ)=90°
➡ (삼각형 ㄱㄴㄷ의 넓이)=18×6÷2=54 (cm²)

19

채점 기준		
❶ 변 ㅁㅂ의 길이를 구함.	1점	
❷ 변 ㅅㅇ의 길이를 구함.	1점	5점
❸ 사각형 ㅁㅂㅅㅇ의 둘레를 구함.	3점	

20

채점 기준		
❶ 각 ㄴㄷㄹ의 크기를 구함.	1점	
❷ 각 ㄱㄴㄷ과 각 ㄷㄹㄱ의 크기의 합을 구함.	2점	5점
❸ 각 ㄱㄴㄷ의 크기를 구함.	2점	

④ 소수의 곱셈

확인 문제

1 (1) 0.7, 0.7, 2.8
  (2) 7, 7, 28, 2.8
2 2.4
3 (1) 3.2 (2) 1.62
4 1.44
5 (1) 0.6, 3.6
  (2) 3.6 m

한번 더! 확인

6 (1) 0.64, 1.28
  (2) 64, 64, 128, 1.28
7 1.71
8 (1) 4 (2) 2.6
9 4.74
10 식 $0.62 \times 8 = 4.96$
  답 4.96 kg

2 곱해지는 수가 $\frac{1}{10}$배가 되면 계산 결과가 $\frac{1}{10}$배가 됩니다.

3 (1) $0.4 \times 8 = \frac{4}{10} \times 8 = \frac{4 \times 8}{10} = \frac{32}{10} = 3.2$

  (2) $0.27 \times 6 = \frac{27}{100} \times 6 = \frac{27 \times 6}{100} = \frac{162}{100} = 1.62$

4 $0.36 \times 4 = \frac{36}{100} \times 4 = \frac{36 \times 4}{100} = \frac{144}{100} = 1.44$

5 (재민이가 6걸음을 걸은 거리)
  =(재민이의 한 걸음의 거리)×6
  =$0.6 \times 6 = 3.6$ (m)

6 (1) $0.64 \times 2 = 0.64 + 0.64 = 1.28$
  0.64를 2번 더함.

  (2) 0.64를 $\frac{64}{100}$로 바꾸어 분수의 곱셈으로 계산합니다.

7 곱해지는 수가 $\frac{1}{100}$배가 되면 계산 결과가 $\frac{1}{100}$배가 됩니다.

8 (1) $0.8 \times 5 = \frac{8}{10} \times 5 = \frac{8 \times 5}{10} = \frac{40}{10} = 4$

  (2) $0.65 \times 4 = \frac{65}{100} \times 4 = \frac{65 \times 4}{100} = \frac{260}{100} = 2.6$

9 $0.79 \times 6 = \frac{79}{100} \times 6 = \frac{79 \times 6}{100} = \frac{474}{100} = 4.74$

10 (농구공 8개의 무게)=(농구공 한 개의 무게)×8
  =$0.62 \times 8 = 4.96$ (kg)

확인 문제

1 (1) 1.9, 1.9, 7.6
  (2) 76, 7.6
2 $4.7 \times 5 = \frac{47}{10} \times 5$
  $= \frac{47 \times 5}{10} = \frac{235}{10}$
  $= 23.5$
3 (1) 13.5 (2) 3.28
4 11.2
5 (1) 1.4, 9.8
  (2) 9.8 m

한번 더! 확인

6 (1) 3.12, 3.12, 9.36
  (2) $\frac{1}{100}$, 9.36
7 $5.24 \times 4 = \frac{524}{100} \times 4$
  $= \frac{524 \times 4}{100} = \frac{2096}{100}$
  $= 20.96$
8 (1) 47.6 (2) 13.86
9 25.2
10 식 $1.25 \times 6 = 7.5$
  답 7.5 L

2 4.7을 $\frac{47}{10}$로 바꾸어 분수의 곱셈으로 계산합니다.

3 (1) $2.7 \times 5 = \frac{27}{10} \times 5 = \frac{27 \times 5}{10} = \frac{135}{10} = 13.5$

  (2) $1.64 \times 2 = \frac{164}{100} \times 2 = \frac{164 \times 2}{100} = \frac{328}{100} = 3.28$

4 $2.8 \times 4 = \frac{28}{10} \times 4 = \frac{28 \times 4}{10} = \frac{112}{10} = 11.2$

5 (선물 상자 7개를 포장하는 데 필요한 리본의 길이)
  =(선물 상자 한 개를 포장하는 데 필요한 리본의 길이)×7
  =$1.4 \times 7 = 9.8$ (m)

6 (1) $3.12 \times 3 = 3.12 + 3.12 + 3.12 = 9.36$
  3.12를 3번 더함.

  (2) 곱해지는 수가 $\frac{1}{100}$배가 되면 계산 결과가 $\frac{1}{100}$배가 됩니다.

7 5.24를 $\frac{524}{100}$로 바꾸어 분수의 곱셈으로 계산합니다.

8 (1) $6.8 \times 7 = \frac{68}{10} \times 7 = \frac{68 \times 7}{10} = \frac{476}{10} = 47.6$

  (2) $4.62 \times 3 = \frac{462}{100} \times 3 = \frac{462 \times 3}{100} = \frac{1386}{100} = 13.86$

9 $3.15 \times 8 = \frac{315}{100} \times 8 = \frac{315 \times 8}{100} = \frac{2520}{100} = 25.2$

10 (주스 6병에 들어 있는 주스의 양)
  =(주스 한 병에 들어 있는 주스의 양)×6
  =$1.25 \times 6 = 7.5$ (L)

88~89쪽 **2단계 익힘책 바로 풀기**

1 $0.8 \times 4 = 0.8 + 0.8 + 0.8 + 0.8 = 3.2$

2 $2.9 \times 3 = \dfrac{29}{10} \times 3 = \dfrac{29 \times 3}{10} = \dfrac{87}{10} = 8.7$

3 (1) 2.4 　(2) 22.4

4 (1) 5.4 　(2) 1.44

5 30.48 　　　　**6** 11

7 ·＼·
　　　·╳·
　　　·＿·

8 ㉠

9 서아 　　　　**10** 16.8 cm

11 5.44, 16.32 　**12** ＞

13 21.6 g

14 ❶ 8, 1.6 　❷ 1.6, 0.9 　답 0.9 L

4 (1) $0.9 \times 6 = \dfrac{9}{10} \times 6 = \dfrac{9 \times 6}{10} = \dfrac{54}{10} = 5.4$

　(2) $0.48 \times 3 = \dfrac{48}{100} \times 3 = \dfrac{48 \times 3}{100} = \dfrac{144}{100} = 1.44$

5 7.62의 4배

　➡ $7.62 \times 4 = \dfrac{762}{100} \times 4 = \dfrac{762 \times 4}{100} = \dfrac{3048}{100} = 30.48$

6 가장 큰 수는 5.5이고, 가장 작은 수는 2입니다.

　➡ $5.5 \times 2 = \dfrac{55}{10} \times 2 = \dfrac{55 \times 2}{10} = \dfrac{110}{10} = 11$

7 · $3.5 \times 6 = \dfrac{35}{10} \times 6 = \dfrac{35 \times 6}{10} = \dfrac{210}{10} = 21$

　· $2.8 \times 5 = \dfrac{28}{10} \times 5 = \dfrac{28 \times 5}{10} = \dfrac{140}{10} = 14$

8 ㉠ $0.7 + 0.7 = 0.7 \times 2 = 1.4$
　㉡ $0.7 \times 3 = 2.1$

9 서아: $0.6 \times 5 = 3$

10 (정사각형의 둘레)＝(한 변의 길이)×4
　　　　　　　　＝$4.2 \times 4 = 16.8$ (cm)

11 $2.72 \times 2 = 5.44$, $5.44 \times 3 = 16.32$

12 · $5.7 \times 8 = \dfrac{57}{10} \times 8 = \dfrac{57 \times 8}{10} = \dfrac{456}{10} = 45.6$

　· $4.98 \times 9 = \dfrac{498}{100} \times 9 = \dfrac{498 \times 9}{100} = \dfrac{4482}{100} = 44.82$

　➡ $45.6 \bigcirc> 44.82$

13 (탁구공 8개의 무게)＝(탁구공 한 개의 무게)×8
　　　　　　　　　　＝$2.7 \times 8 = 21.6$ (g)

90~91쪽 **1단계 교과서 바로 알기**

확인 문제

1 0.6

2 4, 4, 32, 3.2

3 2.4

4 (1) 14.4 　(2) 22.4

5 12.48

6 (1) 0.9, 3.6
　(2) 3.6 kg

한번 더! 확인

7 2.5

8 93, 93, 651, 6.51

9 186, 1.86

10 (1) 4.94 　(2) 7.28

11 11.05

12 식 $6 \times 0.85 = 5.1$
　답 5.1 m

4 (2)
$$\begin{array}{r} 3\,2 \\ \times\quad 7 \\ \hline 2\,2\,4 \end{array} \quad\Rightarrow\quad \begin{array}{r} 3\,2 \\ \times\ 0.7 \\ \hline 2\,2.4 \end{array}$$

5 $78 \times 0.16 = 78 \times \dfrac{16}{100} = \dfrac{78 \times 16}{100} = \dfrac{1248}{100} = 12.48$

6 (민재가 딴 귤의 무게)＝(지아가 딴 귤의 무게)×0.9
　　　　　　　　　　＝$4 \times 0.9 = 3.6$ (kg)

10 (2)
$$\begin{array}{r} 1\,4 \\ \times\ 0.5\,2 \\ \hline 2\,8 \\ 7\,0\ \\ \hline 7.2\,8 \end{array}$$

11 $65 \times 0.17 = 65 \times \dfrac{17}{100} = \dfrac{65 \times 17}{100} = \dfrac{1105}{100} = 11.05$

12 (초록색 리본의 길이)＝(빨간색 리본의 길이)×0.85
　　　　　　　　　　＝$6 \times 0.85 = 5.1$ (m)

92~93쪽 **1단계 교과서 바로 알기**

확인 문제

1 1.8, 4.8

2 17.5

3 $3 \times 2.5 = 3 \times \dfrac{25}{10}$
　$= \dfrac{3 \times 25}{10} = \dfrac{75}{10}$
　$= 7.5$

4 (1) 57.6 　(2) 38.5

5 141

6 (1) 3.15, 15.75
　(2) 15.75 kg

한번 더! 확인

7 0.8, 4.8

8 9.84

9 $7 \times 1.45 = 7 \times \dfrac{145}{100}$
　$= \dfrac{7 \times 145}{100} = \dfrac{1015}{100}$
　$= 10.15$

10 8.48

11 57.6

12 식 $12 \times 1.7 = 20.4$
　답 20.4 m

3 2.5를 $\dfrac{25}{10}$로 바꾸어 분수의 곱셈으로 계산합니다.

4 (1) $9 \times 6.4 = 9 \times \dfrac{64}{10} = \dfrac{9 \times 64}{10} = \dfrac{576}{10} = 57.6$

(2)
$$
\begin{array}{r}
1\ 1 \\
\times\ 3.5 \\
\hline
5\ 5 \\
3\ 3 \\
\hline
3\ 8.5
\end{array}
$$

5 $20 \times 7.05 = 20 \times \dfrac{705}{100} = \dfrac{20 \times 705}{100} = \dfrac{14100}{100} = 141$

6 (책상의 무게)=(의자의 무게)$\times 3.15$
$$= 5 \times 3.15 = 15.75\,(\text{kg})$$

8 곱하는 수가 $\dfrac{1}{100}$배가 되면 계산 결과가 $\dfrac{1}{100}$배가 됩니다.

9 1.45를 $\dfrac{145}{100}$로 바꾸어 분수의 곱셈으로 계산합니다.

10 $8 \times 1.06 = 8 \times \dfrac{106}{100} = \dfrac{8 \times 106}{100} = \dfrac{848}{100} = 8.48$

다른 풀이
$$
\begin{array}{r}
8 \\
\times\ 1.0\ 6 \\
\hline
8.4\ 8
\end{array}
$$

11 $45 \times 1.28 = 45 \times \dfrac{128}{100} = \dfrac{45 \times 128}{100} = \dfrac{5760}{100} = 57.6$

12 (끈의 길이)=(철사의 길이)$\times 1.7$
$$= 12 \times 1.7 = 20.4\,(\text{m})$$

94~95쪽 단계 **익힘책 바로 풀기**

1 68, 6.8 **2** (1) 5.6 (2) 18

3 17.43 **4** 352

5 ∙⟨⟩∙

6 >

7 $35 \times 0.48 = 35 \times \dfrac{48}{100} = \dfrac{35 \times 48}{100} = \dfrac{1680}{100} = 16.8$

8 ㉢

9 식 $3 \times 0.72 = 2.16$ 답 2.16 m

10 12.72 cm² **11** 7

12 16.38 kg **13** 16.5분

14 ❶ 20, 48 ❷ 48, 33.6 답 33.6

---

1 곱하는 수가 $\dfrac{1}{10}$배가 되면 계산 결과가 $\dfrac{1}{10}$배가 됩니다.

2 (1) $8 \times 0.7 = 8 \times \dfrac{7}{10} = \dfrac{8 \times 7}{10} = \dfrac{56}{10} = 5.6$

(2) $12 \times 1.5 = 12 \times \dfrac{15}{10} = \dfrac{12 \times 15}{10} = \dfrac{180}{10} = 18$

3 $21 \times 0.83 = 21 \times \dfrac{83}{100} = \dfrac{21 \times 83}{100} = \dfrac{1743}{100} = 17.43$

4 $55 \times 6.4 = 55 \times \dfrac{64}{10} = \dfrac{55 \times 64}{10} = \dfrac{3520}{10} = 352$

5 곱하는 수가 $\dfrac{1}{10}$배, $\dfrac{1}{100}$배가 되면 계산 결과가 각각 $\dfrac{1}{10}$배, $\dfrac{1}{100}$배가 됩니다.

6 0.8은 1보다 작은 수이므로 $12 \gtrdot 12 \times 0.8$입니다.

참고
자연수에 1보다 작은 수를 곱한 결과는 주어진 자연수보다 작습니다.

7 $\dfrac{1680}{100}$을 소수로 나타내면 16.80이므로 소수점 아래 끝자리 0은 생략하여 16.8로 나타냅니다.

8 ㉠ 6의 0.49는 6의 0.5배인 3보다 작습니다.
㉡ 3×0.91은 3보다 작습니다.
㉢ 6의 0.7배는 6의 반인 3보다 큽니다.
따라서 계산 결과가 3보다 큰 것은 ㉢입니다.

9 (단풍나무의 높이)=(은행나무의 높이)$\times 0.72$
$$= 3 \times 0.72 = 2.16\,(\text{m})$$

10 (직사각형의 넓이)=(가로)$\times$(세로)
$$= 6 \times 2.12 = 12.72\,(\text{cm}^2)$$

11 $23 \times 0.27 = 6.21$
➡ $6.21 < \square$에서 $\square$ 안에 들어갈 수 있는 가장 작은 자연수는 7입니다.

12 (화성에서 잰 민재의 몸무게)
$=$(지구에서 잰 민재의 몸무게)$\times 0.39$
$$= 42 \times 0.39 = 16.38\,(\text{kg})$$

13 5바퀴 반=5.5바퀴
(체육공원을 5바퀴 반 뛰는 데 걸리는 시간)
$$= 3 \times 5.5 = 16.5(\text{분})$$

96~97쪽 **1단계 교과서 바로 알기**

확인 문제

1 9, 8, 72, 0.72

2 182, 0.182

3 0.24

4 (1) 0.12　(2) 0.574

5 0.11

6 (1) 0.3, 0.24

　(2) 0.24 L

한번 더! 확인

7 5, 91, 455, 0.455

8 252, 0.252

9 0.078

10 0.46

11 0.216

12 식 $0.48 \times 0.6 = 0.288$

　답 0.288 kg

3　　$4 \times 6 = 24$

　　$\Big(\frac{1}{10}$배$\Big)\Big(\frac{1}{10}$배$\Big)\frac{1}{100}$배

　　$0.4 \times 0.6 = 0.24$

4　(1) $0.3 \times 0.4 = \dfrac{3}{10} \times \dfrac{4}{10} = \dfrac{12}{100} = 0.12$

　　(2) $0.82 \times 0.7 = \dfrac{82}{100} \times \dfrac{7}{10} = \dfrac{574}{1000} = 0.574$

5　$0.25 \times 0.44 = \dfrac{25}{100} \times \dfrac{44}{100} = \dfrac{1100}{10000} = 0.11$

6　(컵에 담겨 있는 물의 양)=(전체 들이)$\times 0.3$

　　　　　　　$= 0.8 \times 0.3 = 0.24$ (L)

9　　$6 \times 13 = 78$

　　$\Big(\frac{1}{10}$배$\Big)\Big(\frac{1}{100}$배$\Big)\frac{1}{1000}$배

　　$0.6 \times 0.13 = 0.078$

10　$0.5 \times 0.92 = \dfrac{5}{10} \times \dfrac{92}{100} = \dfrac{460}{1000} = 0.46$

11　$0.24 \times 0.9 = \dfrac{24}{100} \times \dfrac{9}{10} = \dfrac{216}{1000} = 0.216$

98~99쪽 **1단계 교과서 바로 알기**

확인 문제

1 69, 36, 2484, 24.84

2 1296, 12.96

3 6.394

4 (1) 4.76　(2) 7.455

5 서준

6 (1) 1.2, 3

　(2) 3 cm²

한번 더! 확인

7 17, 585, 9945, 9.945

8 8778, 8.778

9 44.544

10 15.12

11 ㉡

12 식 $9.6 \times 9.6 = 92.16$

　답 92.16 cm²

3　　　4.6 ← (소수 한 자리 수)

　　$\times\ 1.3\ 9$ ← (소수 두 자리 수)

　　$\overline{\ 6.3\ 9\ 4\ }$ ← (소수 세 자리 수)

4　(1) $1.7 \times 2.8 = \dfrac{17}{10} \times \dfrac{28}{10} = \dfrac{476}{100} = 4.76$

　　(2) $2.13 \times 3.5 = \dfrac{213}{100} \times \dfrac{35}{10} = \dfrac{7455}{1000} = 7.455$

5　지안: $7.5 \times 1.9 = \dfrac{75}{10} \times \dfrac{19}{10} = \dfrac{1425}{100} = 14.25$

6　(직사각형의 넓이)=(가로)$\times$(세로)

　　　　　　　$= 2.5 \times 1.2 = 3$ (cm²)

9　　　$5.1\ 2$ ← (소수 두 자리 수)

　　$\times\ \ \ \ 8.7$ ← (소수 한 자리 수)

　　$\overline{\ 4\ 4.5\ 4\ 4\ }$ ← (소수 세 자리 수)

11　㉡ $14.3 \times 2.6 = \dfrac{143}{10} \times \dfrac{26}{10} = \dfrac{3718}{100} = 37.18$

12　(정사각형의 넓이)=(한 변의 길이)$\times$(한 변의 길이)

　　　　　　　$= 9.6 \times 9.6 = 92.16$ (cm²)

100~101쪽 **1단계 교과서 바로 알기**

확인 문제

1 126.3, 1263 /

　오른에 ○표

2 4□2·1□5

3 (1) 1242　(2) 12420

4 2.6

5 (1) 0.1, 4.5

　(2) 4.5 kg

한번 더! 확인

6 4.19, 0.419 /

　왼에 ○표

7 ( )(○)

8 (1) 7.22　(2) 0.722

9 2.37

10 식 $0.34 \times 10 = 3.4$

　답 3.4 km

4　1.83은 183의 $\dfrac{1}{100}$배이고, 4.758은 4758의 $\dfrac{1}{1000}$배

　이므로 □ 안에 알맞은 수는 26의 $\dfrac{1}{10}$배인 2.6입니다.

5　(2) (강아지의 무게)=(지율이의 몸무게)$\times 0.1$

　　　　　　　$= 45 \times 0.1 = 4.5$ (kg)

9　140은 14의 10배이고, 331.8은 3318의 $\dfrac{1}{10}$배이므로

　□ 안에 알맞은 수는 237의 $\dfrac{1}{100}$배인 2.37입니다.

10　(학교에서 도서관까지의 거리)

　　=(학교에서 미진이네 집까지의 거리)$\times 10$

　　$= 0.34 \times 10 = 3.4$ (km)

정답과 해설

1 $1.5 \times 2.3 = \dfrac{15}{10} \times \dfrac{23}{10} = \dfrac{345}{100} = 3.45$

2 (1) 0.36 (2) 0.171

3 ( ) (○)

4 · ·

5 23.5, 235, 2350

6 7.98 **7** ㉠

8 < **9** 유찬

10 13.59

11 🟦 $2.5 \times 1.4 = 3.5$ 🟨 3.5 kg

12 🟦 $0.8 \times 0.23 = 0.184$ 🟨 0.184 L

13 ㉡ **14** 866 g

15 ❶ 5.5, 3.3 ❷ 3.3, 18.15 🟨 18.15 cm²

---

2 (1) $0.4 \times 0.9 = \dfrac{4}{10} \times \dfrac{9}{10} = \dfrac{36}{100} = 0.36$

  (2) $0.57 \times 0.3 = \dfrac{57}{100} \times \dfrac{3}{10} = \dfrac{171}{1000} = 0.171$

3 • 0.32×0.14의 소수점 아래 자리 수의 합은 4이므로 계산 결과는 소수 네 자리 수입니다.

  • 0.3×0.84의 소수점 아래 자리 수의 합은 3이므로 계산 결과는 소수 세 자리 수입니다.

4 곱하는 수가 $\dfrac{1}{10}$배씩 될 때마다 곱의 소수점이 왼쪽으로 한 자리씩 옮겨집니다.

5 $2.35 \times 10 = 23.5$

  $2.35 \times 100 = 235$

  $2.35 \times 1000 = 2350$

6 $5.7 \times 1.4 = 7.98$

7 0.95×0.52를 0.9의 0.5로 어림하면 0.9의 반은 0.45 이므로 답은 0.45에 가까운 0.494입니다.

8 $4.8 \times 1.1 = 5.28$ ➜ $5.28 \;\text{<}\; 6$

  참고
  소수를 어림하여 비교하기
  4.8의 1.1배는 5의 1.1배인 5.5보다 작으므로 6보다 작습니다.

9 • 소윤: 84의 0.1배는 8.4입니다.

  • 현서: 0.84×10은 8.4입니다.

  • 유찬: 840의 0.001배는 0.84입니다.
  따라서 계산 결과가 다른 것을 말한 사람은 유찬입니다.

---

10 가장 큰 수는 45.3이고, 가장 작은 수는 0.3입니다.
  ➜ $45.3 \times 0.3 = 13.59$

11 (지아가 캔 고구마의 양)
  =(민재가 캔 고구마의 양)×1.4
  $= 2.5 \times 1.4 = 3.5 \,(\text{kg})$

12 (칼슘 성분의 양)=(어린이 음료의 양)×0.23
  $= 0.8 \times 0.23 = 0.184 \,(\text{L})$

13 ㉠, ㉢: 왼쪽으로 한 자리 ➜ □=0.1
  ㉡: 오른쪽으로 한 자리 ➜ □=10

  참고
  곱해지는 수와 비교하여 곱의 소수점이 어느 쪽으로 몇 자리 옮겨졌는지 알아봅니다.

14 (연필 100자루의 무게)=$6.05 \times 100 = 605$ (g)
  (색연필 10자루의 무게)=$26.1 \times 10 = 261$ (g)
  ➜ $605 + 261 = 866$ (g)

1-1 ❶ 0.7, 2.59 ❷ 2.59, >, 윤서 🟨 윤서

1-2 🟨 서준

2-1 ❶ 6 ❷ 4.5, 6, 27 🟨 27시간

2-2 🟨 5시간

3-1 ❶ 1.2, 2.4 ❷ 2.4, 8, 19.2 🟨 19.2 m²

3-2 🟨 128.1 cm²

4-1 ❶ 0.7, 56 ❷ 56, 39.2 🟨 39.2 cm

4-2 🟨 22.275 cm

1-2 ❶ (재민이가 사용한 리본의 길이)
  $= 4.2 \times 0.6 = 2.52 \,(\text{m})$
  ❷ 2.52<3이므로 리본을 더 많이 사용한 사람은 서준 입니다.

2-2 ❶ 수지가 4주일 동안 태권도를 연습한 날: 4일
  ❷ (수지가 4주일 동안 태권도를 연습한 시간)
  $= 1.25 \times 4 = 5$(시간)

3-2 ❶ (타일 한 장의 넓이)=$6.1 \times 4.2 = 25.62$ (cm²)
  ❷ (타일을 붙인 부분의 넓이)=25.62×5
  $= 128.1$ (cm²)

4-2 ❶ (공이 땅에 한 번 닿았다가 튀어 올랐을 때의 높이)
  $= 110 \times 0.45 = 49.5$ (cm)
  ❷ (공이 땅에 두 번 닿았다가 튀어 올랐을 때의 높이)
  $= 49.5 \times 0.45 = 22.275$ (cm)

1	3.5	**2**	0.56

3 (1) 8.4 (2) 15.48   **4** 39.9

5 방법1 예 $0.27 \times 3 = 0.27 + 0.27 + 0.27 = 0.81$

　　방법2 예 $0.27 \times 3 = \dfrac{27}{100} \times 3 = \dfrac{27 \times 3}{100} = \dfrac{81}{100} = 0.81$

6 (1) 15.48 (2) 1.548   **7** <

8 • ⋮

9 서아

10 ㉡   **11** 22.68

12 0.32 kg   **13** 7 L

14 1000, 0.147

15 9.4 kg, 94 kg, 940 kg

16 14.86   **17** 5, 6

18 7.5 km

19 예 ❶ (별 모양 3개를 만드는 데 필요한 철사의 길이)
　　　 $= 15.6 \times 3 = 46.8$ (cm)

　　　❷ (남는 철사의 길이) $= 60 - 46.8 = 13.2$ (cm)

　　답 13.2 cm

20 예 ❶ (붙임딱지 한 장의 넓이)
　　　 $= 3.2 \times 2.4 = 7.68$ (cm²)

　　　❷ (붙임딱지를 붙인 부분의 넓이)
　　　　 $= 7.68 \times 10 = 76.8$ (cm²)

　　답 76.8 cm²

26

1 한 칸의 크기는 5의 $\dfrac{1}{10}$로 0.5입니다.

➔ 5의 0.7배는 7칸이므로 0.5의 7배인 3.5입니다.

2
$$
\begin{array}{r}
0.7 \leftarrow \text{(소수 한 자리 수)} \\
\times\, 0.8 \leftarrow \text{(소수 한 자리 수)} \\
\hline
0.5\,6 \leftarrow \text{(소수 두 자리 수)}
\end{array}
$$

3 (1) $1.2 \times 7 = \dfrac{12}{10} \times 7 = \dfrac{12 \times 7}{10} = \dfrac{84}{10} = 8.4$

　　(2) $5.16 \times 3 = \dfrac{516}{100} \times 3 = \dfrac{516 \times 3}{100} = \dfrac{1548}{100} = 15.48$

4 $21 \times 1.9 = 39.9$

5 방법1 은 0.27을 3번 더하여 계산합니다.

　　방법2 는 0.27을 $\dfrac{27}{100}$로 바꾸어 분수의 곱셈으로 계산합니다.

6 (1) 3.6×4.3의 소수점 아래 자리 수의 합은 2이므로 1548에서 소수점을 왼쪽으로 두 자리 옮겨 15.48이 됩니다.

7 (2) 0.36×4.3의 소수점 아래 자리 수의 합은 3이므로 1548에서 소수점을 왼쪽으로 세 자리 옮겨 1.548이 됩니다.

7 $3 \times 4.2 = 12.6$ ➔ $12.6 \,<\, 13.4$

8 • $0.5 \times 0.38 = 0.19$
　 • $7.1 \times 2.5 = 17.75$

9 서아: $3.4 \times 3.4 = 11.56$

10 ㉡ $0.95 \times 5.1 = 4.845$

11 가장 큰 수는 7.2이고, 가장 작은 수는 3.15입니다.
　 ➔ $7.2 \times 3.15 = 22.68$

12 (식빵을 만드는 데 사용한 밀가루의 양)
　 = (전체 밀가루의 양) × 0.4
　 $= 0.8 \times 0.4 = 0.32$ (kg)

13 2주일은 14일입니다.
　 (2주일 동안 마신 우유의 양)
　 = (하루에 마신 우유의 양) × 14
　 $= 0.5 \times 14 = 7$ (L)

14 ㉠ 2.8과 비교하면 2800은 소수점이 오른쪽으로 세 자리 옮겨졌으므로 1000을 곱한 것입니다.
　 ㉡ 100을 곱하면 곱의 소수점이 오른쪽으로 두 자리 옮겨지므로 곱해지는 수는 0.147입니다.

15 (전체 상자의 무게)
　 = (상자 한 개의 무게) × (상자의 수)
　 ➔ (상자 10개의 무게) $= 0.94 \times 10 = 9.4$ (kg)
　　 (상자 100개의 무게) $= 0.94 \times 100 = 94$ (kg)
　　 (상자 1000개의 무게) $= 0.94 \times 1000 = 940$ (kg)

16 서준이가 만든 소수: 7.43 ➔ $7.43 \times 2 = 14.86$

17 $5 \times 0.94 = 4.7$, $8 \times 0.8 = 6.4$
　 ➔ $4.7 < \square < 6.4$이므로 □ 안에 들어갈 수 있는 자연수는 5, 6입니다.

18 (하루에 걷는 거리) $= 1.2 + 1.3 = 2.5$ (km)
　 (일주일 동안 걷는 거리) $= 2.5 \times 3 = 7.5$ (km)

19

채점 기준		
❶ 별 모양 3개를 만드는 데 필요한 철사의 길이를 구함.	3점	5점
❷ 남는 철사의 길이를 구함.	2점	

20

채점 기준		
❶ 붙임딱지 한 장의 넓이를 구함.	3점	5점
❷ 붙임딱지를 붙인 부분의 넓이를 구함.	2점	

⑤ 직육면체

1단계 교과서 바로 알기

확인 문제

1 직육면체
2 ( )( )(○)
3 면 / 모서리 / 꼭짓점
4 (1) 6 (2) 12 (3) 8
5 6, 4, 2

한번 더! 확인

6 6개
7 나
8 (왼쪽에서부터) 꼭짓점, 면, 모서리
9 6, 12, 8
10 6, 예 직사각형 3개와 삼각형 2개로 둘러싸여 있기 때문입니다.

1 직육면체: 직사각형 6개로 둘러싸인 도형

2 직사각형 6개로 둘러싸인 도형을 찾습니다.

3 직육면체에서 선분으로 둘러싸인 부분을 면, 면과 면이 만나는 선분을 모서리, 모서리와 모서리가 만나는 점을 꼭짓점이라고 합니다.

4 직육면체의 면은 6개, 모서리는 12개, 꼭짓점은 8개입니다.

5 직육면체는 직사각형 6개로 둘러싸인 도형입니다.

7 나는 직사각형 6개로 둘러싸인 도형이므로 직육면체입니다.

1단계 교과서 바로 알기

확인 문제

1 정육면체
2 ( )(○)( )
3 ×
4 12, 8
5 (1) 5 cm (2) 25 cm²

한번 더! 확인

6 6개
7 나
8 가, 나
9 ㉠
10 9, 9, 9, 81
답 81 cm²

3 왼쪽 도형인 직육면체의 면은 모두 직사각형입니다.

4 정육면체의 면은 6개, 모서리는 12개, 꼭짓점은 8개입니다.

5 (2) (색칠한 면의 넓이)=5×5=25 (cm²)

7 정육면체의 면은 모두 정사각형이어야 하는데 나는 직사각형입니다.

9 ㉠ 정육면체의 모서리는 12개입니다.

2단계 익힘책 바로 풀기

1 (○)( )(○)
2 ㉡
3 정사각형
4 6 / 12 / 8
5 3개
6 4개
7 가, 라
8 9, 9, 9
9 6가지
10 (○)
( )
( )
11 14개
12 ㉠, ㉢
13 60 cm
14 26 cm
15 ❶ 12 ❷ 12, 20 답 20 cm

5 정육면체 모양의 물건은 쌓기나무, 주사위, 탁상용 시계로 모두 3개입니다.

6 직육면체 모양의 물건은 과자 상자, 쌓기나무, 주사위, 탁상용 시계로 모두 4개입니다.

참고

정육면체는 직육면체라고 할 수 있습니다.

7 직육면체의 면은 모두 직사각형이므로 가, 라입니다.

9 직육면체의 면은 6개이므로 모두 6가지 색의 색종이가 필요합니다.

10 • 직육면체는 6개의 면으로 둘러싸여 있습니다.
• 직육면체는 길이가 같은 모서리가 4개씩 있습니다.

11 면: 6개, 꼭짓점: 8개 ➡ 6+8=14(개)

12 ㉠ 직육면체와 정육면체의 꼭짓점은 각각 8개로 같습니다.
㉢ 정육면체는 정사각형 6개로 둘러싸인 도형이므로 모든 모서리의 길이가 같습니다.

13 정육면체의 모서리의 길이는 모두 같으므로 5 cm입니다.
➡ 정육면체의 모서리는 12개이므로 모든 모서리의 길이의 합은 5×12=60 (cm)입니다.

14 면 가는 가로가 5 cm, 세로가 8 cm인 직사각형이므로 둘레는 (5+8)×2=26 (cm)입니다.

116~117쪽 단계 교과서 **바로 알기**

확인 문제

1 겨냥도

2 (○) ( )

3
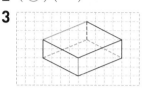

4 3개 / 9개 / 7개

5 (1)

(2) 실선

한번 더! 확인

6 실선에 ○표 / 점선에 ○표

7 (×) ( )

8
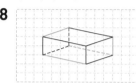

9 3, 3, 1

10 예 점선으로 그려야 하기 때문입니다.

2 직육면체의 겨냥도를 그릴 때 보이는 모서리는 실선으로, 보이지 않는 모서리는 점선으로 그려야 합니다.

4 직육면체의 겨냥도에서 보이는 면은 3개, 보이는 모서리는 9개, 보이는 꼭짓점은 7개입니다.

9 직육면체의 겨냥도에서 보이지 않는 면은 3개, 보이지 않는 모서리는 3개, 보이지 않는 꼭짓점은 1개입니다.

118~119쪽 단계 교과서 **바로 알기**

확인 문제

1 평행하다에 ○표

2 ( ) (×)

3 면 ㅁㅂㅅㅇ

4 ㉠

5 (1) 면 ㅁㅂㅅㅇ / 면 ㄱㅁㅇㄹ / 면 ㄹㄷㅅㅇ

(2) 3쌍

한번 더! 확인

6 수직

7 (1)
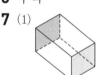

(2)

8 면 ㄴㅂㅁㄱ

9 ㄱㄴㄷㄹ, ㄷㅅㅇㄹ, ㅁㅂㅅㅇ, ㄱㄴㅂㅁ

10 3, 3 답 3쌍

---

2 오른쪽 직육면체에서 색칠한 두 면은 수직입니다.

4 면 ㅁㅂㅅㅇ과 만나는 면은 ㉠ 면 ㄴㅂㅅㄷ입니다.

6 색칠한 두 면은 서로 만나는 면이므로 수직입니다.

7 색칠한 면과 마주 보는 면을 찾아 색칠합니다.

9 면 ㄴㅂㅅㄷ과 만나는 면을 모두 찾아봅니다.

120~121쪽 단계 익힘책 **바로 풀기**

1 ○

2 △

3 (1) 면 ㄱㄴㄷㄹ, 면 ㄴㅂㅅㄷ, 면 ㄷㅅㅇㄹ

(2) 수직에 ○표

4 나

5 면 ㄹㅇㅅㄷ

6 4개

7 4개

8 (왼쪽에서부터) 9, 5

9
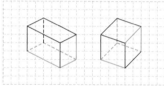

10 ㉡

11 10개

12 ㉢

13 18 cm

14 ❶ ㄱㄴㄷㄹ ❷ 2, 5, 2 / 2, 5, 2, 14
답 14 cm

---

3 (1) 한 꼭짓점에서 만나는 면은 3개입니다.

4 직육면체의 겨냥도를 그릴 때 보이는 모서리는 실선으로, 보이지 않는 모서리는 점선으로 그려야 합니다.

5 직육면체에서 서로 평행한 면이 밑면이므로 면 ㄱㅁㅂㄴ이 밑면일 때 다른 밑면은 면 ㄹㅇㅅㄷ입니다.

6 면 ㄱㅁㅇㄹ과 수직인 면은 면 ㄱㄴㄷㄹ, 면 ㄱㅁㅂㄴ, 면 ㅁㅂㅅㅇ, 면 ㄹㅇㅅㄷ으로 모두 4개입니다.

> **참고**
> 직육면체에서 서로 만나는 면은 수직이고 한 면과 수직으로 만나는 면은 모두 4개입니다.

7 직육면체의 겨냥도를 그릴 때 보이는 모서리는 실선으로, 보이지 않는 모서리는 점선으로 그려야 하므로 잘못 그린 모서리는 모두 4개입니다.

8 직육면체에서 서로 평행한 모서리의 길이는 같습니다.

10 ㉡ 보이지 않는 꼭짓점은 1개입니다.

11 보이는 꼭짓점의 수: 7개, 보이지 않는 면의 수: 3개
➡ ㉠＋㉡＝7＋3＝10(개)

12 ㉠ 서로 평행한 면은 모두 3쌍입니다.
㉡ 한 면과 수직으로 만나는 면은 4개입니다.

13 보이지 않는 모서리의 길이는 5 cm가 2개, 8 cm가 1
개입니다.
➡ 5＋5＋8＝18(cm)

14 ❶ 색칠한 면과 마주 보는 면은 면 ㄱㄴㄷㄹ입니다.

122~123쪽 **1단계** **교과서 바로 알기**

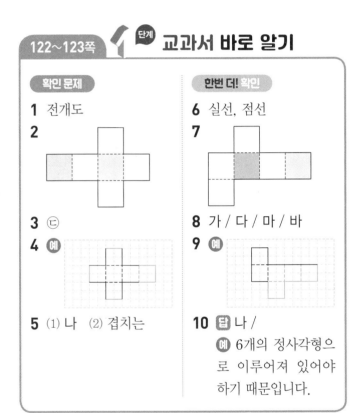

확인 문제	한번 더! 확인
1 전개도	**6** 실선, 점선
2	**7**
3 ㄷ	**8** 가 / 다 / 마 / 바
4 예	**9** 예
5 (1) 나 (2) 겹치는	**10** 답 나 /
	예 6개의 정사각형으로 이루어져 있어야 하기 때문입니다.

3 색칠한 면과 수직인 면은 면 가, 면 나, 면 라, 면 바입
니다. 면 마는 색칠한 면과 평행한 면입니다.

4 정육면체의 전개도를 그릴 때 잘린 모서리는 실선으로,
잘리지 않은 모서리는 점선으로 그립니다.

5 (1) 전개도를 접었을 때 겹치는 면이 없어야 합니다.

7 전개도를 접었을 때 색칠한 면과 평행한 면은 마주 보
는 면입니다.

8 전개도를 접었을 때 색칠한 면과 평행한 면 라를 제외
한 4개의 면은 모두 색칠한 면과 수직인 면입니다.

124~125쪽 **1단계** **교과서 바로 알기**

확인 문제	한번 더! 확인
1 면 바에 ○표	**6** 면 라에 ○표
2 마, 바	**7** 나, 라, 바
3 (왼쪽에서부터) 9, 7, 7	**8** (왼쪽에서부터) 6, 9, 7
4 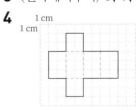	**9** 예 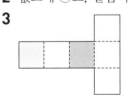
5 3	**10** 예 겹치는 면이 있기 때문입니다.

1 전개도를 접었을 때 면 가와 마주 보는 면은 면 바입니다.

2 전개도를 접었을 때 면 라와 평행한 면 나를 제외한 4
개의 면은 모두 면 라와 수직인 면입니다.

6 전개도를 접었을 때 면 나와 마주 보는 면은 면 라입니다.

7 전개도를 접었을 때 면 마와 평행한 면 다를 제외한 4
개의 면은 모두 면 마와 수직인 면입니다.

126~129쪽 **2단계** **익힘책 바로 풀기**

1 3
2 없고에 ○표, 같습니다에 ○표
3 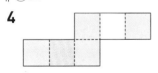 **4**
5 바, 라, 마
6 면 나, 면 다, 면 라, 면 마
7 선분 ㅂㅁ   **8** 민재
9 1 cm
10 다
11 점 ㅊ
12 선분 ㅁㄹ
13 (왼쪽에서부터) 6, 3, 4
14 (왼쪽에서부터) ㄹ, ㅁ, ㄹ
15 ❶ 6 ❷ 7 ❸ 6, 7, 13 답 13 cm

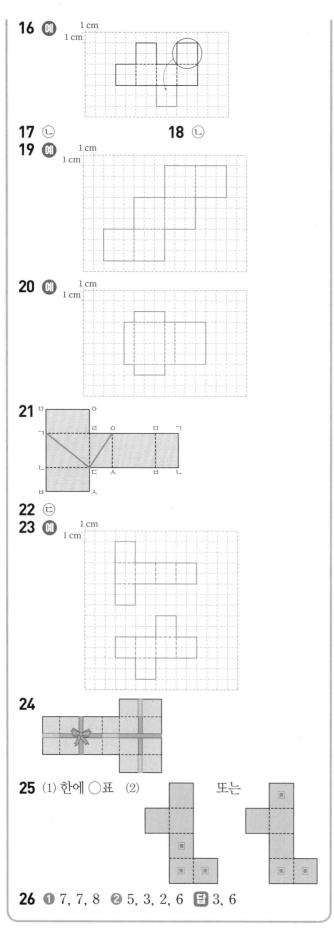

16 예

17 ㉠   **18** ㉡

19 예

20 예

21

22 ㉢

23 예

24

25 (1) 한에 ○표 (2)   또는

26 ❶ 7, 7, 8 ❷ 5, 3, 2, 6 답 3, 6

6 전개도를 접었을 때 면 **가**와 마주 보는 면 **바**를 제외한 4개의 면은 모두 면 **가**와 수직인 면입니다.

7 전개도를 접었을 때 선분 ㅂㅅ은 선분 ㅂㅁ과 만나 한 모서리가 됩니다.

8 민재의 전개도를 점선을 따라 접으면 겹치는 면이 생깁니다.

9 전개도를 접었을 때 잘린 모서리는 실선으로, 잘리지 않은 모서리는 점선으로 그리고 맞닿는 선분의 길이는 같게 그립니다.

10 다는 접었을 때 겹치는 면이 있습니다.

11 전개도를 접었을 때 점 ㅌ과 만나는 점은 점 ㅊ입니다.

12 전개도를 접었을 때 점 ㅅ과 점 ㅁ, 점 ㅇ과 점 ㄹ이 만나므로 선분 ㅅㅇ과 맞닿는 선분은 선분 ㅁㄹ입니다.

13 직육면체의 전개도를 접었을 때 겨냥도의 모양과 일치하도록 선분의 길이를 써넣어야 한다.

16 전개도를 접었을 때 서로 겹치는 면이 있으므로 면 한 개를 겹치지 않게 옮겨 그립니다.

17 ㉠ 면 가와 면 다, ㉢ 면 라와 면 마, ㉣ 면 다와 면 라는 각각 수직으로 만납니다.
  ➡ ㉡ 면 나와 면 바는 서로 평행합니다.

18 전개도를 접었을 때 각 모서리의 길이가 4 cm, 2 cm, 3 cm인 것을 찾습니다.

19 정육면체의 모서리를 잘라 펼친 모양을 생각하며 잘린 모서리는 실선으로, 잘리지 않은 모서리는 점선으로 그립니다.

참고
모두 면의 모양과 크기가 같고 서로 겹치는 면이 없으며 맞닿는 선분의 길이가 같도록 그립니다.

21 전개도에서 점 ㄱ과 점 ㄷ을 찾아 선분 ㄱㄷ을 긋고, 점 ㄷ과 점 ㅇ을 찾아 선분 ㄷㅇ을 긋습니다.

22 전개도를 접었을 때 서로 마주 보는 면이 3쌍이 되는 위치를 찾으면 ㉢입니다.

23 참고
정육면체의 전개도는 여러 가지 모양으로 그릴 수 있습니다.

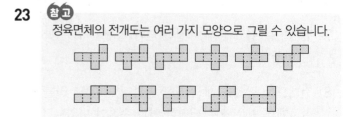

정답과 해설

24 전개도를 접어 선물 상자를 만들었을 때 리본이 있는 선물 상자의 윗부분과 아랫부분의 끈 사이에 끈이 지나가는 자리가 없습니다. 윗부분과 아랫부분을 연결할 수 있도록 옆면 4곳에 끈이 지나가는 자리를 그립니다.

26 ㉠은 5가 적힌 면과 평행하므로 8-5=3이고 ㉡은 2가 적힌 면과 평행하므로 8-2=6입니다.

130~131쪽 **단계** **실력 바로 쌓기**

1-1 ❶ 평행에 ○표 ❷ ㉤ **답** ㉤
1-2 **답** ㉢
2-1 ❶ 3 / 3 / 1 ❷ 3, 3, 1, 7 **답** 7개
2-2 **답** 19개
3-1 ❶ 4 / 4 / 4 ❷ 4, 4, 4, 64 **답** 64 cm
3-2 **답** 68 cm
4-1 ❶ 12 ❷ 12, 5 ❸ 5, 5, 25 **답** 25 cm²
4-2 **답** 36 cm²

1-1 ❶ 정육면체에 색칠한 두 면은 서로 마주 보고 있는 면이므로 서로 평행합니다.

1-2 ❶ 정육면체에 색칠한 두 면은 서로 평행합니다.
❷ 색칠한 두 면 중 나머지 한 면은 ㉢입니다.

2-2 ❶ 보이는 면: 3개, 보이는 모서리: 9개,
보이는 꼭짓점: 7개
❷ 보이는 면, 보이는 모서리, 보이는 꼭짓점 수의 합은 3+9+7=19(개)입니다.

3-1 ❶ 직육면체는 길이가 같은 모서리가 4개씩 있습니다.
❷ 7×4+5×4+4×4=28+20+16=64 (cm)

3-2 ❶ 길이가 6 cm, 8 cm, 3 cm인 모서리가 각각 4개씩 있습니다.
❷ (직육면체의 모든 모서리의 길이의 합)
=6×4+8×4+3×4
=24+32+12=68 (cm)

4-2 ❶ 정육면체의 모서리는 12개이고 모서리의 길이가 모두 같습니다.
❷ (정육면체의 한 모서리의 길이)
=72÷12=6 (cm)
❸ (한 면의 넓이)=6×6=36 (cm²)

132~134쪽 **TEST** **단원 마무리 하기**

1 ( ) (○) ( )   **2** (○)
                              (×)

3 6, 12, 8
4   **5** 면 다

6 면 가, 면 나, 면 라, 면 바
7 3쌍   **8** ④
9 (왼쪽에서부터) 6, 4, 7
10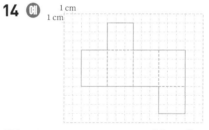

11 예 주어진 도형은 직사각형 6개로 둘러싸여 있지 않습니다.
12 ㉡   **13** 미애
14 예

15 24 cm   **16** 2개
17 54 cm
18 예    또는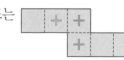

19 예 ❶ 전개도를 접었을 때 색칠한 면과 평행한 면은 면 ㄱㄴㅍㅎ입니다.
❷ 면 ㄱㄴㅍㅎ에서 (선분 ㄱㅎ)=8 cm,
(선분 ㄱㄴ)=3 cm이므로
(면 ㄱㄴㅍㅎ의 넓이)=8×3=24 (cm²)입니다.
답 24 cm²
20 예 ❶ 그림에서 1과 수직인 면의 눈의 수는 4, 5입니다.
❷ 4와 마주 보는 면의 눈의 수 3도 1과 수직이고 5와 마주 보는 면의 눈의 수 2도 1과 수직입니다.
❸ (1과 수직인 면의 눈의 수의 합)
=4+3+5+2=14
답 14

2 직육면체는 직사각형 6개로 둘러싸여 있고 면의 크기가 모두 같지는 않습니다.

6 전개도를 접었을 때 면 마와 평행한 면 다를 제외한 4개의 면은 모두 면 마와 수직인 면입니다.

7 직육면체에서 서로 마주 보고 있는 면은 모두 3쌍이므로 서로 평행한 면은 모두 3쌍입니다.

9 직육면체의 전개도를 접었을 때 겨냥도의 모양과 일치하도록 선분의 길이를 써넣어야 합니다.

10 직육면체의 겨냥도를 그릴 때 보이는 모서리는 실선으로, 보이지 않는 모서리는 점선으로 그립니다.

11 평가 기준
> 직사각형 6개로 둘러싸여 있지 않아서 직육면체가 아니라고 썼으면 정답으로 합니다.

12 ㉡ 정사각형은 직사각형이라고 할 수 있으므로 정육면체는 직육면체라고 할 수 있습니다.

13 미애의 전개도를 접어 보면 겹치는 면이 있으므로 정육면체를 만들 수 없습니다.

14 전개도를 접었을 때 맞닿는 선분의 길이는 같게 그리고 잘린 모서리는 실선으로, 잘리지 않은 모서리는 점선으로 그립니다.

15 면 ㄱㄴㅂㅁ과 평행한 면은 면 ㄹㄷㅅㅇ입니다.
따라서 평행한 면의 모서리의 길이는 7 cm, 5 cm, 7 cm, 5 cm이므로 모서리의 길이의 합은 $(7+5) \times 2 = 24$ (cm)입니다.

16 전개도를 접었을 때 점 ㅂ과 만나는 점은 점 ㅊ, 점 ㅌ으로 모두 2개입니다.

17 보이는 모서리는 길이가 9 cm, 3 cm, 6 cm인 모서리가 각각 3개씩 있습니다.
➡ (보이는 모서리의 길이의 합)
$= 9 \times 3 + 3 \times 3 + 6 \times 3 = 27 + 9 + 18 = 54$ (cm)

18 무늬가 있는 3개의 면이 한 꼭짓점에서 만나도록 전개도에 무늬를 그려 넣으면 됩니다.

19

채점 기준		
❶ 색칠한 면과 평행한 면을 찾음.	2점	5점
❷ 평행한 면의 넓이를 구함.	3점	

20

채점 기준		
❶ 그림에서 1과 수직인 면의 눈의 수 4, 5를 구함.	1점	5점
❷ 4, 5와 마주 보는 면의 눈의 수 3, 2를 구함.	2점	
❸ 1과 수직인 면의 눈의 수의 합을 구함.	2점	

정답과 해설

---

6 평균과 가능성

단계 1 교과서 바로 알기
136~137쪽

확인 문제

1 고르게 한 수에 ○표

2

3 3

4
○

5 17권

한번 더! 확인

6 15, 15

7
○	○	○
○	○	○
○	○	○
	○	
1회	2회	3회

8 4회

9 소윤

10 92점

---

5 17, 20, 14, 17을 고르게 하면 17, 17, 17, 17이므로 매달 17권의 책을 읽었다고 정할 수 있습니다.

8 ○를 옮겨 팔 굽혀 펴기 횟수를 고르게 하면 민호가 1회당 한 팔 굽혀 펴기 횟수는 4회라고 말할 수 있습니다.

10 92, 94, 92, 90을 고르게 하면 92, 92, 92, 92이므로 각 과목당 점수는 92점이라고 정할 수 있습니다.

다른 풀이
$92 + 94 + 92 + 90 = 368$(점) ➡ $368 \div 4 = 92$(점)

단계 1 교과서 바로 알기
138~139쪽

확인 문제

1

/ 2

2 25, 28, 28

3 21, 17, 57, 19

4 (1) 36점 (2) 9점

한번 더! 확인

5

/ 3

6 27, 33, 33

7 28, 32, 4, 120, 4, 30

8 102, 110, 94, 404 / 404, 101 / 101회

---

4 (1) (점수의 합)$= 9 + 10 + 12 + 5 = 36$(점)
(2) (점수의 평균)$= 36 \div 4 = 9$(점)

140~141쪽 1단계 교과서 바로 알기

확인 문제	한번 더! 확인
1 8, 6	**7** 25, 27
2 은진	**8** 성찬
3 33 m	**9** 45번
4 132 m	**10** 180번
5 15 m	**11** 49번
6 (1) 128명 (2) 34명	**12** 4, 392 / 392, 92, 100 / 100 kg

3 (준하의 멀리 던지기 기록의 평균)
　＝(34＋37＋28)÷3＝99÷3＝33 (m)

4 (세영이의 멀리 던지기 기록의 합)＝33×4＝132 (m)

5 (세영이의 3회 때 멀리 던지기 기록)
　＝132－(35＋40＋42)＝132－117＝15 (m)

6 (1) 32×4＝128(명)
　(2) 128－(32＋29＋33)＝128－94＝34(명)

9 (은성이의 줄넘기 기록의 평균)
　＝(46＋39＋50)÷3＝135÷3＝45(번)

10 (혜민이의 줄넘기 기록의 합)＝45×4＝180(번)

11 (혜민이의 2회 때 줄넘기 기록)
　＝180－(38＋48＋45)＝180－131＝49(번)

142~143쪽 2단계 익힘책 바로 풀기

1 30, 20, 25, 4, 25

2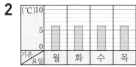

3 6 ℃

4 27 kg

5 35회, 36회

6 민우

7 19살

8 방법1 예 40 / 예 평균을 40으로 예상한 후 (45, 35), (30, 50), (40)으로 수를 옮기고 짝 지어 자료의 값을 고르게 하여 구한 컴퓨터 사용 시간의 평균은 40분입니다.
　방법2 예 (45＋40＋30＋35＋50)÷5＝40(분)
　컴퓨터 사용 시간의 평균은 40분입니다.

9 58분 　　**10** 58분

11 42회 　　**12** 34회

13 ❶ 5, 95　❷ 95, 23　답 23번

4 (재활용 종이 양의 평균)＝(20＋32＋35＋21)÷4
　　　　　　　　　　＝108÷4＝27 (kg)

5 (유진이의 윗몸 말아 올리기 기록의 평균)
　＝(37＋42＋21＋40)÷4＝35(회)
　(민우의 윗몸 말아 올리기 기록의 평균)
　＝(35＋38＋35)÷3＝36(회)

6 35<36이므로 민우의 기록이 더 좋다고 볼 수 있습니다.

7 (은주네 가족의 나이의 합)＝31×4＝124(살)
　(언니의 나이)＝124－(49＋44＋12)＝19(살)

9 (자전거를 탄 시간의 평균)＝(56＋42＋70＋64)÷4
　　　　　　　　　　＝232÷4＝58(분)

10 진호가 5일 동안 자전거를 탄 시간의 평균이 4일 동안 자전거를 탄 시간의 평균보다 높으려면 58분보다 더 많이 타야 합니다.

11 (유나의 훌라후프 기록의 평균)＝(30＋42＋54)÷3
　　　　　　　　　　＝126÷3＝42(회)

12 (지훈이의 훌라후프 기록의 합)＝42×4＝168(회)
　➡ (지훈이의 4회 때 훌라후프 기록)
　　＝168－(51＋50＋33)＝34(회)

144~145쪽 1단계 교과서 바로 알기

확인 문제	한번 더! 확인
1 ○	**6** ○
2 확실하다에 ○표	**7** 반반이다에 ○표
3	**8**
4 예 불가능해	**9** 예 확실해
5 반반이다 / 3, 반반이다	**10** ~일 것 같다 / 7, '~일 것 같다'입니다.

3 • 강아지가 자라 소가 될 가능성은 '불가능하다'입니다.
　• 주사위 눈의 수는 1부터 6까지 있으므로 주사위 한 개를 굴릴 때 나온 눈의 수가 1 이상일 가능성은 '확실하다'입니다.

4 상자에는 1번부터 14번까지의 번호표가 있으므로 15번 번호표를 꺼낼 가능성은 '불가능하다'입니다.

9 19번 번호표를 뽑았으므로 다음에 20번 번호표를 뽑을 가능성은 '확실하다'입니다.

146~147쪽 1단계 **교과서 바로 알기**

확인 문제

1 [ ] [ ] [○]

2 가에 ○표

3 나

4 다

5 (1) ⫶⫶⤬⫶⫶

(2) ㉡

한번 더! 확인

6 불가능하다에 ○표

7 다에 ○표

8 다

9 나

10 확실하다 / 반반이다 /
~아닐 것 같다 /
㉢ / ㉢

5 ㉠ 초록색 구슬은 6개 중 1개이므로 꺼낸 구슬이 초록색일 가능성은 '반반이다'보다 낮기 때문에 '~아닐 것 같다'입니다.

㉡ 주머니에 파란색 구슬은 없으므로 꺼낸 구슬이 파란색일 가능성은 '불가능하다'입니다.

㉢ 빨간색 구슬은 6개 중 3개이므로 꺼낸 구슬이 빨간색일 가능성은 '반반이다'입니다.

따라서 일이 일어날 가능성이 가장 낮은 것은 ㉡입니다.

10 ㉠ 꺼낸 카드는 모두 1보다 크므로 꺼낸 카드가 1보다 클 가능성은 '확실하다'입니다.

㉡ 6장의 카드 중 짝수는 2, 4, 6의 3장이므로 꺼낸 카드가 짝수일 가능성은 '반반이다'입니다.

㉢ 6장의 카드 중 5인 카드는 한 장이므로 꺼낸 카드가 5일 가능성은 '~아닐 것 같다'입니다.

따라서 일이 일어날 가능성이 가장 낮은 것은 ㉢입니다.

148~149쪽 1단계 **교과서 바로 알기**

확인 문제

1 $\frac{1}{2}$, 1

2 1

3 ⤓
0 ——— $\frac{1}{2}$ ——— 1

4 (1) $\frac{1}{2}$

(2) ⤓
0 ——— $\frac{1}{2}$ ——— 1

5 (1) 반반이다 (2) $\frac{1}{2}$

한번 더! 확인

6 ㉢, ㉡, ㉠

7 0

8 ⤓
0 ——— $\frac{1}{2}$ ——— 1

9 ⤓
0 ——— $\frac{1}{2}$ ——— 1

10 4, 불가능하다, 0
/ 불가능하다 / 0

3 전체가 파란색인 회전판을 돌릴 때 화살이 초록색에 멈출 가능성은 '불가능하다'이므로 수로 표현하면 0입니다.

4 (1) 주머니에 있는 공 4개 중 빨간색이 2개이므로 꺼낸 공이 빨간색일 가능성은 '반반이다'이므로 수로 표현하면 $\frac{1}{2}$입니다.

5 (1) 주사위를 굴렸을 때 주사위 눈의 수가 홀수 1, 3, 5일 가능성은 '반반이다'입니다.

(2) 주사위를 굴렸을 때 주사위 눈의 수가 홀수일 가능성은 '반반이다'이므로 수로 표현하면 $\frac{1}{2}$입니다.

7 꺼낸 공이 초록색일 가능성은 '불가능하다'이므로 수로 표현하면 0입니다.

8 빨간색과 보라색이 반반인 회전판을 돌릴 때 화살이 빨간색에 멈출 가능성은 '반반이다'이므로 수로 표현하면 $\frac{1}{2}$입니다.

9 초록색에 맞힐 가능성은 '반반이다'이므로 수로 표현하면 $\frac{1}{2}$입니다.

150~151쪽 2단계 **익힘책 바로 풀기**

1 (왼쪽에서부터) 0, 반반이다

2 유찬

3

○			○
		○	

4 ㉡

5 반반이다 / $\frac{1}{2}$

6 서준, 민재, 지안

7

8

9 ⫶⫶⤬⫶⫶

11 ⫶⤬⫶

10 ㉠

12 ❶ 2, 4 ❷ 반반이다 / $\frac{1}{2}$ ❸ 3

답 예

4 ● 카드는 5장 중의 1장이므로 ● 카드를 뽑을 가능성은 '~아닐 것 같다'입니다.

6 • 서준: 주사위를 던져 0의 눈이 나올 가능성은 '불가능하다'입니다.

• 지안: 바둑돌만 들어 있는 주머니에서 꺼낸 것이 모두 바둑돌일 가능성은 '확실하다'입니다.

• 민재: 앞으로 태어날 동생이 남동생일 가능성은 '반반이다'입니다.

7 초록색과 노란색이 반반인 회전판을 돌릴 때 화살이 초록색에 멈출 가능성은 '반반이다'이므로 수로 표현하면 $\frac{1}{2}$입니다.

9 • 내년 4월 달력에 31일이 있을 가능성은 '불가능하다'입니다. ➡ 0

• 계산기에 '③ + ② ='을 누르면 5가 나올 가능성은 '확실하다'입니다. ➡ 1

• ○, × 문제에서 정답이 × 일 가능성은 '반반이다'입니다. ➡ $\frac{1}{2}$

10 ㉠ 흰색 공만 4개이므로 흰색 공을 꺼낼 가능성은 '확실하다'입니다.

㉡ 검은색 공만 4개이므로 흰색 공을 꺼낼 가능성은 '불가능하다'입니다.

㉢ 공 4개 중 흰색 공은 2개이므로 흰색 공을 꺼낼 가능성은 '반반이다'입니다.

11 • 회전판에서 빨간색은 전체의 $\frac{1}{2}$, 파란색과 노란색은 각각 전체의 $\frac{1}{4}$이므로 화살이 멈춘 횟수가 빨강 19회, 파랑 10회, 노랑 11회인 표와 일이 일어날 가능성이 가장 비슷합니다.

• 회전판에서 빨간색과 노란색은 각각 전체의 $\frac{1}{4}$, 파란색은 전체의 $\frac{1}{2}$이므로 화살이 멈춘 횟수가 빨강 10회, 파랑 20회, 노랑 10회인 표와 일이 일어날 가능성이 가장 비슷합니다.

12 ❷ 주사위 눈의 수는 1부터 6까지이고 그중에서 4의 약수는 1, 2, 4로 3가지이므로 가능성은 '반반이다'이고 수로 표현하면 $\frac{1}{2}$입니다.

❸ ❷에서 구한 가능성이 회전판을 돌릴 때 화살이 파란색에 멈출 가능성과 같으려면 회전판의 6칸 중 3칸에 파란색을 색칠합니다.

1-1 ❶ 5, 8, 9, 35, 5, 7   ❷ 되지 않으므로에 ○표, 없습니다   달 올라갈 수 없습니다.

1-2 답 올라갈 수 있습니다.

2-1 ❶ 14   ❷ 14, 700   ❸ 700, 11, 40, 11, 40   답 11시간 40분

2-2 답 10시간 30분

3-1 ❶ 0, $\frac{1}{2}$, 1   ❷ ㉢, ㉡, ㉠   답 ㉢, ㉡, ㉠

3-2 답 ㉢, ㉠, ㉡

4-1 ❶ 노란색, 파란색, 빨간색   ❷

4-2 답

1-2 ❶ (단체 줄넘기 기록의 평균)
$$=(35+27+19+35+39)\div5=155\div5=31(번)$$

❷ 평균이 30번 이상이 되므로 진욱이네 모둠은 준결승에 올라갈 수 있습니다.

2-2 ❶ 1주일은 7일이므로 3주일은 $3\times7=21$(일)입니다.

❷ (3주일 동안 자전거를 탄 시간)
$$=30\times21=630(분)$$

❸ $630\div60=10\cdots30$이므로 은찬이가 3주일 동안 자전거를 탄 시간은 모두 10시간 30분입니다.

3-2 ❶ ㉠ 홀수가 나올 가능성: $\frac{1}{2}$

㉡ 10보다 작은 수가 나올 가능성: 1

㉢ 6의 배수가 나올 가능성: 0

❷ 일이 일어날 가능성이 낮은 순서대로 기호를 쓰면 ㉢, ㉠, ㉡입니다.

4-1 ❶ 화살이 노란색에 멈출 가능성이 가장 높고 화살이 빨간색에 멈출 가능성은 파란색에 멈출 가능성의 반이므로 가능성이 높은 색깔부터 순서대로 쓰면 노란색, 파란색, 빨간색입니다.

❷ 가장 넓은 부분에 노란색, 다음으로 넓은 부분에 파란색, 가장 좁은 부분에 빨간색을 칠하면 됩니다.

4-2 ❶ 화살이 초록색에 멈출 가능성이 가장 낮고 주황색에 멈출 가능성이 보라색에 멈출 가능성의 2배이므로 가능성이 높은 색깔부터 순서대로 쓰면 주황색, 보라색, 초록색입니다.

❷ 가장 넓은 부분에 주황색, 다음으로 넓은 부분에 보라색, 가장 좁은 부분에 초록색을 칠하면 됩니다.

154~156쪽 TEST 단원 마무리 하기

1

				/4개
○	○	○	○	
○	○	○	○	
○	○	○	○	
○	○	○	○	
3월	4월	5월	6월	

2 ( ) (○)

3 ㉢

4

0 ――――― $\frac{1}{2}$ ――――― 1

5 40분

6 0   **7** $\frac{1}{2}$

8

9 확실하다 / 1

10 58번 / 59번

11 은아

12 28개

13 750 cm 이상   **14** 168 cm

15 301호   **16** 화요일, 금요일

17

18 21살

19 예 ❶ ㉠ 가능성은 '반반이다'이므로 수로 표현하면
$\frac{1}{2}$입니다.
㉡ 가능성은 '불가능하다'이므로 수로 표현하면 0
입니다.
㉢ 가능성은 '확실하다'이므로 수로 표현하면 1입
니다.
❷ $0<\frac{1}{2}<1$이므로 일이 일어날 가능성이 낮은
순서대로 기호를 쓰면 ㉡, ㉠, ㉢입니다.
답 ㉡, ㉠, ㉢

20 예 ❶ (유진이가 5회까지 기록한 타자 수의 합)
$=340\times5=1700$(타)
❷ (유진이가 기록한 2회 타자 수)
$=1700-(278+365+382+295)$
$=380$(타)
❸ 유진이의 기록이 가장 좋았을 때는 4회입니다.
답 4회

4 파란색과 빨간색이 반반인 회전판을 돌릴 때 화살이
파란색에 멈출 가능성은 '반반이다'이며 수로 표현하면
$\frac{1}{2}$입니다.

5 (책을 읽은 시간의 평균)$=(40+35+45+40)\div4$
$=160\div4=40$(분)

10 (승재의 줄넘기 기록의 평균)
$=(64+49+61)\div3=58$(번)
(은아의 줄넘기 기록의 평균)
$=(58+68+57+53)\div4=59$(번)

11 $58<59$이므로 은아의 기록이 더 좋다고 볼 수 있습니다.

12 일주일은 7일이므로 일주일 동안 낳은 달걀은 모두
$4\times7=28$(개)입니다.

13 $150\times5=750$ (cm)

14 $750-(134+147+156+145)$
$=750-582=168$ (cm)

15 (전기 사용량의 평균)
$=(220+195+210+180+245)\div5$
$=1050\div5=210$(킬로와트시)
따라서 전기 사용량이 평균과 같은 가구는 301호입니다.

16 (5일 동안 방문자 수의 평균)
$=(102+143+125+132+158)\div5$
$=660\div5=132$(명)
따라서 132명보다 방문자 수가 많은 화요일, 금요일에
역사 해설 선생님을 추가로 배정해야 합니다.

17 화살이 노란색에 멈출 가능성이 가장 높고 화살이 파
란색에 멈출 가능성이 분홍색에 멈출 가능성의 2배이
므로 가능성이 높은 색깔부터 순서대로 쓰면 노란색,
파란색, 분홍색입니다. 가장 넓은 부분에 노란색, 다음
으로 넓은 부분에 파란색, 가장 좁은 부분에 분홍색을
칠하면 됩니다.

18 (농구 동아리 회원 나이의 평균)
$=(14+15+17+18)\div4=64\div4=16$(살)
새로운 회원이 들어와서 나이의 평균이 한 살 늘었으
므로 회원이 들어온 후의 나이의 총합은
$(16+1)\times5=85$(살)입니다.
따라서 새로운 회원의 나이는 $85-64=21$(살)입니다.

19

채점 기준		
❶ 각 가능성을 수로 표현함.	4점	5점
❷ 일어날 가능성이 낮은 순서대로 기호를 씀.	1점	

20

채점 기준		
❶ 5회까지 기록한 타자 수의 합을 구함.	2점	5점
❷ 2회의 타자 수를 구함.	2점	
❸ 기록이 가장 좋았던 때는 몇 회인지 구함.	1점	

1 수의 범위와 어림하기

1 단원 익힘책 다시 풀기

1

2
```
   33  34  35  36  37  38  39
```

3
```
   42  43  44  45  46  47  48(점)
```

4 6.3 이상인 수 **5** 25

6 세호, 수지

7 ❶ 1, 3 ❷ 13, 16, 31, 36 / 4 답 4개

8 (1) 52.7, 51 (2) $39\frac{1}{5}$, 39

9 (1)
```
   39  40  41  42  43  44  45
```
(2)
```
   30.3 30.4 30.5 30.6 30.7 30.8 30.9
```

10 (1) 52 초과인 수 (2) 7.7 미만인 수

11 은우 / 예 20 초과인 자연수 중 가장 작은 자연수
는 21이야.

12 수영 **13** 3명

---

1 ・32 이상인 수는 32와 같거나 큰 수입니다. ➔ 32, 37
・27 이하인 수는 27과 같거나 작은 수입니다.
➔ 20, 27

3 45에 ●으로 표시하고 오른쪽으로 선을 긋습니다.

5 ● 이하인 수는 ●와 같거나 작은 수이므로 □ 안에
들어갈 수 있는 자연수는 25와 같거나 큰 수입니다.
따라서 가장 작은 수는 25입니다.

6 나이가 15세와 같거나 15세보다 많은 학생은 세호,
수지입니다.

8 (1) 50보다 큰 수는 52.7, 51입니다.
(2) 40보다 작은 수는 $39\frac{1}{5}$, 39입니다.

9 (1) 43에 ○으로 표시하고 왼쪽으로 선을 긋습니다.
(2) 30.6에 ○으로 표시하고 오른쪽으로 선을 긋습니다.

11 20 초과인 자연수는 20보다 큰 자연수이므로 가장 작
은 자연수는 21입니다.

13 나이가 12세보다 적은 사람은 오빠, 서영, 동생으로
모두 3명입니다.

---

1 단원 익힘책 다시 풀기

1 18, 19에 ○표 **2** ④

3 (1)
```
   16  17  18  19  20  21  22
```
(2)
```
   52.8 52.9 53 53.1 53.2 53.3 53.4
```

4 50, 56 **5** 4개

6 10 kg 초과 15 kg 이하

7 3개 **8** 10개

9 ㉢ **10** 윤지, 수완

11 연필 **12** 38, 39, 40

13 ❶ 어머니, 2 / 오빠 / 1 ❷ 2, 2000, 15000
답 15000원

---

3 (1) 17에는 ○으로, 21에는 ●으로 표시하고 두 점을
선으로 잇습니다.

4 주어진 수의 범위에 포함되는 자연수는 50보다 크고
56보다 작은 자연수이므로 50 초과 56 미만인 자연수
입니다.

5 47, 59.7, 55, 44.2 ➔ 4개

7 18보다 크고 21과 같거나 작은 자연수는 19, 20, 21
로 모두 3개입니다.

8 50 이상 60 미만인 자연수는 50, 51, 52, 53, 54,
55, 56, 57, 58, 59로 모두 10개입니다.

9 ㉠, ㉡: 40이 포함되지 않습니다.
㉢: 40이 포함됩니다.

10 앉은키가 76 cm보다 크고 80 cm와 같거나 작은 학
생은 77.2 cm인 윤지, 80 cm인 수완입니다.

11 (구매한 전체 금액)
=8000+3000+2000=13000(원)
➔ 13000원은 10000원 초과 15000원 이하에 속하
므로 연필을 받을 수 있습니다.

12 34 초과 40 이하인 자연수: 35, 36, 37, 38, 39, 40
38 이상 43 미만인 자연수: 38, 39, 40, 41, 42
➔ 두 수의 범위에 공통으로 속하는 자연수는 38, 39,
40입니다.

6~7쪽 1 단원 익힘책 다시 풀기

1 7550, 7600, 8000   **2** 1.7, 1.65

3 8653   **4** 500장

5 ⑤

6 (왼쪽에서부터) 5100, >, 5000

7 3725   **8** 251

9 ( ) (○)

10 (위에서부터) 430, 400 / 2850, 2800

11 30000원   **12** 37000원

13 지안   **14** ㉢

15 ❶ 2000, 2999 ❷ 2000, 3000 / 2000, 3000
 답 2000, 3000

2 • 소수 첫째 자리까지: 1.6̲47 ➡ 1.7
     올립니다.

 • 소수 둘째 자리까지: 1.64̲7 ➡ 1.65
     올립니다.

5 ①, ②, ③, ④: 올림하여 십의 자리까지 나타내면
 4820입니다.
 ⑤ 482̲1 ➡ 4830
     올립니다.

7 올림하여 백의 자리까지 나타내면 3800이 되는 네 자
 리 수는 37□□이거나 3800입니다.
 따라서 여행 가방의 비밀번호는 3725입니다.

8 올림하여 십의 자리까지 나타내면 260이 되는 자연수
 는 251부터 260까지의 자연수입니다.
 따라서 가장 작은 수는 251입니다.

11 10000원이 안 되는 돈은 10000원짜리 지폐로 바꿀
 수 없으므로 37900원을 버림하여 만의 자리까지 나타
 내야 합니다.
 379̲00 ➡ 30000
   버립니다.

12 1000원이 안 되는 돈은 1000원짜리 지폐로 바꿀 수
 없으므로 37900원을 버림하여 천의 자리까지 나타내야
 합니다.
 3790̲0 ➡ 37000
     버립니다.

13 • 건우: 1.8̲3 ➡ 1.8   • 서아: 5.26̲8 ➡ 5.26
       버립니다.   버립니다.

14 ㉠ 825̲4 ➡ 8200   ㉡ 830̲9 ➡ 8300
     버립니다.   버립니다.

 ㉢ 819̲9 ➡ 8100
     버립니다.

8~9쪽 1 단원 익힘책 다시 풀기

1 (1) 1.93 (2) 8.41   **2** 5840, 5800, 6000

3 5 cm   **4** ①

5 토요일   **6** 1400

7 (1) 175, 185

 (2) ++++++++◆++++++◆++++++
    170   180   190

8 3000, 2000, 2000   **9** 2.8 km

10 방법 버림 답 34상자

11 방법 올림 답 39대

12 1251에 ○표

13 방법1 예 올림에 ○표, 천
 방법2 예 10573권을 반올림하여 천의 자리까지
     나타냈습니다.

14 ❶ 버림, 410 ❷ 41 ❸ 41, 82000
 답 82000원

3 사탕의 길이는 5.3 cm입니다.
 5.3̲ cm ➡ 5 cm
   소수 첫째 자리 숫자가 3이므로 버립니다.

4 ① 704̲9 ➡ 7000
     십의 자리 숫자가 4이므로 버립니다.

 ② 708̲1 ➡ 7100
     십의 자리 숫자가 8이므로 올립니다.

 ③ 711̲1 ➡ 7100
     십의 자리 숫자가 1이므로 버립니다.

 ④ 714̲8 ➡ 7100
     십의 자리 숫자가 4이므로 버립니다.

 ⑤ 710̲0 ➡ 7100
     십의 자리 숫자가 0이므로 버립니다.

 참고
 반올림하여 백의 자리까지 나타내면 7100이 되는 자연수
 는 7050부터 7149까지의 자연수입니다.

5 토요일: 264̲68 ➡ 26000
       백의 자리 숫자가 4이므로 버립니다.

6 1<3<5<9이므로 만들 수 있는 가장 작은 네 자리
 수는 1359입니다.
 135̲9 ➡ 1400
   십의 자리 숫자가 5이므로 올립니다.

7 (1) 반올림하여 십의 자리까지 나타내면 180이 되는 수는
 175와 같거나 크고 185보다 작은 수입니다.
 ➡ 175 이상 185 미만인 수

8 • 올림: 2023 ➡ 3000
　올립니다.

　• 버림: 2023 ➡ 2000
　버립니다.

　• 반올림: 2023 ➡ 2000
　백의 자리 숫자가 0이므로 버립니다.

10 수첩이 100권이 안 되면 팔 수 없으므로 3492권을 버림하여 백의 자리까지 나타내면 3400권입니다.

➡ 팔 수 있는 수첩은 최대 34상자입니다.

11 버스 한 대에 10명씩 탈 수 있고 모두 타야 하므로 382명을 올림하여 십의 자리까지 나타내면 390명입니다.

➡ 필요한 버스는 최소 39대입니다.

12 반올림하여 백의 자리까지 나타낼 때 십의 자리 숫자가 5, 6, 7, 8, 9이면 올리므로 십의 자리 숫자가 5, 6, 7, 8, 9인 수를 찾습니다.

13 평가 기준
올림, 버림, 반올림 중 알맞은 어림 방법을 찾아 두 가지 방법으로 바르게 설명했으면 정답입니다.

10~13쪽 1 단원 서술형 바로 쓰기

연습**1** ❶ 이하　❷ 47, 48, 49, 50　❸ 50
답 50

실전**1-1** 예 ❶ 수직선에 나타낸 수의 범위는 32 초과 ㉠ 이하인 수입니다.
❷ 수의 범위에 속하는 6개의 자연수는 33, 34, 35, 36, 37, 38입니다.
❸ ㉠에 알맞은 자연수는 38입니다.
답 38

실전**1-2** 예 ❶ 수직선에 나타낸 수의 범위는 ㉠ 초과 41 이하인 수입니다.
❷ 수의 범위에 속하는 5개의 자연수는 41, 40, 39, 38, 37입니다.
❸ ㉠에 알맞은 자연수는 36입니다.
답 36

연습**2** ❶ 2, 29000　❷ 29000, 30000, 카스텔라
답 카스텔라

실전**2-1** 예 ❶ (지수가 읽은 책의 수)
＝63＋55＝118(권)

---

❷ 118권은 책의 수의 범위 100권 이상 130권 미만에 속하므로 지수가 받은 상은 장려상입니다.　답 장려상

실전**2-2** 예 ❶ (구매한 전체 금액)
＝9000＋1500×4＝15000(원)
❷ 15000원은 구매 금액의 범위 15000원 이상 20000원 미만에 속하므로 받을 수 있는 포인트는 200점입니다.　답 200점

연습**3** ❶ 6950, 7050　❷ 6950, 7050
답 6950 이상 7050 미만인 수

실전**3-1** 예 ❶ 올림하여 백의 자리까지 나타내면 3000이 되는 수는 2900보다 크고 3000과 같거나 작은 수입니다.
❷ 수의 범위는 2900 초과 3000 이하인 수입니다.
답 2900 초과 3000 이하인 수

실전**3-2** 예 ❶ 버림하여 백의 자리까지 나타내면 5000이 되는 수는 5000과 같거나 크고 5100보다 작은 수입니다.
❷ 수의 범위는 5000 이상 5100 미만인 수입니다.
답 5000 이상 5100 미만인 수

연습**4** ❶ 347, 347, 104100　❷ 34, 34, 85000
❸ 104100, 85000, 19100
답 19100원

실전**4-1** 예 ❶ 10개씩 묶음으로 팔 때는 버림하여 최대 1920개, 즉 최대 192묶음을 팔 수 있으므로 판 금액은 모두 800×192＝153600(원)입니다.
❷ 100개씩 묶음으로 팔 때는 버림하여 최대 1900개, 즉 최대 19묶음을 팔 수 있으므로 판 금액은 모두 7000×19＝133000(원)입니다.
❸ (두 금액의 차)＝153600－133000
＝20600(원)
답 20600원

실전**4-2** 예 ❶ 10권씩 묶음으로 팔 때는 버림하여 최대 2570권, 즉 최대 257묶음을 팔 수 있으므로 판 금액은 모두 5000×257＝1285000(원)입니다.
❷ 100권씩 묶음으로 팔 때는 버림하여 최대 2500권, 즉 최대 25묶음을 팔 수 있으므로 판 금액은 모두 40000×25＝1000000(원)입니다.
❸ (두 금액의 차)＝1285000－1000000
＝285000(원)
답 285000원

2 분수의 곱셈

1 $5\dfrac{3}{5}$

2 방법1 $8, 3$ / $\dfrac{8}{3}$, $2\dfrac{2}{3}$ 방법2 2 / $2, 3$ / $\dfrac{8}{3}$, $2\dfrac{2}{3}$

3 $<$

4 식 $\dfrac{3}{10}\times15=4\dfrac{1}{2}$ 답 $4\dfrac{1}{2}$ kg

5 ㉣   **6** 7개

7 ❶ 30   ❷ 30, 22   답 22 kg

8 $12\dfrac{2}{3}$

9 예 $2\dfrac{7}{12}\times\overset{5}{\cancel{15}}=\dfrac{31}{\underset{4}{\cancel{12}}}\times\overset{5}{\cancel{15}}=\dfrac{155}{4}=38\dfrac{3}{4}$

10 식 $1\dfrac{3}{10}\times5=6\dfrac{1}{2}$ 답 $6\dfrac{1}{2}$ L

11 $9\dfrac{2}{3}$ **12** (선 연결)

13 수아

14 식 $40\times\dfrac{2}{5}=16$ 답 16개

15 3 km

3 $\dfrac{3}{\underset{2}{\cancel{8}}}\times\overset{1}{\cancel{4}}=\dfrac{3}{2}=1\dfrac{1}{2}$ ➔ $1\dfrac{1}{2}<2\dfrac{1}{6}$

4 (나무 막대 1개의 무게)×(나무 막대의 수)

$=\dfrac{3}{\underset{2}{\cancel{10}}}\times\overset{3}{\cancel{15}}=\dfrac{9}{2}=4\dfrac{1}{2}$ (kg)

6 $\dfrac{5}{\underset{2}{\cancel{8}}}\times\overset{3}{\cancel{12}}=\dfrac{15}{2}=7\dfrac{1}{2}$

➔ $7\dfrac{1}{2}>\square$이므로 □ 안에 들어갈 수 있는 자연수는
1, 2, 3, 4, 5, 6, 7로 모두 7개입니다.

8 $2\dfrac{1}{9}\times6=\dfrac{19}{\underset{3}{\cancel{9}}}\times\overset{2}{\cancel{6}}=\dfrac{38}{3}=12\dfrac{2}{3}$

10 (음료수 한 병의 양)×(병의 수)

$=1\dfrac{3}{10}\times5=\dfrac{13}{\underset{2}{\cancel{10}}}\times\overset{1}{\cancel{5}}=\dfrac{13}{2}=6\dfrac{1}{2}$ (L)

11 자연수 부분을 가장 작게 하여 가장 작은 대분수를 만들면 $4\dfrac{5}{6}$입니다. ➔ $4\dfrac{5}{6}\times2=\dfrac{29}{\underset{3}{\cancel{6}}}\times\overset{1}{\cancel{2}}=\dfrac{29}{3}=9\dfrac{2}{3}$

13 영지: $\overset{3}{\cancel{15}}\times\dfrac{3}{\underset{2}{\cancel{10}}}=\dfrac{9}{2}=4\dfrac{1}{2}$

14 (전체 바둑돌의 수)$\times\dfrac{2}{5}=\overset{8}{\cancel{40}}\times\dfrac{2}{\underset{1}{\cancel{5}}}=16$(개)

15 36분$=\dfrac{36}{60}$시간$=\dfrac{3}{5}$시간 ➔ $\overset{1}{\cancel{5}}\times\dfrac{3}{\underset{1}{\cancel{5}}}=3$ (km)

1 방법1 예 $14\times1\dfrac{2}{21}=(14\times1)+\left(\overset{2}{\cancel{14}}\times\dfrac{2}{\underset{3}{\cancel{21}}}\right)$

$=14+\dfrac{4}{3}=14+1\dfrac{1}{3}=15\dfrac{1}{3}$

방법2 예 $14\times1\dfrac{2}{21}=\overset{2}{\cancel{14}}\times\dfrac{23}{\underset{3}{\cancel{21}}}=\dfrac{46}{3}=15\dfrac{1}{3}$

2 서준   **3** (위에서부터) $30\dfrac{2}{3}$, 15

4 $4\times1\dfrac{3}{10}$에 ○표

5 식 $6\times1\dfrac{2}{3}=10$ 답 10 kg

6 $7\dfrac{4}{5}$ m²

7 <, > / 예 어떤 수에 1보다 작은 수를 곱하면 계산 결과는 어떤 수보다 작고, 1보다 큰 수를 곱하면 계산 결과는 어떤 수보다 큽니다.

8 $\dfrac{1}{32}$ **9** $\dfrac{5}{54}$, $\dfrac{1}{14}$

10 5, 7 (또는 7, 5)

11 식 $\dfrac{1}{12}\times\dfrac{1}{7}=\dfrac{1}{84}$ 답 $\dfrac{1}{84}$

12 문제 예 리본 전체의 $\dfrac{1}{4}$을 선물을 포장하는 데 사용했다면 사용한 리본의 길이는 몇 m인가요?

답 $\dfrac{7}{36}$ m

13 2, 3, 4

14 ❶ $\dfrac{1}{5}$, $\dfrac{2}{15}$ ❷ $\dfrac{2}{15}$, 2, 1   답 $\dfrac{1}{30}$

4 ・ $\overset{6}{\cancel{18}} \times \dfrac{4}{\cancel{15}} = \dfrac{24}{5} = 4\dfrac{4}{5}$

$\Rightarrow 4\dfrac{4}{5} < 5\dfrac{1}{5}$

・ $4 \times 1\dfrac{3}{10} = \overset{2}{\cancel{4}} \times \dfrac{13}{\cancel{10}} = \dfrac{26}{5} = 5\dfrac{1}{5}$

5 (처음 팥의 무게) $\times 1\dfrac{2}{3} = 6 \times 1\dfrac{2}{3} = \overset{2}{\cancel{6}} \times \dfrac{5}{\cancel{3}} = 10$ (kg)

6 (꽃밭의 넓이) = (가로) × (세로)

$= 3 \times 2\dfrac{3}{5} = 3 \times \dfrac{13}{5} = \dfrac{39}{5} = 7\dfrac{4}{5}$ (m²)

7 평가 기준

답을 구하고, 1보다 작은 수를 곱하면 계산 결과가 원래의 수보다 작아지고 1보다 큰 수를 곱하면 계산 결과가 원래의 수보다 커진다는 내용을 바르게 썼으면 정답으로 합니다.

9 ・ $\dfrac{1}{9} \times \dfrac{5}{6} = \dfrac{5}{54}$　　・ $\dfrac{\overset{1}{\cancel{4}}}{7} \times \dfrac{1}{\cancel{8}} = \dfrac{1}{14}$

10 곱해서 35가 되는 두 수를 □ 안에 각각 써넣습니다.

12 평가 기준

식에 알맞은 문제를 완성하고, 만든 문제의 답을 바르게 구했으면 정답으로 합니다.

13 $\dfrac{1}{\square} \times \dfrac{1}{6} = \dfrac{1}{\square \times 6}$ 이므로 □×6이 25보다 작아야 합니다. 따라서 □ 안에 들어갈 수 있는 1보다 큰 자연수는 2, 3, 4입니다.

18~19쪽 **2** 단원 **익힘책** 다시 풀기

1 $\dfrac{4}{15}$

2 예 $\dfrac{2}{7} \times \dfrac{4}{5} = \dfrac{2 \times 4}{7 \times 5} = \dfrac{8}{35}$

3 $\dfrac{2}{9}$

4 식 $\dfrac{2}{5} \times \dfrac{3}{8} = \dfrac{3}{20}$　답 $\dfrac{3}{20}$

5 $\dfrac{3}{10} \times \dfrac{4}{5}$ 에 ○표

6 (화살표 방향으로) $\dfrac{3}{10}$, $\dfrac{1}{15}$, $\dfrac{1}{18}$

7 ❶ $\dfrac{8}{9}$, $\dfrac{3}{16}$　❷ $\dfrac{8}{9}$, $\dfrac{3}{16}$, $\dfrac{1}{12}$　답 $\dfrac{1}{12}$　**8** $3\dfrac{3}{4}$

9 예 $2\dfrac{4}{9} \times \dfrac{3}{4} = \dfrac{\overset{11}{\cancel{22}}}{\cancel{9}} \times \dfrac{\cancel{3}}{\cancel{4}} = \dfrac{11}{6} = 1\dfrac{5}{6}$

---

10 식 $2\dfrac{4}{5} \times 1\dfrac{3}{7} = 4$　답 4 kg

11 $4\dfrac{1}{6}$　　**12** <

13 가　　**14** $1\dfrac{4}{5}$ / $5\dfrac{1}{4}$ / $9\dfrac{9}{20}$

2 분자끼리 약분하지 않습니다.

3 $\dfrac{\overset{1}{\cancel{5}}}{\cancel{9}} \times \dfrac{\cancel{3}}{\cancel{7}} \times \dfrac{\overset{2}{\cancel{14}}}{\cancel{15}} = \dfrac{2}{9}$

4 $\dfrac{\overset{1}{\cancel{2}}}{5} \times \dfrac{3}{\cancel{8}} = \dfrac{3}{20}$

5 $\dfrac{3}{10}$ 에 1보다 작은 수를 곱한 것에 ○표 합니다.

참고

・ $\dfrac{3}{10} \times$ (1보다 큰 수) ⊘ $\dfrac{3}{10}$

・ $\dfrac{3}{10} \times$ (1보다 작은 수) ⊘ $\dfrac{3}{10}$

6 $\dfrac{\overset{1}{\cancel{4}}}{5} \times \dfrac{3}{\cancel{8}} = \dfrac{3}{10}$, $\dfrac{\overset{1}{\cancel{3}}}{\cancel{10}} \times \dfrac{\cancel{2}}{9} = \dfrac{1}{15}$, $\dfrac{1}{\cancel{15}} \times \dfrac{\overset{1}{\cancel{5}}}{6} = \dfrac{1}{18}$

7 ❷ $\dfrac{\overset{1}{\cancel{8}}}{9} \times \dfrac{\cancel{3}}{\cancel{16}} \times \dfrac{1}{\cancel{2}} = \dfrac{1}{12}$

9 대분수를 가분수로 나타낸 후 약분하여 계산합니다.

10 (정민이 가방의 무게) $\times 1\dfrac{3}{7}$

$= 2\dfrac{4}{5} \times 1\dfrac{3}{7} = \dfrac{\overset{2}{\cancel{14}}}{\cancel{5}} \times \dfrac{\overset{2}{\cancel{10}}}{\cancel{7}} = 4$ (kg)

11 가장 큰 수: $3\dfrac{3}{4}$, 가장 작은 수: $1\dfrac{1}{9}$

$\Rightarrow 3\dfrac{3}{4} \times 1\dfrac{1}{9} = \dfrac{15}{\cancel{4}} \times \dfrac{\overset{5}{\cancel{10}}}{\cancel{9}} = \dfrac{25}{6} = 4\dfrac{1}{6}$

12 $3 \times 1\dfrac{7}{9} = 3 \times \dfrac{16}{\cancel{9}} = \dfrac{16}{3} = 5\dfrac{1}{3}$

$\Rightarrow 5\dfrac{1}{3} < 5\dfrac{5}{6}$

$1\dfrac{2}{5} \times 4\dfrac{1}{6} = \dfrac{7}{\cancel{5}} \times \dfrac{\overset{5}{\cancel{25}}}{6} = \dfrac{35}{6} = 5\dfrac{5}{6}$

13 가: $1\dfrac{5}{7} \times 1\dfrac{5}{7} = \dfrac{12}{7} \times \dfrac{12}{7} = \dfrac{144}{49} = 2\dfrac{46}{49}$ (cm^2)

나: $2\dfrac{1}{7} \times 1\dfrac{2}{7} = \dfrac{15}{7} \times \dfrac{9}{7} = \dfrac{135}{49} = 2\dfrac{37}{49}$ (cm^2)

➡ $2\dfrac{46}{49} > 2\dfrac{37}{49}$이므로 가가 더 넓습니다.

14 자연수 부분을 가장 작게 하여 가장 작은 대분수를 만들고 자연수 부분을 가장 크게 하여 가장 큰 대분수를 만듭니다.

➡ $1\dfrac{4}{5} \times 5\dfrac{1}{4} = \dfrac{9}{5} \times \dfrac{21}{4} = \dfrac{189}{20} = 9\dfrac{9}{20}$

20~23쪽 2단원 서술형 바로 쓰기

연습 1 ❶ $\dfrac{4}{5}$, 1600 ❷ 1600, 32000 답 32000원

실전 1-1 예 ❶ (어린이 한 명의 입장료)

$= \overset{1800}{\cancel{9000}} \times \dfrac{3}{\cancel{5}} = 5400$(원)

❷ (어린이 2명의 입장료)
$= 5400 \times 2 = 10800$(원) 답 10800원

실전 1-2 예 ❶ (할인 기간에 양말 한 켤레의 가격)

$= \overset{1000}{\cancel{4000}} \times \dfrac{3}{\cancel{4}} = 3000$(원)

❷ (할인 기간에 양말 3켤레의 가격)
$= 3000 \times 3 = 9000$(원) 답 9000원

연습 2 ❶ 27, 24, 27, 24 ❷ $\dfrac{1}{26}$, $\dfrac{1}{25}$ / 2 답 2개

실전 2-1 예 ❶ $\dfrac{1}{5} \times \dfrac{1}{8} = \dfrac{1}{40}$, $\dfrac{1}{4} \times \dfrac{1}{9} = \dfrac{1}{36}$

➡ $\dfrac{1}{40} < \square < \dfrac{1}{36}$

❷ $\square$ 안에 들어갈 수 있는 단위분수를 모두 구하면 $\dfrac{1}{39}$, $\dfrac{1}{38}$, $\dfrac{1}{37}$이므로 모두 3개입니다.
답 3개

실전 2-2 예 ❶ $\dfrac{1}{2} \times \dfrac{1}{13} = \dfrac{1}{26}$, $\dfrac{1}{3} \times \dfrac{1}{7} = \dfrac{1}{21}$

➡ $\dfrac{1}{26} < \square < \dfrac{1}{21}$

❷ $\square$ 안에 들어갈 수 있는 단위분수를 모두 구하면 $\dfrac{1}{25}$, $\dfrac{1}{24}$, $\dfrac{1}{23}$, $\dfrac{1}{22}$이므로 모두 4개입니다.
답 4개

연습 3 ❶ 작아야에 ○표 ❷ $2\dfrac{2}{5}$, $4\dfrac{2}{3}$, $5\dfrac{4}{9}$

❸ $2\dfrac{2}{5}$, $4\dfrac{1}{2}$ 답 $4\dfrac{1}{2}$

실전 3-1 예 ❶ 계산 결과가 가장 작으려면 곱하는 두 수가 작아야 합니다.

❷ 수 카드의 수의 크기를 비교하면
$\dfrac{3}{10} < 3\dfrac{1}{8} < 4\dfrac{2}{7} < 8$입니다.

❸ 계산 결과가 가장 작은 곱셈식:

$\dfrac{3}{10} \times 3\dfrac{1}{8} = \dfrac{3}{\underset{2}{\cancel{10}}} \times \dfrac{\overset{5}{\cancel{25}}}{8} = \dfrac{15}{16}$ 답 $\dfrac{15}{16}$

실전 3-2 예 ❶ 계산 결과가 가장 크려면 곱하는 두 수가 커야 합니다.

❷ 수 카드의 수의 크기를 비교하면
$10 > 8\dfrac{1}{6} > 5\dfrac{5}{12} > \dfrac{11}{7}$입니다.

❸ 계산 결과가 가장 큰 곱셈식:

$10 \times 8\dfrac{1}{6} = 10 \times \dfrac{49}{\underset{3}{\cancel{6}}}^{5} = \dfrac{245}{3} = 81\dfrac{2}{3}$

답 $81\dfrac{2}{3}$

연습 4 ❶ 3, 9 ❷ 2, 6 ❸ 9, 6, 15
답 15판

실전 4-1 예 ❶ (사과 10개의 무게)

$= \dfrac{6}{\underset{5}{\cancel{25}}} \times \overset{2}{\cancel{10}} = \dfrac{12}{5} = 2\dfrac{2}{5}$ (kg)

❷ (배 6개의 무게) $= \dfrac{1}{\underset{2}{\cancel{4}}} \times \overset{3}{\cancel{6}} = \dfrac{3}{2} = 1\dfrac{1}{2}$ (kg)

❸ (바구니에 담긴 전체 과일의 무게)
$= 2\dfrac{2}{5} + 1\dfrac{1}{2} = 2\dfrac{4}{10} + 1\dfrac{5}{10} = 3\dfrac{9}{10}$ (kg)

답 $3\dfrac{9}{10}$ kg

실전 4-2 예 ❶ (경석이가 산 우유의 양)

$= 1\dfrac{3}{10} \times 4 = \dfrac{13}{\underset{5}{\cancel{10}}} \times \overset{2}{\cancel{4}} = \dfrac{26}{5} = 5\dfrac{1}{5}$ (L)

❷ (유빈이가 산 우유의 양)
$= 2\dfrac{1}{5} \times 2 = \dfrac{11}{5} \times 2 = \dfrac{22}{5} = 4\dfrac{2}{5}$ (L)

❸ (경석이와 유빈이가 산 우유의 양)
$= 5\dfrac{1}{5} + 4\dfrac{2}{5} = 9\dfrac{3}{5}$ (L) 답 $9\dfrac{3}{5}$ L

③ 합동과 대칭

1 나

2 ( ) ( ) (○)

3 가와 라

4 라

5 예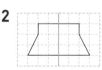

6 2쌍

7 까닭 예 두 도형은 모양은 같지만 크기가 달라서 포개었을 때 완전히 겹치지 않으므로 합동이 아닙니다.

8 (1) ㅅ (2) ㅅㅂ (3) ㅇㅁㅂ

9 3쌍, 3쌍

10 은우

11 (왼쪽에서부터) 5, 40 **12** 20 cm

13 ❶ ㄱㄹㄷ, 100 / ㄱㄴㄷ, 60 ❷ 100, 60, 110
답 110°

---

1 왼쪽 도형과 모양과 크기가 같아서 포개었을 때 완전히 겹치는 도형을 찾습니다.

2 세 번째는 점선을 따라 잘랐을 때 서로 합동인 도형을 2개 만들 수 있습니다.

3 모양과 크기가 같아서 포개었을 때 완전히 겹치는 두 도형은 가와 라입니다.

4 도형 라는 도형 가, 나, 다와 모양과 크기가 같지 않아서 포개었을 때 완전히 겹치지 않습니다.

5 주어진 도형의 꼭짓점과 같은 위치에 점을 찍은 후 네 점을 연결하여 그립니다.

6 나와 바, 다와 라가 서로 합동이므로 서로 합동인 도형은 모두 2쌍입니다.

7 모양과 크기가 같아서 포개었을 때 완전히 겹치는 두 도형을 서로 합동이라고 합니다.

> 평가 기준
> 두 도형이 서로 합동이 아닌 까닭을 바르게 썼으면 정답으로 합니다.

8 서로 합동인 두 사각형을 포개었을 때 완전히 겹치는 점, 변, 각을 각각 찾습니다.

---

9 삼각형은 변이 3개, 각이 3개이므로 서로 합동인 두 삼각형에서 대응변은 3쌍, 대응각은 3쌍입니다.

> 참고
> 서로 합동인 두 삼각형에서 대응점, 대응변, 대응각은 각각 3쌍입니다.

10 은우: (변 ㅁㅂ)=(변 ㄴㄱ)=7 cm

11 (변 ㄹㅁ)=(변 ㄱㄷ)=5 cm
(각 ㄹㅂㅁ)=(각 ㄱㄴㄷ)=40°

> 참고
> 두 삼각형은 서로 합동이므로 각각의 대응변의 길이와 대응각의 크기가 서로 같습니다.

12 (변 ㄱㄴ)=(변 ㅂㄹ)=9 cm
➡ (삼각형 ㄱㄴㄷ의 둘레)=9+4+7=20 (cm)

1 ( ) ( ) (○)

2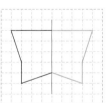

3 가

4 B

5 변 ㄱㄴ, 각 ㅂㅁㄹ, 같습니다에 ○표

6 90°, 90°

7 선분 ㄷㅅ

8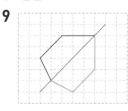

9

10 (위에서부터) 13, 25 **11** ㉢

12 16 cm **13** 70°

14 ❶ ㄱㄴ, 9 / 2, 10 ❷ 10, 9, 28 답 28 cm

---

2 한 직선을 따라 접었을 때 완전히 겹치게 하는 직선을 그립니다.

3 가 나 다

가: 원의 대칭축은 셀 수 없이 많습니다.
나: 1개
다: 2개

4 한 직선을 따라 접었을 때 완전히 겹치는 알파벳을 찾습니다.

5 대칭축을 따라 접었을 때 변 ㄱㅂ과 변 ㄱㄴ이 겹칩니다. 대칭축을 따라 접었을 때 각 ㄴㄷㄹ과 각 ㅂㅁㄹ이 겹칩니다.

6 선대칭도형에서 대응점끼리 이은 선분은 대칭축과 수직으로 만납니다.

7 각각의 대응점에서 대칭축까지의 거리가 서로 같습니다.
➡ (선분 ㄱㅅ)=(선분 ㄷㅅ)

8~9 각 점의 대응점을 찾아 표시한 후 차례로 이어 선대칭도형을 완성합니다.

10 선대칭도형에서 각각의 대응변의 길이와 대응각의 크기가 서로 같습니다.

11 ㉢ 대칭축은 도형에 따라 여러 개일 수도 있습니다.

12 각각의 대응점에서 대칭축까지의 거리가 서로 같습니다.
(선분 ㄹㅇ)=(선분 ㅂㅇ)=8 cm
(선분 ㅂㄹ)=(선분 ㅂㅇ)+(선분 ㄹㅇ)
          =8+8=16 (cm)

13 선대칭도형에서 대응점끼리 이은 선분은 대칭축과 수직으로 만납니다.
(각 ㄹㄱㅂ)=(각 ㄷㅁㅂ)=90°
(각 ㄹㄷㅂ)=360°-110°-90°-90°=70°

28~29쪽 **3 단원 익힘책 다시 풀기**

1 ( ) (○) (○)   **2** ㉢
3 1개   **4** A
5 (1) 변 ㅁㅂ (2) 각 ㅅㅇㄱ
   (3) **예** 길이가 서로 같습니다.
6 ④   **7** (왼쪽에서부터) 70, 11
8   **9**
10 16 cm   **11** 50°
12 36 cm
13 ❶ ㅁㅂ, 5 / ㄱㄴ, 3 ❷ 5, 3, 16 ❸ 8 **답** 8 cm

---

1 어떤 점을 중심으로 180° 돌렸을 때 처음 도형과 완전히 겹치는 도형을 찾습니다.

2 도형을 ㉢을 중심으로 180° 돌렸을 때 처음 도형과 완전히 겹칩니다.

3 점대칭도형에서 대칭의 중심은 항상 1개입니다.

4 어떤 점을 중심으로 180° 돌렸을 때 처음 알파벳과 완전히 겹치지 않는 알파벳을 찾습니다.

5 (1) 점 ㅈ을 중심으로 180° 돌렸을 때 변 ㄱㄴ과 변 ㅁㅂ이 겹칩니다.
   (2) 점 ㅈ을 중심으로 180° 돌렸을 때 각 ㄷㄹㅁ과 각 ㅅㅇㄱ이 겹칩니다.
   (3) 대응점끼리 이은 선분은 대칭의 중심에 의해 둘로 똑같이 나누어집니다.

6 대칭의 중심은 대응점끼리 이은 선분을 둘로 똑같이 나눕니다.

7 변 ㄹㄷ의 대응변은 변 ㄴㄱ이므로
(변 ㄹㄷ)=(변 ㄴㄱ)=11 cm입니다.
각 ㄹㄱㄴ의 대응각은 각 ㄴㄷㄹ이므로
(각 ㄹㄱㄴ)=(각 ㄴㄷㄹ)=70°입니다.

8~9 각 점의 대응점을 찾은 후 대응점을 이어 점대칭도형이 되도록 그립니다.

참고
[점대칭도형 그리는 순서]
① 각 점에서 대칭의 중심을 지나는 직선을 긋습니다.
② 이 직선에 각 점에서 대칭의 중심까지의 거리와 같도록 대응점을 찾아 표시합니다.
③ 각 대응점을 차례로 이어 점대칭도형을 완성합니다.

10 각각의 대응점에서 대칭의 중심까지의 거리가 서로 같습니다.
(선분 ㄹㅇ)=(선분 ㄴㅇ)=8 cm
(선분 ㄴㄹ)=(선분 ㄴㅇ)+(선분 ㄹㅇ)
          =8+8=16 (cm)

11 (각 ㄱㄴㄷ)=(각 ㄷㄹㄱ)=60°
삼각형 ㄱㄴㄷ에서
(각 ㄱㄷㄴ)=180°-70°-60°=50°

12 (변 ㄴㄷ)=(변 ㅁㅂ)=6 cm
(변 ㄷㄹ)=(변 ㅂㄱ)=8 cm
(변 ㄹㅁ)=(변 ㄱㄴ)=4 cm
➡ (점대칭도형의 둘레)=4+6+8+4+6+8
=36 (cm)

13 ❶ 점대칭도형에서 각각의 대응변의 길이가 서로 같으므로 (변 ㄴㄷ)=(변 ㅁㅂ)=5 cm
(변 ㄹㅁ)=(변 ㄱㄴ)=3 cm
❷ 둘레에서 변 ㄱㄴ, 변 ㄴㄷ, 변 ㄹㅁ, 변 ㅁㅂ의 길이를 빼어 변 ㄷㄹ과 변 ㅂㄱ의 길이의 합을 구하면
(변 ㄷㄹ)+(변 ㅂㄱ)=32−3−5−3−5=16 (cm)
❸ (변 ㄷㄹ)=(변 ㅂㄱ)이므로
(변 ㄷㄹ)=16÷2=8 (cm)

30~33쪽 **3** 단원 **서술형** 바로 쓰기

[연습]**1** ❶ 25 ❷ 180, 25, 65 [답] 65°
[실전]**1-1** [예] ❶ (각 ㄱㄴㄷ)=(각 ㄹㅂㅁ)=40°
❷ 삼각형의 세 각의 크기의 합은 180°이므로
(각 ㄴㄱㄷ)=180°−40°−75°=65°
[답] 65°
[실전]**1-2** [예] ❶ (각 ㅁㅂㅅ)=(각 ㄹㄷㄴ)=70°,
(각 ㅁㅇㅅ)=(각 ㄹㄱㄴ)=80°
❷ 사각형의 네 각의 크기의 합은 360°이므로
(각 ㅂㅁㅇ)=360°−70°−130°−80°=80°
[답] 80°
[연습]**2** ❶ 130 ❷ 130, 130, 100, 50 [답] 50°
[실전]**2-1** [예] ❶ (각 ㄴㄷㄹ)=(각 ㄹㄱㄴ)=110°
❷ (각 ㄱㄴㄷ)=(360°−110°−110°)÷2
=140°÷2=70°
[답] 70°
[실전]**2-2** [예] ❶ (각 ㄱㄹㄷ)=(각 ㄷㄴㄱ)=120°
❷ (각 ㄴㄱㄹ)=(360°−120°−120°)÷2
=120°÷2=60°
[답] 60°
[연습]**3** ❶ 4 ❷ 3 ❸ 3, 14 [답] 14 cm
[실전]**3-1** [예] ❶ (선분 ㅁㅇ)=(선분 ㄴㅇ)=3 cm
❷ (변 ㅁㅂ)=(변 ㄴㄷ)=15−3−3=9 (cm)
❸ (선분 ㄷㅂ)=(선분 ㄷㅁ)+(변 ㅁㅂ)
=15+9=24 (cm)
[답] 24 cm

[실전]**3-2** [예] ❶ (선분 ㄷㅇ)=(선분 ㅂㅇ)=5 cm
❷ (변 ㄷㄹ)=(변 ㅂㄱ)=4 cm
❸ (선분 ㅂㄹ)
=(선분 ㅂㅇ)+(선분 ㅇㄷ)+(변 ㄷㄹ)
=5+5+4=14 (cm)
[답] 14 cm
[연습]**4** ❶ 8, 4 ❷ 8, 2, 44 [답] 44 cm²
[실전]**4-1** [예] ❶ 선대칭도형을 완성하면 윗변이 12 cm, 아랫변이 24 cm, 높이가 8 cm인 사다리꼴이 됩니다.
❷ (완성한 선대칭도형의 넓이)
=(12+24)×8÷2=144 (cm²)
[답] 144 cm²
[실전]**4-2** [예] ❶ 선대칭도형을 완성하면 밑변의 길이가 8 cm, 높이가 3 cm인 삼각형이 됩니다.
❷ (완성한 선대칭도형의 넓이)
=8×3÷2=12 (cm²)
[답] 12 cm²

[연습]**1** ❶ 서로 합동인 도형에서 각각의 대응각의 크기가 서로 같습니다.
[연습]**2** ❶ 점대칭도형에서 각각의 대응각의 크기가 서로 같습니다.
[연습]**3** ❶ 점대칭도형의 각각의 대응점에서 대칭의 중심까지의 거리가 서로 같습니다.
❷ 점대칭도형에서 각각의 대응변의 길이가 서로 같습니다.
[연습]**4** 완성한 선대칭도형:

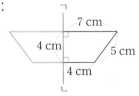

[실전]**4-1** 완성한 선대칭도형:

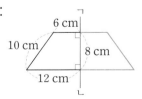

[실전]**4-2** 완성한 선대칭도형:

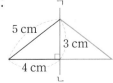

4 소수의 곱셈

1 ( )(○)( ) **2** 7.52
3 ㉡
4 〔식〕 0.4×7=2.8 〔답〕 2.8 L
5 3.4×3=3.4+3.4+3.4=10.2
6 6 **7** 16.4
8 21.96 **9** (1) < (2) >
10 8.5 m
11 ❶ 1.4, 4.2 ❷ 4.2, 0.8 〔답〕 0.8 kg
12 (1) 48.6 (2) 22.2 **13** 2.45
14 건우
15 〔식〕 45×0.85=38.25 〔답〕 38.25 kg

1 0.7+0.7=1.4, 0.7×2=1.4

2 $0.94×8=\dfrac{94}{100}×8=\dfrac{94×8}{100}=\dfrac{752}{100}=7.52$

3 ㉠ 0.48×6=2.88
➡ 2.88<3.2이므로 ㉠<㉡입니다.

4 일주일은 7일입니다.
(혜지가 일주일 동안 마시는 우유의 양)
=(혜지가 하루에 마시는 우유의 양)×7
=0.4×7=2.8 (L)

5 3.4×③=3.4+3.4+3.4=10.2
└──────┘
3.4를 ③번 더함.

6 1.5×4=6.0̸ ➡ 6
〔참고〕
소수점 아래 끝자리 0은 생략하여 나타낼 수 있습니다.

7 2.05×8=16.4

8 5.49의 4배
➡ 5.49×4=21.96

9 (1) 5.7×8=45.6 ➡ 45.6 Ⓒ 46
(2) 4.3×9=38.7 ➡ 39 Ⓢ 38.7

10 (선물 상자 5개를 포장하는 데 필요한 리본의 길이)
=1.7×5=8.5 (m)

12 (1)
```
    5 4          5 4
×     9    ➡  × 0.9
  4 8 6        4 8.6
```
(2)
```
    3 7          3 7
×     6    ➡  × 0.6
  2 2 2        2 2.2
```
〔다른 풀이〕
(1) $54×0.9=54×\dfrac{9}{10}=\dfrac{54×9}{10}=\dfrac{486}{10}=48.6$

13 49×0.05=2.45
〔다른 풀이〕
$49×0.05=49×\dfrac{5}{100}=\dfrac{49×5}{100}=\dfrac{245}{100}=2.45$

14 건우: 17×0.4=6.8
서아: 7×0.8=5.6
따라서 바르게 계산한 사람은 건우입니다.

15 (유빈이의 몸무게)=45×0.85=38.25 (kg)

1 (1) 3.2 (2) 10.96 **2** 23, 9.2
3 (선으로 연결)
4 ㉡
5 42.5, 22.72 **6** 42
7 19 **8** 8.75 L
9 (1) $0.7×0.06=\dfrac{7}{10}×\dfrac{6}{100}=\dfrac{42}{1000}=0.042$
(2) $0.8×0.16=\dfrac{8}{10}×\dfrac{16}{100}=\dfrac{128}{1000}=0.128$
10 (1) 0.736 (2) 0.094 **11** ㉡
12 < **13** 0.216 m²
14 〔식〕 0.6×0.87=0.522 〔답〕 0.522 kg
15 ❶ 0.4, 0.14 ❷ 0.14, 0.49 〔답〕 0.49 km

1 (1) $2×1.6=2×\dfrac{16}{10}=\dfrac{2×16}{10}=\dfrac{32}{10}=3.2$
(2) $8×1.37=8×\dfrac{137}{100}=\dfrac{8×137}{100}=\dfrac{1096}{100}=10.96$

2 $4×2.3=4×\dfrac{23}{10}=\dfrac{92}{10}=9.2$

3 6×1.8=10.8, 7×1.4=9.8

4 ㉠ 6×2.97은 6×3인 18보다 작습니다.
　ㄴ 3×6.3은 3×6인 18보다 큽니다.
　따라서 계산 결과가 18보다 큰 것은 ㉡입니다.

5 25×1.7=42.5, 16×1.42=22.72

6 가장 큰 수는 35이고, 가장 작은 수는 1.2입니다.
　➡ 35×1.2=42

7 9×2.2=19.8
　➡ □<19.8이므로 □ 안에 들어갈 수 있는 가장 큰 자연수는 19입니다.

8 (오늘 마신 물의 양)=(어제 마신 물의 양)×1.25
　　　　　　　　　　=7×1.25=8.75 (L)

9 (1) 0.7을 $\frac{7}{10}$로, 0.06을 $\frac{6}{100}$으로 바꾸어 분수의 곱셈으로 계산합니다.
　(2) 0.8을 $\frac{8}{10}$로, 0.16을 $\frac{16}{100}$으로 바꾸어 분수의 곱셈으로 계산합니다.

참고
소수 한 자리 수는 분모가 10인 분수로, 소수 두 자리 수는 분모가 100인 분수로 바꾸어 분수의 곱셈으로 계산합니다.

10 (1) 0.92×0.8=0.736
　(2) 0.2×0.47=0.094

다른 풀이
(1) $0.92×0.8=\frac{92}{100}×\frac{8}{10}=\frac{736}{1000}=0.736$
(2) $0.2×0.47=\frac{2}{10}×\frac{47}{100}=\frac{94}{1000}=0.094$

11 0.45×0.54를 0.4의 0.5로 어림하면 0.4의 반은 0.2이므로 답은 0.2에 가까운 0.243입니다.

12 0.5×0.38=0.19 ➡ 0.19 Ⓒ 0.2

13 (평행사변형의 넓이)=(밑변의 길이)×(높이)
　　　　　　　　=0.72×0.3
　　　　　　　　=0.216 (m²)

14 탄수화물 성분이 0.6 kg의 0.87만큼이므로 0.6×0.87=0.522 (kg)입니다.

15 ❶ 문구점에서 학교까지의 거리는 서아네 집에서 문구까지의 거리의 0.4배입니다.
　➡ (문구점에서 학교까지의 거리)
　　=(서아네 집에서 문구점까지의 거리)×0.4
　　=0.35×0.4=0.14 (km)

1 (1) 4.56　(2) 3.712　**2** (1) 15.12　(2) 7.735
3 16.32　　**4** 8.906
5 120.93
6 식 1.58×3.4=5.372　답 5.372 kg
7 ❶ 30, 5, 1.5　❷ 1.5, 11.25　답 11.25 km
8 54.2, 542, 5420　**9** ㉢
10 (선 연결)　**11** (1) 12.5　(2) 0.33
12 0.1　　**13** 57.3 kg
14 ㉠, ㉡, ㉣, ㉢

1 (1)
$$\begin{array}{r}38\\ \times\ 12\\\hline 456\end{array} ➡ \begin{array}{r}3.8\\ \times\ 1.2\\\hline 4.56\end{array}$$
(2)
$$\begin{array}{r}128\\ \times\ 29\\\hline 3712\end{array} ➡ \begin{array}{r}1.28\\ \times\ 2.9\\\hline 3.712\end{array}$$

2 (1) 8.4×1.8=15.12
　(2) 2.21×3.5=7.735

3 2.4의 6.8배 ➡ 2.4×6.8=16.32

4 같은 모양에 쓰여 있는 두 수는 7.3과 1.22입니다.
　➡ 7.3×1.22=8.906

5 가장 큰 수는 83.4이고, 가장 작은 수는 1.45입니다.
　➡ 83.4×1.45=120.93

6 (나무 막대 3.4 m의 무게)
　=1.58×3.4=5.372 (kg)

7 참고
1시간은 60분이므로 1분은 $\frac{1}{60}$시간입니다.
➡ ■분=$\frac{■}{60}$시간

8 5.42×10=54.2
　5.42×100=542
　5.42×1000=5420

참고
곱하는 수가 10배씩 될 때마다 곱의 소수점이 오른쪽으로 한 자리씩 옮겨집니다.

47

9 437×1.06은 437×106보다 소수점 아래 자리 수가 2개 더 늘어났으므로 소수점을 왼쪽으로 두 자리 옮겨 표시합니다.

10 ・21×6.7은 21×67보다 소수점 아래 자리 수가 1개 더 늘어났으므로 1407에서 소수점을 왼쪽으로 한 자리 옮기면 140.7입니다.
・2.1×0.67은 21×67보다 소수점 아래 자리 수가 3개 더 늘어났으므로 1407에서 소수점을 왼쪽으로 세 자리 옮기면 1.407입니다.

11 (1) 3.3은 33의 $\frac{1}{10}$배인데 41.25는 4125의 $\frac{1}{100}$배이므로 □ 안에 알맞은 수는 125의 $\frac{1}{10}$배인 12.5입니다.

(2) 1250은 125의 10배인데 412.5는 4125의 $\frac{1}{10}$배이므로 □ 안에 알맞은 수는 33의 $\frac{1}{100}$배인 0.33입니다.

12 12.93×□=1.293
12.93에서 소수점을 왼쪽으로 한 자리 옮기면 1.293이 되므로 □=0.1입니다.

13 (포도 주스 100병의 무게)=0.573×100=57.3 (kg)

14 ㉠ 0.037×1000=37　　㉡ 0.291×100=29.1
㉢ 460×0.001=0.46　　㉣ 58×0.01=0.58
➡ ㉠>㉡>㉣>㉢

정답과 해설

40~43쪽 4 단원 서술형 바로 쓰기

연습1 ❶ 109.5, 113.4
❷ 109.5, 113.4 / 110, 111, 112, 113
❸ 4　**답** 4개

실전1-1 **예** ❶ 3.7×13=48.1, 19×2.8=53.2
❷ 48.1<□<53.2이므로 □ 안에 들어갈 수 있는 자연수는 49, 50, 51, 52, 53입니다.
❸ 따라서 □ 안에 들어갈 수 있는 자연수는 모두 5개입니다.　**답** 5개

실전1-2 **예** ❶ 5.8×21=121.8, 16×8.1=129.6
❷ 121.8<□<129.6이므로 □ 안에 들어갈 수 있는 자연수는 122, 123, 124, 125, 126, 127, 128, 129입니다.
❸ 따라서 □ 안에 들어갈 수 있는 자연수는 모두 8개입니다.　**답** 8개

연습2 ❶ 3.8　❷ 3.8, 3　❸ 3, 2.4　**답** 2.4

실전2-1 **예** ❶ 어떤 수를 □라 하면
□+0.25=8.25이고,
❷ □=8.25-0.25=8입니다.
❸ 따라서 바르게 계산한 값은 8×0.25=2입니다.
답 2

실전2-2 **예** ❶ 어떤 수를 □라 하면
□+5.6=11.6이고,
❷ □=11.6-5.6=6입니다.
❸ 따라서 바르게 계산한 값은 6×5.6=33.6입니다.　**답** 33.6

연습3 ❶ 1.36　❷ 3.12　❸ 1.36, 3.12, 4.48
답 4.48 kg

실전3-1 **예** ❶ (축구공 7개의 무게)
=0.45×7=3.15 (kg)
❷ (농구공 8개의 무게)=0.6×8=4.8 (kg)
❸ (축구공 7개와 농구공 8개의 무게의 합)
=3.15+4.8=7.95 (kg)
답 7.95 kg

실전3-2 **예** ❶ (지훈이가 가지고 있는 철사의 무게)
=0.16×25=4 (kg)
❷ (승연이가 가지고 있는 철사의 무게)
=0.11×50=5.5 (kg)
❸ (지훈이와 승연이가 가지고 있는 철사의 무게의 합)=4+5.5=9.5 (kg)
답 9.5 kg

연습4 ❶ 10.5, 31.5　❷ 2.5, 5　❸ 31.5, 5, 26.5
답 26.5 cm

실전4-1 **예** ❶ (색 테이프 3장의 길이의 합)
=9.3×3=27.9 (cm)
❷ (겹친 부분)=2군데
(겹친 부분의 길이의 합)=1.7×2=3.4 (cm)
❸ (이어 붙인 색 테이프의 전체 길이)
=27.9-3.4=24.5 (cm)
답 24.5 cm

실전4-2 **예** ❶ (색 테이프 7장의 길이의 합)
=12.5×7=87.5 (cm)
❷ (겹친 부분)=7-1=6(군데)
(겹친 부분의 길이의 합)=1.2×6=7.2 (cm)
❸ (이어 붙인 색 테이프의 전체 길이)
=87.5-7.2=80.3 (cm)
답 80.3 cm

❺ 직육면체

44~45쪽 **5** 단원 **익힘책** 다시 **풀기**

1 가, 마 **2** 12개
3 예
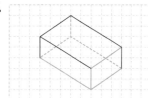
4 ㉢, ㉣
5 까닭 예 직육면체는 직사각형 6개로 둘러싸인 도형
인데 이 가방은 윗부분이 둥근 모양이므로 직
육면체가 아닙니다.
6 2 **7** 건우
8 나, 다 **9** 6, 8
10 8, 8
11 ⑴ 같습니다에 ○표 ⑵ 같습니다에 ○표
12 ㉡
13 ❶ 4, 8 ❷ 12, 8, 12, 96 답 96 cm

1 직사각형 6개로 둘러싸인 도형을 찾으면 가와 마입니
다.

2 면과 면이 만나는 선분은 모서리이고 직육면체의 모서
리는 12개입니다.

3 가로가 3 cm, 세로가 4 cm인 직사각형 또는 가로가
4 cm, 세로가 3 cm인 직사각형을 그립니다.

4 ㉢ 선분으로 둘러싸인 부분은 면이고 직육면체의 면은
6개입니다.
㉣ 직육면체는 직사각형으로 둘러싸여 있지만 면의 크
기가 모두 같지는 않습니다.

5 평가 기준
직육면체는 직사각형 6개로 둘러싸인 도형인데 가방의 모
양은 그렇지 않은 부분이 있다는 내용이 있으면 정답으로
합니다.

6 꼭짓점의 수: 8 → ㉠=8, 면의 수: 6 → ㉡=6,
모서리의 수: 12 → ㉢=12
➡ ㉠+㉡-㉢=8+6-12=2

7 정사각형 6개로 둘러싸인 도형을 가지고 있는 사람은
건우입니다.

8 정육면체 모양의 물건은 빨간색 블록과 큐브입니다.

9 • 정육면체에서 선분으로 둘러싸인 부분은 6개입니다.
➡ □=6
• 정육면체에서 모서리와 모서리가 만나는 점은 8개입
니다. ➡ □=8

10 정육면체는 모서리의 길이가 모두 같습니다.

11 ⑴ 직육면체와 정육면체는 면이 6개, 모서리가 12개,
꼭짓점이 8개로 같습니다.

12 ㉡ 정육면체는 직육면체라고 할 수 있습니다.

46~47쪽 **5** 단원 **익힘책** 다시 **풀기**

1 가 **2** 3개
3 3 / 3 / 1
4

5 이름 유찬 / 바르게 고치기 예 보이지 않는 모서리는
점선으로 그려야 해.
6 45 cm
7

8 3쌍
9 면 ㄱㄴㄷㄹ, 면 ㄱㄴㅂㅁ, 면 ㄴㅂㅅㄷ
10 모서리 ㅂㅅ, 모서리 ㅁㅇ, 모서리 ㄱㄹ
11 승기 **12** 16 cm
13 ❶ ㄷㅅㅇㄹ, ㄱㅁㅇㄹ, ㄴㅂㅁㄱ
❷ ㄷㅅㅇㄹ, ㅁㅂㅅㅇ, ㄴㅂㅁㄱ
❸ ㄷㅅㅇㄹ, ㄴㅂㅁㄱ
답 면 ㄷㅅㅇㄹ, 면 ㄴㅂㅁㄱ

1 보이는 모서리는 실선으로, 보이지 않는 모서리는 점
선으로 그린 것을 찾습니다.

2 직육면체의 겨냥도를 그릴 때 보이는 모서리는 실선으
로, 보이지 않는 모서리는 점선으로 그립니다.
따라서 보이지 않는 모서리는 3개이므로 점선으로 그
려야 하는 모서리는 3개입니다.

3 직육면체의 겨냥도에서 보이지 않는 면은 3개, 보이지 않는 모서리는 3개, 보이지 않는 꼭짓점은 1개입니다.

4 직육면체의 겨냥도를 그릴 때 보이는 모서리는 실선으로, 보이지 않는 모서리는 점선으로 그립니다.

6 보이는 모서리의 길이는 8 cm가 3개, 4 cm가 3개, 3 cm가 3개입니다.
→ $8 \times 3 + 4 \times 3 + 3 \times 3$
$= 24 + 12 + 9 = 45\,(cm)$

7 색칠한 면과 마주 보는 면을 찾아 색칠합니다.

8 직육면체에서 서로 마주 보는 면은 서로 평행합니다.

9 한 꼭짓점에서 만나는 면은 3개입니다.

10 직육면체에서 서로 평행한 모서리의 길이는 같습니다.

11 승기: 한 면과 수직으로 만나는 면은 4개입니다.

12 면 ㄷㅅㅇㄹ과 마주 보는 면은 면 ㄴㅂㅁㄱ입니다.
→ (면 ㄴㅂㅁㄱ의 모서리의 길이의 합)
$= (5+3) \times 2 = 16\,(cm)$

48~49쪽 **5** 단원 **익힘책** 다시 풀기

1 면 라
2 면 가, 면 다, 면 마, 면 바
3 (위에서부터) ㄱ, ㄴ, ㅇ, ㅅ
4 ㅈㅇ / ㅇㅅ
5 예

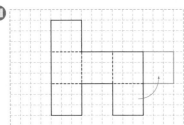

6 예 1 cm
1 cm

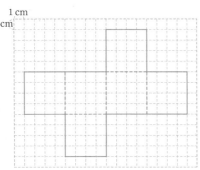

---

7 (1)

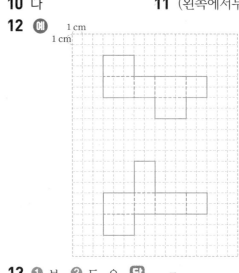

또는

(2)

또는

8 점 ㅌ   **9** 선분 ㄷㄴ
10 다   **11** (왼쪽에서부터) 5, 5, 3
12 예   1 cm
1 cm

13 ❶ ㅂ ❷ ㄷ, ㅇ 답

1 면 나와 평행한 면은 서로 마주 보는 면이므로 면 라입니다.

2 면 나와 수직인 면은 평행한 면 라를 제외한 4개의 면입니다.

3 전개도를 접었을 때 만나는 점끼리 같은 기호를 써넣습니다.

4 전개도를 접었을 때 선분 ㄱㄴ은 선분 ㅈㅇ을 만나 한 모서리가 되고, 선분 ㄹㅁ은 선분 ㅇㅅ과 만나 한 모서리가 됩니다.

5 전개도를 접었을 때 서로 겹치는 면이 있으므로 면 한 개를 겹치지 않게 옮겨 그립니다.

6 정육면체의 전개도를 그릴 때 잘린 모서리는 실선으로, 잘리지 않은 모서리는 점선으로 그립니다.

7 무늬가 있는 3개의 면이 한 꼭짓점에서 만나도록 전개 도에 무늬를 그려 넣으면 됩니다.

8 전개도를 접었을 때 점 ㅎ과 만나는 점은 점 ㅌ입니다.

9 전개도를 접었을 때 선분 ㅁㅂ은 선분 ㄷㄴ을 만나 한 모서리가 됩니다.

10 가, 라: 전개도를 접었을 때 겹치는 면이 있습니다.
나: 모양과 크기가 같은 면이 3쌍이 아닙니다.

11 전개도를 접었을 때 겨냥도의 모양과 일치하도록 선분 의 길이를 써넣습니다.

50~53쪽 **5** 단원 서술형 바로 쓰기

연습 **1** ❶ 12, 12, 6 ❷ 3, 6, 3, 18 답 18 cm

실전 **1-1** 예 ❶ 정육면체의 모서리는 12개이고 모든 모 서리의 길이가 같으므로
(한 모서리의 길이)=96÷12=8 (cm)
❷ 정육면체에서 보이지 않는 모서리는 3개이므로
(보이지 않는 모서리의 길이의 합)
=8×3=24 (cm) 답 24 cm

실전 **1-2** 예 ❶ 정육면체의 모서리는 12개이고 모든 모 서리의 길이가 같으므로
(한 모서리의 길이)=144÷12=12 (cm)
❷ 정육면체에서 보이는 모서리는 9개이므로
(보이는 모서리의 길이의 합)
=12×9=108 (cm) 답 108 cm

연습 **2**

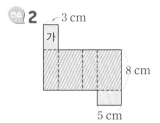

❶ 3, 5 ❷ 3, 5, 16 답 16 cm

실전 **2-1**

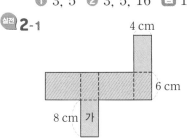

예 ❶ 빗금 친 각 면의 가로의 길이는 왼쪽부터 차례로 8 cm, 4 cm, 8 cm, 4 cm입니다.
❷ (빗금 친 각 면의 가로의 길이의 합)
=8+4+8+4=24 (cm) 답 24 cm

실전 **2-2**

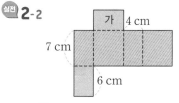

예 ❶ 빗금 친 각 면의 가로의 길이는 왼쪽부터 차례로 4 cm, 6 cm, 4 cm, 6 cm입니다.
❷ (빗금 친 각 면의 가로의 길이의 합)
=4+6+4+6=20 (cm) 답 20 cm

연습 **3** ❶ 5 ❷ 1, 6 ❸ 3, 4 답 5, 6, 4

실전 **3-1** 예 ❶ 면 가와 마주 보는 면의 눈의 수는 6이므로 면 가의 눈의 수는 1
❷ 면 나와 마주 보는 면의 눈의 수는 4이므로 면 나의 눈의 수는 3
❸ 면 다와 마주 보는 면의 눈의 수는 5이므로 면 다의 눈의 수는 2 답 1, 3, 2

실전 **3-2** 예 ❶ 면 가와 마주 보는 면의 눈의 수는 1이므로 면 가의 눈의 수는 6
❷ 면 나와 마주 보는 면의 눈의 수는 3이므로 면 나의 눈의 수는 4
❸ 면 다와 마주 보는 면의 눈의 수는 2이므로 면 다의 눈의 수는 5 답 6, 4, 5

연습 **4** ❶ 4 ❷ 4, 102 ❸ 102, 127 답 127 cm

실전 **4-1** 예 ❶ 끈을 17 cm씩 2번, 12 cm씩 2번, 14 cm씩 4번 사용하였으므로 그 길이는
17×2+12×2+14×4=114 (cm)입니다.
❷ 리본을 묶는 데 사용한 끈의 길이는 20 cm이 므로 (사용한 전체 끈의 길이)=114+20
=134 (cm)

답 134 cm

실전 **4-2** 예 ❶ 끈을 15 cm씩 2번, 18 cm씩 2번, 16 cm씩 4번 사용하였으므로 그 길이는
15×2+18×2+16×4=130 (cm)입니다.
❷ 리본을 묶는 데 사용한 끈의 길이는 22 cm이 므로 (사용한 전체 끈의 길이)=130+22
=152 (cm)

답 152 cm

연습 **2** 면 가와 수직인 면은 평행한 면을 제외한 4개의 면 입니다.

연습 **4** 주의
리본을 묶는 데 사용한 끈의 길이를 꼭 더해야 합니다.

6 평균과 가능성

54~55쪽 6 단원 익힘책 다시 풀기

1 서아   **2** 21개 / 32개

3 예 각 모둠의 화살 수를 모두 더하여 사람 수로 나눈 값(평균)으로 비교합니다.

4 요일별 최저 기온

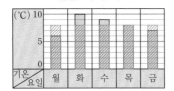

5 8 ℃   **6** 예 50, 55, 54, 50, 50

7 50분   **8** 29 cm

9 방법1 예 13 / 예 평균을 13회로 예상한 후 (16, 10), (15, 11), (13)으로 수를 옮기고 짝 지어 자료의 값을 고르게 하여 구한 인호네 모둠의 팔 굽혀 펴기 기록의 평균은 13회입니다.

방법2 예 $(16+10+13+15+11)\div5$
$=65\div5=13$(회)
인호네 모둠의 팔 굽혀 펴기 기록의 평균은 13회입니다.

10 3300원   **11** 85점

12 사회

13 ❶ 74, 80, 4, 76 ❷ 76 답 76번

---

1 8, 9, 10, 9의 수를 고르게 하면 9, 9, 9, 9이므로 한 사람당 봉사 활동을 9시간 했다고 할 수 있습니다.

2 (미라네 모둠)$=9+5+7=21$(개)
(진표네 모둠)$=5+10+8+9=32$(개)

3 평가 기준
> 두 모둠의 사람 수가 다르기 때문에 기록의 총 개수만으로 어느 모둠이 더 잘했는지 알 수 없다고 썼으면 정답으로 합니다.

5 막대그래프의 높이를 고르게 하면 막대의 높이가 8 ℃입니다. 따라서 지난주 요일별 최저 기온의 평균은 8 ℃입니다.

7 (하루 독서 시간의 평균)$=(45+46+50+55+54)\div5$
$=250\div5=50$(분)

8 $(32+26)\div2=29$ (cm)이므로 반으로 접은 길이가 두 종이테이프 길이의 평균입니다.

10 (떡볶이 1인분 가격의 평균)
$=(3000+2500+3500+4000+3500)\div5$
$=3300$(원)

11 (단원평가 점수의 평균)
$=(90+95+85+80+75)\div5=425\div5=85$(점)

12 평균이 85점이므로 85점을 받은 과목은 사회입니다.

13 민호가 5일 동안 줄넘기를 한 기록의 평균이 4일 동안 줄넘기를 한 기록의 평균보다 높으려면 5일에는 76번보다 더 많이 해야 합니다.

56~57쪽 6 단원 익힘책 다시 풀기

1 85점 / 90점   **2** 재형이네 모둠

3 300 cm   **4** 77 cm

5 28명   **6** 33명

7 ❶ 5, 100 ❷ 100, 18, 21, 19 답 19초 이하

8 ▭▭▭▭▭◯▭   **9** ▭▭▭◯▭▭

10 ✕   **11** 불가능하다

12 이름 유찬 / 까닭 예 오후 3시의 1시간 후는 오후 4시이기 때문입니다.

13

일이 일어날 가능성	상황
확실하다	예 1월 다음에 2월이 올 것입니다.
불가능하다	예 서울의 8월 평균 기온은 1 ℃보다 낮을 것입니다.

---

1 (선영이네 모둠의 수학 점수의 평균)
$=(90+80+70+100)\div4=340\div4=85$(점)
(재형이네 모둠의 수학 점수의 평균)
$=(85+90+95)\div3=270\div3=90$(점)

2 $85<90$이므로 수학 점수의 평균이 더 높은 모둠은 재형이네 모둠입니다.

3 (네 사람의 앉은키의 합)$=75\times4=300$ (cm)

4 (건희의 앉은키)$=300-(69+73+81)=77$ (cm)

5 (희수네 학교 학급별 5학년 학생 수의 평균)
$=(25+33+24+30)\div4$
$=112\div4=28$(명)

6 (은지네 학교 5학년 전체 학생 수)=28×5=140(명)
(3반의 학생 수)=140−(22+26+30+29)=33(명)

8 오늘이 수요일이면 내일이 목요일일 가능성은 '확실하다'입니다.

9 번호표의 번호는 홀수 아니면 짝수이므로 고객센터에서 뽑은 대기 번호표의 번호가 홀수일 가능성은 '반반이다'입니다.

10 • 내년에는 가을이 여름보다 빨리 올 가능성은 '불가능하다'입니다.
• 계산기에 '5 + 5 ='을 차례로 누르면 10이 나올 가능성은 '확실하다'입니다.

11 상자에는 1부터 10까지 적혀 있는 공만 있으므로 15가 적혀 있는 공을 꺼낼 가능성은 '불가능하다'입니다.

12 오후 3시의 1시간 후는 오후 4시이므로 1시간 후에 오후 5시가 될 가능성은 '불가능하다'입니다.

> **평가 기준**
> 오후 3시의 1시간 후는 오후 4시이기 때문이라고 썼으면 정답으로 합니다.

58~59쪽 6단원 익힘책 다시 풀기

1 다   **2** 가
3 다, 가, 나   **4** ㉠
5 건우, 지안, 소윤, 서아, 현서
6 현서, 서아, 소윤, 지안, 건우
7 예 내일 낮은 밤보다 환할 거야.

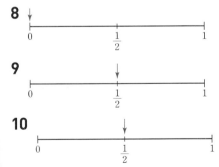

11 불가능하다 / 0   **12** 확실하다 / 1
13 $\frac{1}{2}$
14 ❶ 3, 3   ❷ 반반이다   ❸ $\frac{1}{2}$ 답 $\frac{1}{2}$

---

1 초록색 부분의 넓이가 가장 넓은 회전판은 다이므로 화살이 초록색에 멈출 가능성이 가장 높은 회전판은 다입니다.

2 가와 나 중 회전판에서 초록색이 차지하는 부분이 더 넓은 것은 가이므로 화살이 초록색에 멈출 가능성이 더 높은 회전판은 가입니다.

3 화살이 초록색에 멈출 가능성이 높은 순서대로 기호를 쓰면 다, 가, 나입니다.

4 ㉠ 3이 나올 가능성: ~아닐 것 같다
㉡ 짝수가 나올 가능성: 반반이다
㉢ 5보다 작은 수가 나올 가능성: 확실하다
➜ 일이 일어날 가능성이 가장 낮은 것은 ㉠입니다.

5 • 현서: 6월은 30일까지 있으므로 내년에는 6월이 30일까지 있을 가능성은 '확실하다'입니다.
• 서아: 공 5개 중 4개가 노란색 공이므로 꺼낸 공이 노란색일 가능성은 '~일 것 같다'입니다.
• 소윤: 동전은 숫자 면과 그림 면의 2가지이므로 그림 면이 나올 가능성은 '반반이다'입니다.
• 건우: 낮은 밤보다 환하므로 내일 낮이 밤보다 깜깜할 가능성은 '불가능하다'입니다.
• 지안: 주사위의 눈의 수는 1부터 6까지 6개이고 그 중 4는 1개이므로 4일 가능성은 '~아닐 것 같다'입니다.

6 가능성이 높은 순서: '확실하다', '~일 것 같다', '반반이다', '~아닐 것 같다', '불가능하다'

8 전체가 파란색인 회전판 가를 돌릴 때 화살이 빨간색에 멈출 가능성은 '불가능하다'이므로 수로 표현하면 0입니다.

9 파란색과 빨간색이 반반인 회전판 나를 돌릴 때 화살이 파란색에 멈출 가능성은 '반반이다'이므로 수로 표현하면 $\frac{1}{2}$입니다.

10 파란색과 빨간색이 반반인 회전판 다를 돌릴 때 화살이 빨간색에 멈출 가능성은 '반반이다'이므로 수로 표현하면 $\frac{1}{2}$입니다.

11 꺼낸 바둑돌이 검은색일 가능성은 '불가능하다'이므로 수로 표현하면 0입니다.

12 수 카드 6장에 적힌 수는 모두 홀수이므로 뽑은 수 카드에 적힌 수가 홀수일 가능성은 '확실하다'이므로 수로 표현하면 1입니다.

13 동전 2개를 던질 때 나오는 면의 경우는 (그림 면, 그림 면), (그림 면, 숫자 면), (숫자 면, 그림 면), (숫자 면, 숫자 면)입니다.
따라서 그림 면과 숫자 면이 나올 가능성은 '반반이다'이므로 수로 표현하면 $\frac{1}{2}$입니다.

14 ❶ 제비 6개 중 3개가 당첨 제비이므로 당첨 제비가 아닌 제비는 6−3=3(개)입니다.
❷ 당첨 제비가 아닌 것은 6개 중 3개이므로 뽑은 제비 1개가 당첨 제비가 아닐 가능성은 '반반이다'입니다.

60~63쪽 **6 단원 서술형 바로 쓰기**

연습 **1** ❶ 4, 156, 4, 39 ❷ 하은, 은경
답 하은, 은경

실전 **1-1** 예 ❶ (현석이네 모둠의 멀리 뛰기 기록의 평균)
=(102+96+106+112+99)÷5
=515÷5=103 (cm)
❷ 멀리 뛰기 기록이 평균보다 낮은 학생은 현석, 지민, 나래입니다.
답 현석, 지민, 나래

실전 **1-2** 예 ❶ (지후네 모둠의 신발 길이의 평균)
=(230+220+220+225+230)÷5
=1125÷5=225 (mm)
❷ 신발 길이가 평균보다 긴 학생은 지후, 희찬입니다. 답 지후, 희찬

연습 **2** ❶ 불가능하다, 반반이다 ❷ ㉢, ㉡
답 ㉠, ㉢, ㉡

실전 **2-1** 예 ❶ 각각의 가능성을 말로 표현하면 ㉠ '불가능하다', ㉡ '~일 것 같다', ㉢ '반반이다'입니다.
❷ 일이 일어날 가능성이 높은 순서대로 기호를 쓰면 ㉡, ㉢, ㉠입니다. 답 ㉡, ㉢, ㉠

실전 **2-2** 예 ❶ 각각의 가능성을 말로 표현하면 ㉠ '반반이다', ㉡ '불가능하다', ㉢ '확실하다'입니다.
❷ 일이 일어날 가능성이 낮은 순서대로 기호를 쓰면 ㉡, ㉠, ㉢입니다. 답 ㉡, ㉠, ㉢

연습 **3** ❶ 4, 6, 3 ❷ 반반이다, $\frac{1}{2}$ ❸ 2
답 예

실전 **3-1** 예 ❶ 수 카드의 수가 5 이하일 경우는 1, 2, 3, 4, 5로 5가지입니다.
❷ 수 카드의 수가 5 이하일 가능성은 '확실하다'이므로 수로 표현하면 1입니다.
❸ 회전판에서 5칸을 모두 노란색으로 색칠하면 수 카드의 수가 5 이하일 가능성과 회전판을 돌릴 때 화살이 노란색에 멈출 가능성이 같습니다.
답 예

실전 **3-2** 예 ❶ 꺼낸 구슬의 수가 홀수일 경우는 1개, 3개, 5개, 7개로 4가지입니다.
❷ 구슬을 꺼낼 때 꺼낸 구슬의 수가 홀수일 가능성은 '반반이다'이므로 수로 표현하면 $\frac{1}{2}$입니다.
❸ 회전판에서 3칸을 초록색으로 색칠하면 구슬을 꺼낼 때 꺼낸 구슬의 수가 홀수일 가능성과 회전판을 돌릴 때 화살이 초록색에 멈출 가능성이 같습니다.
답 예

연습 **4** ❶ 195 ❷ 93 ❸ 195, 93, 288, 288, 36
답 36 kg

실전 **4-1** 예 ❶ (남자 4명의 나이의 합)
=20×4=80(살)
❷ (여자 2명의 나이의 합)=17×2=34(살)
❸ (축구 동아리 회원의 나이의 합)
=80+34=114(살)
➔ 축구 동아리 회원의 나이의 평균은
114÷(4+2)=19(살)입니다. 답 19살

실전 **4-2** 예 ❶ (남학생 10명의 오래 매달리기 기록의 합)
=34×10=340(초)
❷ (여학생 8명의 오래 매달리기 기록의 합)
=25×8=200(초)
❸ (재희네 반의 오래 매달리기 기록의 합)
=340+200=540(초)
➔ 재희네 반의 오래 매달리기 기록의 평균은
540÷(10+8)=30(초)입니다. 답 30초

단원평가

65~66쪽 **A** 1. 수의 범위와 어림하기

1 22.5, 18.7에 ○표 **2** 3900에 ○표
3 상혁, 수영 **4** 2명
5 이상 **6** 4000
7 5개 **8** 6.15
9
```
31  32  33  34  35  36  37  38
```
10
```
147  148  149  150  151  152  153 (cm)
```
11 8300, 8200, 8200 **12** 불합격
13 52 초과 56 이하인 수 **14** ⑤
15 40100 km **16** 3개
17 6장 **18** ㉡
19 9 **20** 35000

1 10 초과인 수는 10보다 큰 수입니다.

2 3871 ➡ 3900
　　올립니다.

3 키가 139 cm보다 크고 148 cm와 같거나 작은 학생을 모두 찾습니다.

4 키가 141 cm보다 작은 학생은 형균, 원미로 모두 2명입니다.

5 27과 같거나 큰 수이므로 27 이상인 수입니다.

6 4985 ➡ 4000
　　버립니다.

7 37과 같거나 크고 55보다 작은 수는 51, 53, 49, 37, 50.3으로 모두 5개입니다.

8 6.153 ➡ 6.15
　　버립니다. (3이므로 버립니다.)

9 33에는 ○, 37에는 ●를 사용하여 나타냅니다.

10 150에 ●로 나타내고 오른쪽으로 선을 긋습니다.

11 (올림) 8246 ➡ 8300　　(버림) 8246 ➡ 8200
　　　　 올립니다.　　　　　　　　버립니다.

　　(반올림) 8246 ➡ 8200
　　　　　　 4이므로 버립니다.

12 점수가 20점보다 높아야 합격이므로 시험 점수가 13+7=20(점)인 소진이는 불합격입니다.

13 52를 ○로, 56을 ●로 나타내었으므로 52 초과 56 이하인 수입니다.

14 ⑤ 40010을 올림하여 만의 자리까지 나타내면 50000입니다.

15 40120 km ➡ 40100 km
　　　　　 2이므로 버립니다.

16 ┌ 19 초과인 자연수 ➡ 20, 21, 22, 23, 24……
　　└ 22 이하인 자연수 ➡ 22, 21, 20, 19, 18……
　　➡ 공통으로 들어가는 자연수: 20, 21, 22

17 900원은 1000원짜리 지폐로 바꿀 수 없으므로 6900원은 1000원짜리 지폐 6장까지 바꿀 수 있습니다.

18 반올림하여 백의 자리 숫자가 5가 되었으므로 십의 자리에서 버림한 것입니다.
　　➡ □ 안에 들어갈 수 있는 숫자: 0, 1, 2, 3, 4

19 버림하기 전의 자연수는 70부터 79까지 수 중 하나입니다. 이 수 중 8의 배수를 찾으면 72입니다.
　　9×8=72이므로 슬기가 처음에 생각한 수는 9입니다.

20 반올림하여 만의 자리까지 나타냈을 때 40000이 되는 자연수의 범위는 35000부터 44999까지이고 이 중에서 가장 작은 자연수는 35000입니다.

67~68쪽 **B** 1. 수의 범위와 어림하기

1 19, 40
2
```
12  13  14  15  16  17
```
3 누나, 아버지, 어머니 **4** 29
5 민호, 지아 **6** ㉡
7 이상, 이하 **8** ㉡
9 5개 **10** 550, 600
11 1, 1 **12** 620
13 3100에 ○표 **14** 4599
15 42개 **16** 3 cm
17 5, 6, 7, 8, 9 **18** 7500
19 6대 **20** 243상자

1 40과 같거나 작은 수는 19, 40입니다.

2 16 이하인 수는 수직선에 ●를 이용하여 나타낼 수 있습니다.

3 18과 같거나 큰 수를 찾습니다.

6 수직선에 나타낸 수의 범위는 42 이상 46 미만인 수이므로 42와 같거나 크고 46보다 작은 수를 찾습니다.

8 ㉠ 72와 같거나 크고 75보다 작은 수이므로 75가 포함되지 않습니다.
  ㉡ 74보다 크고 78과 같거나 작은 수이므로 75가 포함됩니다.

9 34 이상 38 이하인 자연수는 34, 35, 36, 37, 38이므로 모두 5개입니다.

10 $541 \rightarrow 550$, $541 \rightarrow 600$
  올립니다.   올립니다.

11 올림하여 1200이므로 올림하기 전의 수는 11■■입니다.

12 천의 자리까지 나타낸 수: 6000
  십의 자리까지 나타낸 수: 5380
  $\rightarrow 6000-5380=620$

13 백의 자리 아래 수인 28을 버리면 3100입니다.

14 45■■에서 ■■에는 0부터 99까지 들어갈 수 있으므로 이 중에서 가장 큰 자연수는 4599입니다.

15 4 m 22 cm=422 cm
  422 cm의 십의 자리 아래 수를 버리면
  $422 \rightarrow 420$이므로 리본을 42개까지 만들 수 있습니다.
  버립니다.

16 지우개의 실제 길이: 2.9 cm
  반올림하여 일의 자리까지 나타낸 길이: 3 cm

17 반올림하여 십의 자리 숫자가 4가 되었으므로 일의 자리에서 올림한 것입니다.
  $\rightarrow$ □ 안에 들어갈 수 있는 숫자: 5, 6, 7, 8, 9

18 가장 큰 네 자리 수: 7532
  반올림하여 백의 자리까지 나타낸 수: 7500

19 523을 올림하여 백의 자리까지 나타내면 600입니다.
  따라서 트럭은 최소 6대 필요합니다.

20 2437을 버림하여 십의 자리까지 나타내면 2430입니다.
  따라서 팔 수 있는 과자는 최대 243상자입니다.

69~70쪽 Ⓐ 2. 분수의 곱셈

1 $5, 5, 1\frac{2}{3}$ **2** $5, 45, 5, 5, 23\frac{5}{8}$

3 $19, 76, 15\frac{1}{5}$ **4** $\frac{1}{84}$

5 $20\frac{1}{2}$ **6** $\frac{9}{16}\times\frac{28}{45}=\frac{\overset{1}{\cancel{9}}\times\overset{7}{\cancel{28}}}{\underset{4}{\cancel{16}}\times\underset{5}{\cancel{45}}}=\frac{7}{20}$

7 $15\frac{1}{3}$ **8** 예 $3\frac{5}{9}\times2\frac{7}{10}=\frac{\overset{16}{\cancel{32}}}{\underset{1}{\cancel{9}}}\times\frac{\overset{3}{\cancel{27}}}{\underset{5}{\cancel{10}}}=\frac{48}{5}=9\frac{3}{5}$

9 $2\times1\frac{1}{3}$에 ○표, $2\times\frac{1}{2}$, $2\times\frac{7}{8}$에 △표

10 ㉡ **11** $2\frac{2}{5}\times7=16\frac{4}{5}$

12 진수 **13** $\frac{2}{5}\times25=10$, 10판

14 $\frac{1}{30}$ **15** $52\frac{1}{2}$ m²

16 $\frac{3}{8}\times\frac{1}{5}=\frac{3}{40}$, $\frac{3}{40}$ m **17** $5\frac{1}{3}$

18 ㉡ **19** $\frac{1}{12}$ m²

20 $\frac{2}{5}$ km

---

10 $\underset{㉢}{\frac{5}{9}\times4}=\underset{㉠}{\frac{5\times4}{9}}=\underset{㉢}{\frac{20}{9}}=\underset{㉣}{2\frac{2}{9}}$ ㉡ $\frac{5}{9}+\frac{5}{9}+\frac{5}{9}=\frac{5}{9}\times3$

12 진수: 1 L=1000 mL이므로 1 L의 $\frac{1}{2}$은
  $\overset{500}{\cancel{1000}}\times\frac{1}{\underset{1}{\cancel{2}}}=500$ (mL)입니다.

13 $\frac{2}{\cancel{5}}\times\overset{5}{\cancel{25}}=10$(판)

14 $\frac{\overset{1}{\cancel{7}}}{\underset{3}{\cancel{12}}}\times\frac{\overset{1}{\cancel{4}}}{\underset{5}{\cancel{25}}}\times\frac{\overset{1}{\cancel{5}}}{\underset{2}{\cancel{14}}}=\frac{1}{30}$

15 (연못의 넓이)$=8\frac{3}{4}\times6=\frac{35}{\underset{2}{\cancel{4}}}\times\overset{3}{\cancel{6}}=\frac{105}{2}=52\frac{1}{2}$ (m²)

16 $\frac{3}{8}\times\frac{1}{5}=\frac{3\times1}{8\times5}=\frac{3}{40}$ (m)

17 $3\frac{1}{3}>1\frac{7}{10}>1\frac{3}{5}\left(=1\frac{6}{10}\right)$
  $\rightarrow 3\frac{1}{3}\times1\frac{3}{5}=\frac{\overset{2}{\cancel{10}}}{3}\times\frac{8}{\underset{1}{\cancel{5}}}=\frac{16}{3}=5\frac{1}{3}$

18 ㉠ $6 \times \dfrac{7}{15} \times 3\dfrac{1}{8} = \overset{2}{\cancel{6}} \times \dfrac{7}{\underset{3}{\cancel{15}}} \times \dfrac{\overset{5}{\cancel{25}}}{\underset{4}{\cancel{8}}} = \dfrac{35}{4} = 8\dfrac{3}{4}$

㉡ $\dfrac{9}{10} \times 3\dfrac{1}{3} \times 4 = \dfrac{\overset{3}{\cancel{9}}}{\underset{1}{\cancel{10}}} \times \dfrac{\overset{1}{\cancel{10}}}{\underset{1}{\cancel{3}}} \times 4 = 12$

19 나누어진 한 칸의 가로는 $\dfrac{1}{4}$ m, 세로는 $\dfrac{1}{3}$ m입니다.

따라서 나누어진 한 칸의 넓이는 $\dfrac{1}{4} \times \dfrac{1}{3} = \dfrac{1}{12}$ (m²)입니다.

20 유아가 걸어간 거리는 전체의 $1 - \dfrac{9}{13} = \dfrac{4}{13}$이므로

$1\dfrac{3}{10} \times \dfrac{4}{13} = \dfrac{\overset{1}{\cancel{13}}}{\underset{5}{\cancel{10}}} \times \dfrac{\overset{2}{\cancel{4}}}{\underset{1}{\cancel{13}}} = \dfrac{2}{5}$ (km)입니다.

71~72쪽	**B** 2. 분수의 곱셈

1 $10\dfrac{1}{2}$ **2** $\dfrac{5}{6}$

3 $5\dfrac{1}{6}$ **4** $7\dfrac{1}{2}$ cm

5 (선 잇기)

6 예 $8 \times \dfrac{3}{14} = \dfrac{8 \times 3}{14} = \dfrac{\overset{12}{\cancel{24}}}{\underset{7}{\cancel{14}}} = \dfrac{12}{7} = 1\dfrac{5}{7}$

7 3 km **8** 3, 21, 2, 5, $9\dfrac{5}{8}$

9 > **10** 63

11 $\dfrac{1}{3} \times \dfrac{1}{4} = \dfrac{1}{12}$, $\dfrac{1}{12}$ **12** 8, 9 또는 9, 8

13 $\dfrac{3}{11} \times \dfrac{7}{8}$, $\dfrac{3}{11} \times \dfrac{2}{9}$에 ○표

14 $\dfrac{3}{16}$

15 $1\dfrac{1}{6} \times 2\dfrac{2}{5} = \dfrac{7}{\cancel{6}} \times \dfrac{\overset{2}{\cancel{12}}}{5} = \dfrac{14}{5} = 2\dfrac{4}{5}$

16 $5\dfrac{1}{5} \times 3\dfrac{1}{8} = 16\dfrac{1}{4}$, $16\dfrac{1}{4}$ kg

17 1, 2 **18** $\dfrac{22}{25}$

19 $3\dfrac{6}{25}$ cm² **20** 16 cm

---

4 $2\dfrac{1}{2} \times 3 = \dfrac{5}{2} \times 3 = \dfrac{5 \times 3}{2} = \dfrac{15}{2} = 7\dfrac{1}{2}$ (cm)

5 $2\dfrac{3}{4} \times 8 = \dfrac{11}{\cancel{4}} \times \overset{2}{\cancel{8}} = 11 \times 2 = 22$

$3\dfrac{1}{2} \times 6 = \dfrac{7}{\cancel{2}} \times \overset{3}{\cancel{6}} = 7 \times 3 = 21$

7 1시간=60분이므로 45분=$\dfrac{45}{60}$시간=$\dfrac{3}{4}$시간입니다.

➡ (영준이가 45분 동안 걸은 거리)=$\overset{1}{\cancel{4}} \times \dfrac{3}{\underset{1}{\cancel{4}}} = 3$ (km)

9 $24 \times 1\dfrac{5}{8} = \overset{3}{\cancel{24}} \times \dfrac{13}{\underset{1}{\cancel{8}}} = 39$ ➡ 39>36

11 책을 오늘은 전체의 $\dfrac{1}{3}$의 $\dfrac{1}{4}$만큼 읽었으므로

지효가 오늘 읽은 양은 전체의 $\dfrac{1}{3} \times \dfrac{1}{4} = \dfrac{1}{12}$입니다.

12 $\dfrac{1}{\square} \times \dfrac{1}{\square}$에서 분모에 큰 수가 들어갈수록 계산 결과가 작아집니다.

13 $\dfrac{3}{11} \times$(1보다 작은 수)에 모두 ○표 합니다.

14 ㉠ $\dfrac{\overset{3}{\cancel{6}}}{\underset{1}{\cancel{7}}} \times \dfrac{\overset{1}{\cancel{7}}}{\underset{8}{\cancel{16}}} = \dfrac{3}{8}$ ㉡ $\dfrac{\overset{1}{\cancel{3}}}{8} \times \dfrac{3}{\underset{2}{\cancel{10}}} = \dfrac{3}{16}$

➡ $\dfrac{3}{8} - \dfrac{3}{16} = \dfrac{6}{16} - \dfrac{3}{16} = \dfrac{3}{16}$

16 $5\dfrac{1}{5} \times 3\dfrac{1}{8} = \dfrac{\overset{13}{\cancel{26}}}{\underset{1}{\cancel{5}}} \times \dfrac{\overset{5}{\cancel{25}}}{\underset{4}{\cancel{8}}} = \dfrac{65}{4} = 16\dfrac{1}{4}$ (kg)

17 $1\dfrac{2}{7} \times 1\dfrac{8}{9} = \dfrac{\overset{1}{\cancel{9}}}{7} \times \dfrac{17}{\underset{1}{\cancel{9}}} = \dfrac{17}{7} = 2\dfrac{3}{7}$

➡ $2\dfrac{3}{7} > \square\dfrac{1}{7}$에서 □ 안에 들어갈 수 있는 자연수는 1, 2입니다.

18 $\dfrac{4}{7} \times 1\dfrac{13}{20} \times \dfrac{14}{15} = \dfrac{\overset{1}{\cancel{4}}}{7} \times \dfrac{\overset{11}{\cancel{33}}}{\underset{5}{\cancel{20}}} \times \dfrac{\overset{2}{\cancel{14}}}{\underset{5}{\cancel{15}}} = \dfrac{22}{25}$

19 $3\dfrac{3}{5} \times 3\dfrac{3}{5} \times \dfrac{1}{4} = \dfrac{\overset{9}{\cancel{18}}}{5} \times \dfrac{\overset{9}{\cancel{18}}}{5} \times \dfrac{1}{\underset{2}{\cancel{4}}} = \dfrac{81}{25} = 3\dfrac{6}{25}$ (cm²)

20 $\overset{7}{\cancel{49}} \times \dfrac{4}{\underset{1}{\cancel{7}}} \times \dfrac{4}{\underset{1}{\cancel{7}}} = 16$ (cm)

73~74쪽 A 3. 합동과 대칭

1 ( )(○)
2 ㄷㄴ
3 ( )(○)
4 변 ㅁㅂ
5 선분 ㄹㅇ
6

7 가, 다
8 5쌍
9 12 cm
10 예

11 (위에서부터) 11, 60
12 가
13 나, 라
14 가, 나, 다
15 나
16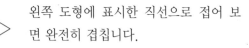

17 44 cm
18 40°
19 3개
20 26 m

1 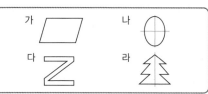 왼쪽 도형에 표시한 직선으로 접어 보면 완전히 겹칩니다.

2 포개었을 때 변 ㅁㅂ과 완전히 겹치는 변을 찾으면 변 ㄷㄴ입니다.

5 각각의 대응점에서 대칭의 중심까지의 거리는 같습니다.

7 포개었을 때 완전히 겹치는 두 도형은 가와 다입니다.

9 변 ㄱㄴ의 대응변은 변 ㅁㅂ입니다.
➡ (변 ㄱㄴ)=(변 ㅁㅂ)=12 cm

10 대응점을 찾아 찍은 후 세 꼭짓점을 잇습니다.

11 선대칭도형에서 대응변의 길이와 대응각의 크기는 각각 같습니다.

12 나와 모양과 크기가 같은 조각은 가입니다.

13 [가: 평행사변형, 나: 타원, 다: Z, 라: 나무 모양]

한 직선을 따라 접어서 완전히 겹치는 도형을 찾습니다.

14 어떤 점을 중심으로 180° 돌렸을 때 처음 도형과 완전히 겹치는 도형을 찾습니다.

15 **13**과 **14**를 모두 만족하는 도형은 나입니다.

17 (변 ㅁㅇ)=(변 ㄹㄱ)=9 cm
(변 ㅇㅅ)=(변 ㄱㄴ)=8 cm
➡ 14+13+8+9=44 (cm)

18 ➡ ㉠=180°−45°−95°=40°

19 점대칭도형인 자음: ㅇ, ㅍ, ㄹ ➡ 3개

20 (변 ㄱㄴ)=(변 ㄹㅁ)=1 m
(변 ㄷㄹ)=(변 ㅁㄱ)=7 m
➡ 1+10+7+1+7=26 (m)

75~76쪽 B 3. 합동과 대칭

1 다
2 다
3 예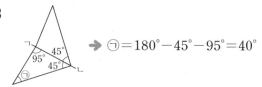
4 (왼쪽부터) 9, 80
5 ㉡
6 예

7 6쌍, 6쌍
8 60°
9 9 cm
10 [삼각형, 원, 사다리꼴]

11 직선 ㅅㅇ, 직선 ㄷㄹ
12

13 (위에서부터) 17, 30
14 12 cm
15 25°
16 ①
17 [육각형 그림]
18 ㉡

19 10 cm
20 3 cm

정답과 해설

1 왼쪽 도형과 합동인 도형은 도형 다입니다.

3 대응점을 찾아 찍은 후 네 꼭짓점을 잇습니다.

4 (변 ㅁㅂ)=(변 ㄹㄷ)=9 cm
(각 ㅂㅅㅇ)=(각 ㄷㄴㄱ)=80°

5 ㉡ (각 ㄴㄷㄱ)=(각 ㅁㄹㅂ)

8 (각 ㄱㄷㄴ)=(각 ㄹㅂㅁ)=40°
(각 ㄱㄷㄴ)=180°−80°−40°=60°

9 (변 ㄱㄹ)=(변 ㅇㅁ)=11 cm
(변 ㄱㄴ)=(변 ㅇㅅ)=7 cm
(변 ㄹㄷ)=33−6−7−11=9 (cm)

10 한 직선을 따라 접어서 완전히 겹치는 도형을 선대칭
도형이라고 합니다.

11 직사각형은 직선 ㅅㅇ, 직선 ㄷㄹ로 접었을 때 완전히
겹칩니다.

13 선대칭도형에서 대응변의 길이와 대응각의 크기는 각각
같습니다.

14 (선분 ㅁㄴ)=(선분 ㅂㄴ)이므로
(선분 ㅁㅂ)=6×2=12 (cm)입니다.

15 선대칭도형에서 대응각의 크기는 같으므로
(각 ㄱㄷㄹ)=(각 ㄱㄴㄹ)=65°,
대응점을 이은 선분은 대칭축과 수직으로 만나므로
(각 ㄱㄹㄷ)=90°입니다.
➡ (각 ㄷㄱㄹ)=180°−65°−90°=25°

16 어떤 점을 중심으로 180° 돌렸을 때 처음 도형과 완전
히 겹치는 도형은 ①입니다.

18 대칭의 중심으로부터 대응점까지의 거리가 같도록 모눈
의 칸 수를 정확히 세어 봅니다.

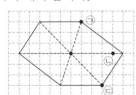

19 점대칭도형에서 대응점을 이은 선분은 대칭의 중심에
의하여 둘로 똑같이 나누어집니다.
➡ (선분 ㄱㄷ)=5×2=10 (cm)

20 (선분 ㅇㄹ)=8−2=6 (cm)
점 ㅈ이 대칭의 중심이므로
(선분 ㅇㅈ)=(선분 ㄹㅈ)=6÷2=3 (cm)입니다.

77~78쪽	**A** 4. 소수의 곱셈

1 5.4

2 $1.5×7=\dfrac{15}{10}×7=\dfrac{15×7}{10}=\dfrac{105}{10}=10.5$

3 33.6 **4** 0.32

5 ( )(○)( ) **6** 57.6

7 ㉡ **8** ( )(○)

9 82, 8.2, 0.82 **10** <

11 41.6 **12** 1.34

13 10배 **14** 4.7 m²

15 0.8×21=16.8, 16.8 L

16 0.56, 0.532 **17** 75.6 cm

18 ㉠ **19** 7.5 L

20 3.84 m²

1
$$6× ⑨ = ㊴$$
$\dfrac{1}{10}$배 $\dfrac{1}{10}$배
$$6× ⓪.9 = ⑤.4$$

2 1.5를 $\dfrac{15}{10}$로 고쳐서 분수의 곱셈으로 계산합니다.

3
$$\begin{array}{r} 4.8 \\ \times\ \ \ \ 7 \\ \hline 3\ 3.6 \end{array}$$

4 0.8×0.4=0.32

5 0.8+0.8+0.8=0.8×3=2.4

6 36×1.6=57.6

7 ㉠ 4.4×3=13.2

8 2.43×4=9.72, 1.52×6=9.12

9 820×0.1=82
820×0.01=8.2
820×0.001=0.82

10 6.3×7=44.1 ➡ 44.1<45

11 52>49>0.8
➡ 가장 큰 수는 52, 가장 작은 수는 0.8이므로
52×0.8=41.6입니다.

12 2.6은 26의 0.1배인데 3.484는 3484의 0.001배이므
로 □ 안에 알맞은 수는 134의 0.01배인 1.34입니다.

정답과 해설

59

13 ㉠은 소수 두 자리 수, ㉡은 소수 세 자리 수이므로 ㉠은 ㉡의 10배입니다.

> **다른 풀이**
> ㉠ 0.93, ㉡ 0.093 ➡ 0.93은 0.093의 10배입니다.

14 (직사각형의 넓이)=(가로)×(세로)
=$5 \times 0.94 = 4.7$ (m²)

15 $0.8 \times 21 = 16.8$ (L)

16 $0.8 \times 0.7 = 0.56$, $0.56 \times 0.95 = 0.532$

17 (지태가 사용한 리본의 길이)=63×1.2
=75.6 (cm)

18 ㉠ $2.75 \times 100 = 275$ ㉡ $0.275 \times 10 = 2.75$
㉢ $275 \times 0.1 = 27.5$ ㉣ $2750 \times 0.01 = 27.5$
➡ 나타내는 수가 가장 큰 것은 ㉠ 275입니다.

19 (1시간에 가습기 10대에서 내뿜는 물의 양)
=$0.3 \times 10 = 3$ (L)
➡ (2.5시간 동안 가습기 10대에서 내뿜는 물의 양)
=$3 \times 2.5 = 7.5$ (L)

20 (땅의 넓이)=$1.6 \times 1.6 = 2.56$ (m²)
➡ (밭의 넓이)=$2.56 \times 1.5 = 3.84$ (m²)

> **참고**
> (정사각형의 넓이)=(한 변의 길이)×(한 변의 길이)

79~80쪽 Ⓑ **4. 소수의 곱셈**

1 $10, 7, \frac{21}{10}, 2.1$ **2** $6, 4.8$

3 17.5 **4** ( )(○)

5 $7.2 \times 5 = 36$, 36 g **6**
$$\begin{array}{r} 2\ 4 \\ \times\ 0.0\ 9 \\ \hline 2.1\ 6 \end{array}$$

7 1.33 **8** (위에서부터) $22.8, 34.96$

9 6.48 **10** 48 kg

11 $0.4 \times 0.62 = \frac{4}{10} \times \frac{62}{100} = \frac{248}{1000} = 0.248$

12 $0.4, 0.24$ **13** 0.096 **14** 8.76

15 9.6 **16** $1.65 \times 4.8 = 7.92$, 7.92 kg

17 5.55 m² **18** 0.01 **19** $0.052, 32$

20 우진

1 $0.7 \times 3 = \frac{7}{10} \times 3 = \frac{7 \times 3}{10} = \frac{21}{10} = 2.1$

---

2 0.8을 6번 더한 결과는 0.8×6과 같습니다.
➡ $0.8 \times 6 = 4.8$

3 $2.5 \times 7 = 17.5$

4 $1.6 \times 7 = 11.2$, $1.5 \times 9 = 13.5$ ➡ $11.2 < 13.5$

5 (공깃돌 5개의 무게)=$7.2 \times 5 = 36$ (g)

6 (자연수)×(소수)의 곱의 소수점은 곱하는 수의 소수점의 위치에 맞추어 찍습니다.

7 $7 > 0.8 > 0.19$ ➡ $7 \times 0.19 = 1.33$

8 $38 \times 0.6 = 22.8$, $38 \times 0.92 = 34.96$

9 $6 \times 1.08 = 6.48$

10 (언니의 몸무게)=(하영이의 몸무게)×1.2
=$40 \times 1.2 = 48$ (kg)

11 소수 한 자리 수는 분모가 10인 분수로, 소수 두 자리 수는 분모가 100인 분수로 고쳐서 분수의 곱셈으로 계산합니다.

12 $0.8 \times 0.5 = 0.4$, $0.4 \times 0.6 = 0.24$

13 어떤 수는 $0.02 \times 8 = 0.16$이므로
어떤 수의 0.6배는 $0.16 \times 0.6 = 0.096$입니다.

14 ㉠×㉡=$7.3 \times 1.2 = 8.76$

15 6.4의 1.5배 ➡ $6.4 \times 1.5 = 9.6$

16 (철근 4.8 m의 무게)
=(철근 1 m의 무게)×(철근의 길이)
=$1.65 \times 4.8 = 7.92$ (kg)

17 (직사각형 모양의 종이 한 장의 넓이)
=$0.6 \times 0.5 = 0.3$ (m²)
18장 반은 18.5장입니다.
➡ (게시판에 붙인 종이의 넓이)
=$0.3 \times 18.5 = 5.55$ (m²)

18 곱하는 수의 소수점 아래 자리 수만큼 곱의 소수점이 왼쪽으로 옮겨집니다.

19 0.09×5.2의 값은 소수 세 자리 수이므로 $9 \times$㉠의 값도 소수 세 자리 수입니다. ➡ ㉠=0.052
4.6×3.2의 값은 소수 두 자리 수이므로 $0.46 \times$㉡의 값도 소수 두 자리 수입니다. ➡ ㉡=32

20 진희의 키를 m 단위로 나타내면 100 cm는 1 m이므로 149 cm는 1.49 m입니다.
➡ 1.54 m > 1.49 m

81~82쪽 Ⓐ 5. 직육면체

1 직육면체

2 (○) ( )

3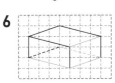

4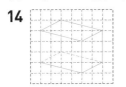

5 지우

6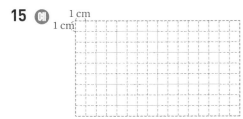

7 (왼쪽부터) 2, 1

8 ○

9 ×

10 ×

11 3쌍

12 라

13 면 ⑩

14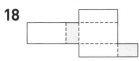

15 예
  1 cm
  1 cm

16 ㉢

17 **모범 답안** 전개도를 접었을 때 서로 마주 보는 면 중에서 모양과 크기가 다른 것이 있습니다.

18

19 108 cm

20 88 cm

---

9 직사각형은 정사각형이라고 말할 수 없으므로 직사각형 모양의 면으로 둘러싸인 직육면체는 정육면체라고 말할 수 없습니다.

10 직육면체의 면은 직사각형이므로 정사각형이 아닌 경우도 있습니다.

12 라: 모양과 크기가 같은 면이 3쌍이 아닙니다.

14 보이는 모서리는 실선으로, 보이지 않는 모서리는 점선으로 그립니다.

15 전개도는 잘린 모서리는 실선으로, 잘리지 않는 모서리는 점선으로 그립니다.

16 ㉢ 면 ㄱㄴㄷㄹ과 면 ㄱㅁㅇㄹ은 서로 수직입니다.

17 **평가 기준**
직육면체의 전개도가 아닌 이유를 바르게 썼으면 정답입니다.

---

18 직육면체에서 색칠한 두 면은 서로 평행한 면입니다. 먼저 한 면을 찾아 색칠한 후 그 면과 모양과 크기가 같은 면을 찾아 색칠합니다.

19 정육면체의 모서리는 12개이고 그 길이가 모두 같습니다.
→ (모든 모서리의 길이의 합)=9×12=108 (cm)

20 직육면체에는 길이가 10 cm, 5 cm, 7 cm짜리 모서리가 각각 4개씩 있습니다.
→ 10×4+5×4+7×4=40+20+28=88 (cm)

83~84쪽 Ⓑ 5. 직육면체

1 (위에서부터) 꼭짓점, 면, 모서리

2 ( ) (○) ( )

3 직육면체, 정육면체

4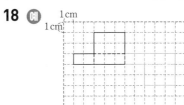

5 6, 12, 8

6 5 cm

7 면 ㄹㄷㅅㅇ

8 면 ㄱㄴㄷㄹ, 면 ㄹㄷㅅㅇ, 면 ㅁㅂㅅㅇ, 면 ㄱㄴㅂㅁ

9 ×

10 ㉢

11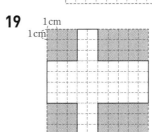

12 **모범 답안** 보이지 않는 모서리는 점선으로 그려야 하는데 실선으로 그렸기 때문입니다.

13 면 ㄴㅂㅅㄷ, 면 ㄱㅁㅇㄹ

14 선분 ㅂㅁ

15 면 ㅅㅂㅁㅊ

16 2

17 ㉢

18 예
  1 cm
  1 cm

19
  1 cm
  1 cm

20
  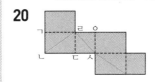

2 직사각형 6개로 둘러싸인 도형을 찾습니다.

3 직육면체: 직사각형 6개로 둘러싸인 도형
정육면체: 정사각형 6개로 둘러싸인 도형

4 모서리와 모서리가 만나는 점 중 보이는 점을 모두 찾습니다.

5 정육면체의 면은 모두 6개, 모서리는 모두 12개, 꼭짓점은 모두 8개입니다.

6 정육면체의 모서리는 12개이고 모서리의 길이는 모두 같습니다. ➜ (한 모서리의 길이)=60÷12=5 (cm)

7 면 ㄱㄴㅂㅁ과 마주 보는 면을 찾습니다.

8 면 ㄴㅂㅅㄷ과 마주 보는 면을 제외한 나머지 4개의 면을 모두 찾습니다.

9 직육면체에서 면과 면이 만나는 선분을 모서리라고 합니다.

10 보이는 모서리는 실선으로, 보이지 않는 모서리는 점선으로 그린 것을 찾습니다.

11 보이는 모서리는 실선으로, 보이지 않는 모서리는 점선으로 그립니다.

12 평가 기준
겨냥도를 잘못 그린 이유를 바르게 썼으면 정답입니다.

13 가로가 6 cm, 세로가 4 cm인 두 면을 찾습니다.

14 전개도를 접었을 때 선분 ㄹㅁ은 선분 ㅂㅁ과 만나 한 모서리가 됩니다.

15 전개도를 접었을 때 면 ㅎㄷㅌㅍ과 마주 보는 면은 면 ㅅㅂㅁㅊ입니다.

16 마주 보는 두 면을 찾아 마주 보는 면의 눈의 수의 합이 7이 되게 합니다. ㉠과 마주 보는 면의 눈의 수는 5이므로 ㉠=7-5=2입니다.

17 ㉠ 전개도에서 잘린 모서리는 실선으로, 잘리지 않는 모서리는 점선으로 표시합니다.

18 직육면체를 펼쳐서 잘린 모서리는 실선으로, 잘리지 않는 모서리는 점선으로 표시합니다.

19 직육면체의 전개도를 접어서 직육면체를 만들 때 접는 부분은 점선으로 표시합니다.

20 전개도에서 점 ㄴ과 점 ㄹ을 찾아 선분 ㄴㄹ을 긋고, 점 ㄹ과 점 ㅅ을 찾아 선분 ㄹㅅ을 긋고, 점 ㄴ과 점 ㅅ이 한 면에 있는 것을 찾아 선분 ㄴㅅ을 긋습니다.

85~86쪽	Ⓐ	6. 평균과 가능성

1 반반이다에 ○표
2 불가능하다에 ○표
3 45, 40, 40
4 40회
5 250 mL
6 6개
7 ~일 것 같다에 ○표
8 확실하다에 ○표
9 4개, 5개
10 호준
11 반반이다, $\frac{1}{2}$
12 28자루

13

(수직선 그림: 0, $\frac{1}{2}$, 1)

14 45분
15 ㉡
16 $\frac{1}{2}$
17 지원
18
19 146명
20 90점

7 더운 날씨에는 대부분 반팔을 입고 오므로 내일 친구들이 반팔을 입고 올 가능성은 '~일 것 같다'입니다.

8 5월에서 두 달 후는 7월이므로 5월에서 두 달 후에 7월이 될 가능성은 '확실하다'입니다.

9 (윤지가 쓰러뜨린 볼링 핀 수의 평균)
=(4+5+7+0)÷4=4(개)
(호준이가 쓰러뜨린 볼링 핀 수의 평균)
=(8+2+5)÷3=5(개)

10 4<5이므로 호준이가 볼링을 더 잘했다고 볼 수 있습니다.

11 수희가 푼 ○× 문제의 정답이 ×일 가능성은 '반반이다'이며 수로 표현하면 $\frac{1}{2}$입니다.

12 (평균)=(전체 연필 수)÷(학생 수)
➜ (전체 연필 수)=(평균)×(학생 수)
=7×4=28(자루)

13 화살이 색칠한 부분에 멈출 가능성은 '반반이다'이며 수로 표현하면 $\frac{1}{2}$입니다.

14 1주일은 7일이므로 서윤이가 하루에 한 공부 시간은 평균 315÷7=45(분)입니다.

15 ㉠ ~일 것 같다 ㉡ 확실하다 ㉢ 반반이다

16 그림 면이 나올 가능성은 '반반이다'이며 수로 표현하면 $\frac{1}{2}$입니다.

17 (지원이의 줄넘기 기록의 평균)
$=(38+29+40+21)÷4=128÷4=32$(번)
(경민이의 줄넘기 기록의 평균)
$=(27+42+24)÷3=93÷3=31$(번)
➡ $32>31$이므로 줄넘기 기록의 평균이 더 많은 사람은 지원입니다.

18 화살이 노란색에 멈출 가능성이 가장 높기 때문에 회전판에서 가장 넓은 곳이 노란색이 됩니다. 노란색을 색칠한 부분 다음으로 넓은 부분에 파란색, 가장 좁은 부분에 빨간색을 색칠하면 됩니다.

19 (전체 학생 수)$=130×6=780$(명)
➡ (5학년 학생 수)
$=780-(122+135+118+127+132)=146$(명)

20 (중간고사 점수의 평균)
$=(83+79+91+87)÷4=340÷4=85$(점)
➡ (기말고사 점수의 평균)$=85+5=90$(점)

87~88쪽 **B** 6. 평균과 가능성

1 7, 2 　　　　　　**2** 45개
3 48개 　　　　　　**4** 연주네 모둠
5 20회 　　　　　　**6** 받을 수 있습니다.
7 15점 　　　　　　**8** 11820타
9 미주, 3쪽 　　　　**10** 86
11 (왼쪽부터) ~아닐 것 같다, 확실하다
12 아래에 ○표
13 모범 답안 7이 쓰여진 수 카드를 뒤집을 가능성은 '불가능하다'입니다.
14 준서 　　　　　　**15** 지민, 도현, 준서
16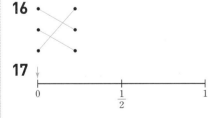
17
18
19 확실하다, 1 　　　**20** $\frac{1}{2}$

---

3 (연주네 모둠의 훌라후프 기록의 평균)
$=(34+52+50+56)÷4=192÷4=48$(개)

4 $45<48$이므로 연주네 모둠이 더 잘했다고 볼 수 있습니다.

5 (현수네 모둠의 윗몸 말아 올리기 기록의 평균)
$=(20+16+24+20)÷4=80÷4=20$(회)

6 (평균)$=(9+10+7+10+9)÷5=9$(점)
➡ $8<9$이므로 해서는 상품을 받을 수 있습니다.

7 6번째 점수는 평균 점수보다 6점 더 높아야 전체 평균이 1점 높아집니다.
➡ $9+6=15$(점)

8 1시간은 60분이므로 지영이가 한 시간 동안 치는 타자 수는 $197×60=11820$(타)입니다.

9 (영호가 하루에 읽은 쪽수)$=504÷14=36$(쪽)
(미주가 하루에 읽은 쪽수)$=468÷12=39$(쪽)
➡ $36<39$이므로 미주가 하루에 평균
$39-36=3$(쪽) 더 많이 읽은 셈입니다.

10 (1회부터 6회까지의 줄넘기 기록의 합)
$=91×6=546$(번)
➡ (6회의 줄넘기 기록)
$=546-(97+93+91+89+90)=86$(번)

13 평가 기준
　7이 쓰여진 수 카드가 뒤집혔을 가능성을 말로 바르게 표현했으면 정답입니다.

14 준서: 매머드는 멸종했으므로 매머드가 우리 집에 놀러 올 가능성은 '불가능하다'입니다.

15 준서: 불가능하다, 지민: 확실하다
도현: 반반이다
따라서 일이 일어날 가능성이 높은 순서대로 쓰면 지민, 도현, 준서입니다.

17 초록색 공을 꺼낼 가능성은 '불가능하다'이며 수로 표현하면 0입니다.

18 과녁판 4곳 중에서 색칠한 부분은 2곳이므로 가능성은 '반반이다'이며 수로 나타내면 $\frac{1}{2}$입니다.

19 흰색 바둑돌을 꺼낼 가능성은 '확실하다'이며 수로 표현하면 1입니다.

20 4장 중 짝수는 6, 8로 2장이므로 가능성은 '반반이다'이며 수로 표현하면 $\frac{1}{2}$입니다.

수학 성취도 평가

1 9, 9, 3, 27, 2.7
2 ( )(○)
3 16, 13, 19
4 42, 36에 ○표
5 윗줄: 반반이다에 ○표, 아랫줄: 확실하다에 ○표
6 $6\frac{2}{3}$
7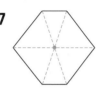
8 2.64
9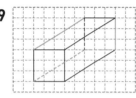
10 8 cm
11 0.32
12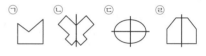
13 ㉠
14 1
15 >
16 $\frac{1}{2}$
17 10 cm, 6 cm
18 2개
19 33.728
20 모범 답안

① 1시간 45분=$1\frac{45}{60}$시간=$1\frac{3}{4}$시간 ⌋+1점

② $6\times1\frac{3}{4}=\overset{3}{\cancel{6}}\times\frac{7}{\underset{2}{\cancel{4}}}=\frac{21}{2}=10\frac{1}{2}$ (km) ⌋+2점

답 $10\frac{1}{2}$ km ⌋+1점

21 $6\frac{2}{5}\times4=25\frac{3}{5}$, $25\frac{3}{5}$ cm
22 2799
23 18000원
24 115°
25 모범 답안 ① 오늘 읽은 양: $\frac{2}{3}\times\frac{2}{5}=\frac{4}{15}$ ⌋+1점

② 어제와 오늘 읽은 양: $\frac{1}{3}+\frac{4}{15}=\frac{5}{15}+\frac{4}{15}$

$=\frac{9}{15}=\frac{3}{5}$ ⌋+1점

③ (어제와 오늘 읽은 책의 쪽수)

$=150\times\frac{3}{5}=90$(쪽) ⌋+1점   답 90쪽 ⌋+1점

4 36과 같거나 큰 수: 42, 36

6 $8\times\frac{5}{6}=\frac{\overset{20}{\cancel{40}}}{\underset{3}{\cancel{6}}}=\frac{20}{3}=6\frac{2}{3}$

8 $6\times0.44=2.64$

9 보이는 모서리는 실선으로, 보이지 않는 모서리는 점선으로 그립니다.

10 (변 ㄹㅂ)=(변 ㄱㄴ)=8 cm

12 25에는 ○, 30에는 ●를 사용하여 나타냅니다.

13 한 직선을 따라 접어서 완전히 겹치지 않는 도형을 찾습니다.

14 당첨 제비일 가능성은 '확실하다'이므로 수로 표현하면 1입니다.

15 $\frac{1}{9}$에 1보다 작은 수를 곱한 값은 $\frac{1}{9}$보다 작습니다.

다른 풀이

$\frac{1}{9}\times\frac{1}{3}=\frac{1}{27}$ ➡ $\frac{1}{9}>\frac{1}{9}\times\frac{1}{3}$

16 꺼낸 구슬이 파란색일 가능성과 초록색일 가능성은 '반반이다'이므로 가능성은 $\frac{1}{2}$입니다.

17 ㉠=2+3+2+3=10 (cm), ㉡=6 cm

18 꼭짓점: 8개, 면: 6개
➡ 8−6=2(개)

19 가장 큰 수: 52.7, 가장 작은 수: 0.64
➡ 52.7×0.64=33.728

21 (정사각형의 둘레)=(한 변의 길이)×4

22 자연수 27■■에서 ■■에는 00부터 99까지 들어갈 수 있으므로 이 중에서 가장 큰 자연수는 2799입니다.

23 (지은이가 산 책의 가격)=9700+7500=17200(원)
17200을 올림하여 천의 자리까지 나타내면 18000입니다.

24 (각 ㄴㄷㅂ)=(각 ㅁㄹㅂ)
$=360°-45°-110°-90°=115°$